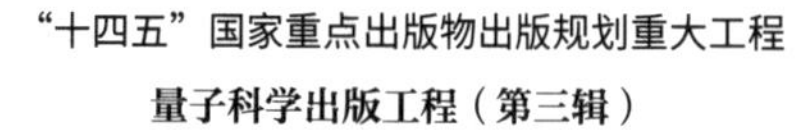
“十四五”国家重点出版物出版规划重大工程
量子科学出版工程（第三辑）

Phase Transitions
in Quantum Chromodynamics

张 昭 著

量子色动力学相变

中国科学技术大学出版社

内 容 简 介

本书对量子色动力学相变的理论基础、研究方法、研究现状和未来可能发展的新方向进行了较为全面的论述.内容涉及有限温度、密度情形及外磁场条件下的手征相变、退禁闭相变、色超导相变、介子超流相变、(反)磁催化效应、手征磁效应、转动效应及虚化学势诱导的 Rorberge-Weiss 相变等,旨在突出研究前沿和学科交叉的特点.

本书适于对强相互作用多体物理研究感兴趣的本科生和研究生阅读,亦适于相关方向的研究人员参考.

图书在版编目(CIP)数据

量子色动力学相变/张昭著.—合肥:中国科学技术大学出版社,2022.3
(量子科学出版工程.第三辑)
国家出版基金项目
"十四五"国家重点出版物出版规划重大工程
安徽省文化强省建设专项资金项目
ISBN 978-7-312-04903-3

Ⅰ.量… Ⅱ.张… Ⅲ.量子色动力学—相变—研究 Ⅳ.O572.24

中国版本图书馆 CIP 数据核字(2020)第 265657 号

量子色动力学相变
LIANGZI SEDONG LIXUE XIANGBIAN

出版 中国科学技术大学出版社
安徽省合肥市金寨路 96 号,230026
http://press.ustc.edu.cn
https://zgkxjsdxcbs.tmall.com
印刷 合肥华苑印刷包装有限公司
发行 中国科学技术大学出版社
开本 787 mm×1092 mm 1/16
印张 12.75
字数 271 千
版次 2022 年 3 月第 1 版
印次 2022 年 3 月第 1 次印刷
定价 80.00 元

前言

量子色动力学(QCD)是基于 $SU(3)$规范变换群的、以夸克场和胶子场为自由度描写强相互作用的基本理论.QCD的非阿贝尔规范对称性导致其具有两个典型的特征:颜色禁闭和渐近自由.一方面,真空中的夸克和胶子因强相互作用而被封禁于强子之中,迄今实验上没有观测到游离于强子之外的夸克,被称为夸克禁闭之谜;另一方面,由于QCD的渐近自由的特性,在高温、高密度的极端条件下,真空的结构会发生改变,因真空被激发而导致强子的口袋壁垒被打破,从而发生相变:由禁闭的、手征对称性破缺的强子相转变为手征对称性恢复的、夸克和胶子自由度被释放的新的物质状态,即夸克-胶子等离子体(QGP).在宇宙大爆炸理论中,QGP被认为是早期宇宙的主要物质存在形式;这种物质极有可能现在仍然存在于致密星体中(比如中子星的内核),当重子数密度超过一定的临界值后,核物质会被压缩,进而发生相变形成夸克物质(比如色超导).因此,研究QCD在极端热密环境下的相变,对于揭示夸克禁闭之谜、探索宇宙早期演化规律和致密天体的内部物质结构等具有重要的科学意义.

量子色动力学相变以及对QGP性质的研究是当今高能核物理的研究前沿和热点.实验上,利用相对论重离子碰撞来探索生成夸克-胶子等离子体的研究已经开展了30多年,并且碰撞能量逐级提高.特别是跨入21世纪后,美国布鲁克海文国家实

前言

验室的相对论重离子碰撞机(RHIC)开始运行,以及10年后欧洲核子中心的更高能量的大型强子对撞机(LHC)的重离子碰撞实验,为研究QGP的性质即QCD相变注入了强大的活力.目前实验上已经确认高能核-核碰撞中产生了高能量密度,近于局部平衡的、具有理想的强耦合流体特征的强相互作用物质.相关的实验数据支持夸克自由度以及夸克重组机制,证明实验室已经产生了QGP.因为强相互作用的相变研究主要涉及非微扰QCD,所以基于第一原理的格点QCD是首选方法.该方法在高温、零密度情形下已经得到了一些成熟的结果.比如得到了物态方程,确认零密度下强子相到退禁闭的QGP转变并非严格意义的相变,而是快速平滑过渡(转变温度约154 MeV).虽然格点QCD近年来进展迅速,但是该方法对计算随时间演化的物理量以及处理有限化学势的相关物理问题仍捉襟见肘.因此,理论上需要发展其他的非微扰方法来描述相对论重离子碰撞物理实验及QCD相变.

需要强调的是,QCD相变的研究具有典型的多学科交叉特点.相关研究涉及核物理、粒子物理、相对论流体力学、热力学统计物理、天体物理及凝聚态物理等.特别是21世纪以来有所谓QCD凝聚态物理的说法.学科交叉容易培育新的研究热点,比如高能核物理学家近年来提出的"手征磁效应",尽管尚未得到高能核物理实验的证实,其类似机制却已经被推广至凝聚态物理并已经被实验证实.在凝聚态物理中早年提出的LOFF相目前也未被证实,研究发现中子星内核的夸克物质可能具有类似的相结构.基于上述特点,本书对量子色动力学相变的理论基础、研究方法、研究现状和未来可能发展的新方向进行了较为全面的论述.内容涉及有限温度、密度情形及外磁场条件下的手征相变、退禁闭相变、色超导相变、介子超流相变、(反)磁催化效应、手征磁效应、转动效应及虚化学势诱导的Roberge-Weiss相变等,旨在突出研究前沿和学科交叉的特点.本书适于对强相互作用多体物理研究感兴趣的本科生和研究生阅读,亦适于相关方向的研究人员参考.

因作者学识有限且时间较为仓促,书中存在不妥之处在所难免,诚请各位同行专家和读者提出宝贵意见.在此特别感谢研究生王云硕、李聪怡提供的协助.本书的出版得到了国家自然科学基金项目(No.11875127)及国家出版基金的资助.

张昭

2020年7月

目录

第1章

量子色动力学简介

量子色动力学(Quantum Chromodynamics,简称 QCD)是公认的描述夸克、胶子间强相互作用的基本动力学理论,是粒子物理标准模型的重要组成部分. QCD 以夸克场和胶子场为自由度,其中夸克是构成强子如重子(质子、中子等)和介子(π、K 等)的基本单元;而胶子则负责传递夸克间的相互作用,使之结合形成各种强子,或使之分离衰变. QCD 的成功是建立在庞大的实验基础之上的.

量子色动力学基于非阿贝尔的 $SU(3)$群,是杨-米尔斯规范场论的成功范例. 其相应的群量子数通常被称为“颜色”或者“色荷”.

每一种夸克有 3 种颜色,对应 $SU(3)$群的基本表示. 胶子是强作用力的传播者,有 8 种,对应 $SU(3)$群的伴随表示. 这个理论的动力学完全由它的 $SU(3)$规范对称群决定.

量子色动力学的两种主要特性:

1. 颜色禁闭

颜色禁闭又称夸克禁闭,是指夸克之间的力不随距离增大而减小,当试图分开强子内的夸克对时,胶子场中的能量会随夸克间距的增大而增加,并最终导致新的夸克对的产生,因而不能观测到单独存在的夸克.这意味着夸克总被囚禁在强子中.夸克禁闭虽被物理学家广泛接受,但尚未获得解析上的证明.

2. 渐近自由

渐近自由意为随着强作用能标的增加,夸克和胶子之间的作用变得越来越微弱,在高温下会形成夸克-胶子等离子体.禁闭在低能量尺度中占主导地位,非微扰效应显著;随着能量的增加,渐近自由成为主导,微扰论可用.①

在 QCD 中,颜色禁闭(或简称为禁闭)是指带色荷的粒子(比如夸克和胶子)不能被单独分离出来,从而在正常条件下(如低于 Hagedorn 温度 T_{H}. T_{H} 约为 2 万亿开尔文,与 π 介子质量相当)不能被直接观测.意即夸克和胶子必须聚集在一起形成强子.强子的两种主要类型是介子(1 个夸克,1 个反夸克)和重子(3 个夸克).仅由胶子可形成无色胶子球.颜色禁闭同时意味着如果不产生新的强子,夸克和胶子就不能从它们的父强子中分离出来.

1.1 QCD 小史

静态夸克模型建立之后,在重子质量谱和重子磁矩方面取得了巨大成果.但是,某些由一种夸克组成的粒子的存在,如 Δ^{++},Ω^{-},Δ^{-} 等,与物理学的基本假设广义泡利原理矛盾.为解决这个问题,物理学家引入了颜色自由度,并且规定颜色最少有 3 种.这个时候颜色还只是引入的某种量子数,并没有被认为是动力学自由度.

静态夸克模型建立之后经历了 10 年左右的时间,各种实验都没有发现带分数电荷的、自旋为$\frac{1}{2}$的单独游离夸克,物理学家被迫接受了夸克是禁闭在强子内部的现实.然而,美国的斯坦福直线加速器中心(SLAC)在 20 世纪 70 年代初进行了一系列的轻强子深度非弹性散射实验,发现强子的结构函数具有比约肯无标度性(Bjorken Scaling).为解释这个令人惊奇的结果,费曼提出了部分子模型,假设强子由一簇自由的没有相互作用的部分子组成,就可以自然地解释比约肯无标度性.更细致的研究确认了部分子的自旋

① 除 QCD 外,二维的非线性西格玛模型也具有类似的渐近自由的性质.

为$\frac{1}{2}$,并且具有分数电荷.

部分子模型和静态夸克模型都取得了巨大成功,但是两个模型对强子结构的描述有严重的冲突,具体来讲就是夸克禁闭与部分子无相互作用之间的冲突.这个问题的真正解决要等到渐近自由被发现.格罗斯(David Gross)、维尔切克(Frank Wilczek)和波利泽(David Politzer)的计算表明,非阿贝尔规范场论中夸克相互作用强度随能标的增加而减弱,部分子模型的成功正预示着存在$SU(N)$的规范相互作用,N自然就解释为原先夸克模型中引入的新自由度——颜色.

在QCD的建立过程中,做出突出贡献的有韩(Han)、南部(Nambu)、弗里奇(H. Frizsch)、盖尔曼(Gell-Mann)以及波利泽、格罗斯和维尔切克等:

· 1953—1956年,盖尔曼-西岛公式提出.

· 1961年,盖尔曼[1,2]和奈曼(Yuval Ne'eman)提出强子八重态法.

· 1963年,盖尔曼和茨威格(George Zweig)分别独立提出夸克的概念(3种味道).“夸克”一词由盖尔曼创造.

· 1964—1965年,格林伯格(Greenberg)[2]、韩和南部[3]独立提出夸克具有附加的规范群自由度的设想,后被称为色荷.韩和南部首次指出夸克间可通过八重态的胶子发生相互作用,但他们假设夸克带有整数的电荷.

· 1972年,弗里奇和盖尔曼提出具有$SU(3)$规范对称性的杨-米尔斯(Yang-Mills)理论,建立了量子色动力学.值得注意的是,“量子色动力学”这一称呼由盖尔曼在1973年提出.

· 1973年,波利泽[4]、格罗斯和维尔切克[5]发现非阿贝尔规范理论具有渐近自由的特性,并因此获得2004年诺贝尔物理学奖.

1.2 QCD拉氏量

QCD的基本自由度是夸克场和胶子场,其相应的拉氏量密度为

$$\begin{aligned} L_{\mathrm{QCD}} &= \bar{q}_i(\mathrm{i}\gamma^\mu(D_\mu)_{ij} - m\delta_{ij})q_j - \frac{1}{4}F^a_{\mu\nu}F^{\mu\nu}_a \\ &= \bar{q}_i(\mathrm{i}\gamma^\mu\partial_\mu - m)q_i - gA^a_\mu\bar{q}_i\gamma^\mu T^a_{ij}q_j - \frac{1}{4}F^a_{\mu\nu}F^{\mu\nu}_a \end{aligned} \tag{1.1}$$

式中，γ^μ 是狄拉克矩阵，q_i 是夸克场(下标 i, j 表示不同的味道)，$D_\mu = \partial_\mu + igT^a A_\mu^a$ 是协变微分，g 是耦合常数，$T^a = \lambda^a/2$ 是 $SU(3)$ 群的生成元，其中 λ^a 是盖尔曼矩阵($a = 1, \cdots, 8$)，A_μ^a 是胶子场，$F_{\mu\nu}^a = \partial_\mu A_\nu^a - \partial_\nu A_\mu^a - gf^{abc} A_\mu^b A_\nu^c$ 是胶子场张量，f^{abc} 是 $SU(3)$ 群的结构常数(关于 $SU(3)$ 群参见附录 A)．QCD 的基本参数是耦合常数 g(或 $\alpha_s = g^2/(4\pi)$)和流夸克的质量 m_q．

拉氏量式(1.1)清楚地表明描述强相互作用的 QCD 是建立在非阿贝尔的 $SU(3)$ 群基础上的标准杨-米尔斯规范理论．以下将分别就 QCD 的基本自由度和低能强子的关系以及 QCD 拉氏量的基本对称性来展示这一理论的主要特征和属性．

1.3 热密自由度和相变

忽略颜色自由度的差异，量子色动力学有 6 种不同类型的夸克，称为 6 种味道：上夸克(u)、下夸克(d)、奇异夸克(s)、粲夸克(c)、底夸克(b)和顶夸克(t)．表 1.1 展示了它们和胶子的一些属性，可以看到夸克携带的分数电荷和重子数．其中，上夸克、下夸克和奇异夸克的质量很轻．试图分离出这种带有分数电荷夸克的实验研究均告失败，这个难以理解的事实即是夸克禁闭．

表 1.1 夸克和胶子的基本特性

分类	粒子	质量(MeV/c^2)	颜色	电荷	重子数	自旋	反粒子
轻夸克	u	1.5～3.0	3	2/3	1/3	1/2	$\bar{u}$
	d	3～7	3	−1/3	1/3	1/2	$\bar{d}$
	s	95±5	2	−1/3	1/3	1/2	$\bar{s}$
重夸克	c	$(1.28\pm0.03)\times10^3$	3	2/3	1/3	1/2	$\bar{c}$
	b	$(4.18\pm0.03)\times10^3$	3	−1/3	1/3	1/2	$\bar{b}$
	t	$(173.2\pm3.3)\times10^3$	3	2/3	1/3	1/2	$\bar{t}$
胶子	g	0	8	0	0	1	自身

注：其中电荷以正电子电荷为单位．

本书主要探讨在高温和/或高密环境下的强相互作用会改变 QCD 的禁闭模式，使夸克和胶子禁闭解除，形成夸克-胶子等离子体．在 QCD 的基本自由度层次上对该理论的轻自由度的计数是有意义的，方便以后使用相关的热力学定律．轻夸克和胶子(其中“轻”

表示明显小于 1 GeV 的状态)的数目分别为

$$夸克:(粒子+反粒子)\times 自旋 \times 味道 \times 色 = 2\times 2\times 3\times 3 = 36 \tag{1.2}$$

$$胶子:极性 \times 颜色 = 2\times 8 = 16 \tag{1.3}$$

总共有 52 个自由度.然而,实验发现的是一个由带整数电荷和重子数的态组成的强子世界.这些强子态与最轻的夸克相比相当重,参见表 1.2.

表 1.2 部分典型低能态强子(上,赝标介子和矢量介子;下,重子八重态)的特性表

分类	粒子	质量(MeV/c^2)	电荷	重子数	奇异数	自旋	反粒子
赝标介子	π^0	134.9768	0	0	0	0	自身
	$\pi^\pm$	139.57039	±1	0	0	0	互反
	$K^\pm$	493.677	±1	0	1	0	互反
	$K^0,\bar{K}^0$	497.611	0	0	1	0	互反
	η	547.86	0	0	0	0	自身
	η'	957.78	0	0	0	0	自身
	$\rho^0,\rho^\pm$	775.5,775.3	0,±1	0	0	1	自身,互反
矢量介子	ω	782.65	0	0	0	1	自身
	K^*	896.00,891.66	0,±1	0	1	1	互反
	ϕ	1,019.460	0	0	0	1	自身
重子八重态	p	938.27209	1	1	0	1/2	$\bar{p}$
	n	939.56563(28)	0	1	0	1/2	$\bar{n}$
	Λ	1,115.683	0	1	−1	1/2	$\bar{\Lambda}$
	Σ^+	1,189.37	1	1	−1	1/2	$\bar{\Sigma}^+$
	Σ^0	1,192.642	0	1	−1	1/2	$\bar{\Sigma}^0$
	Σ^-	1,197.449	−1	1	−1	1/2	$\bar{\Sigma}^-$
	Ξ^0	1,314.83	0	1	−2	1/2	$\bar{\Xi}^0$
	Ξ^-	1,321.31	−1	1	−2	1/2	$\bar{\Xi}^-$

注:其中电荷以正电子电荷为单位.

从强子谱可看出如下的反常现象:赝标量状态的介子质量都比较轻,这包括最轻的 π 介子以及含奇异夸克的 K 介子和 η 介子.以这种质量较轻强子为自由度数的数目合计为:3(π 介子)+4(K 介子)+1(η 介子)=8.因此,在强子世界中,与夸克和胶子的 52 个

轻自由度数目相比，只有 8 种轻质量的赝标量介子(质量均小于 600 MeV). 由于颜色禁闭，低温/低密度下的 QCD 处于强子相. 从热力学和统计物理的角度看，可以认为强子相的主要自由度对应上述 8 种轻强子. 事实上，对于低温/低密度情形，基于赝标量介子自由度的手征微扰论可以工作得很好. 因为禁闭的缘故，QCD 的基本自由度，即上述的轻夸克和胶子也从统计物理的意义上被封禁起来了.

根据 QCD 渐近自由的特征，我们期望夸克和胶子自由度能够在高密/高温的强相互作用介质中呈现出来. 如果温度足够高或者密度足够大，可以预期热力学密切相关的自由度数目将从 8 个切换到数倍的 QCD 基本自由度. 这就意味着必然会发生从强子物质到夸克物质的显著相变，即退禁闭相变. 由于相变对应的自由度跨度很大，可以期待一些热力学量，比如作为温度函数的能量密度或压强在相变前后会有相当剧烈的变化. 研究极端条件下的 QCD 相变，将有助于揭示 QCD 的颜色禁闭机制以及深化我们对宇宙早期演化和致密天体内部结构和演化的认识. 本书将详细探讨 QCD 在有限温度和密度情形下的相图及相变.

QCD 相变和 QCD 的对称性密不可分. 关于 QCD 主要对称性以及关联的相变可参见后面 QCD 对称性一节. 以下只给出简要的定性论述.

QCD 最重要的或者最基本的对称性就是 $SU(3)$ 颜色的局域规范对称性. 这直接导致了 QCD 相互作用的非阿贝尔规范特性，即渐近自由. 上述高温、高密度下 QCD 具有退禁闭相变的预期主要基于 QCD 的 $SU(3)$ 颜色对称性. 事实上，对 QCD 基本自由度的计算，除了味道和自旋外，其他自由度的计算均基于 $SU(3)$ 颜色对称性，比如胶子的数目、夸克的颜色数. 另外基于 $U(1)$ 规范群的量子电动力学相关的相变研究表明，某些条件下局域的规范对称性也可以被破缺. 比如电子-电子的库伯配对就破坏了 $U(1)$ 规范对称性. 这意味着 QCD 的 $SU(3)$ 规范对称性也可能被自发破缺，比如高密度情形可能会出现色超导相. $SU(3)$ 纯规范场具有一种全局的颜色对称性，即中心对称性. $SU(3)$ 纯规范场在高温下的退禁闭相变对应中心对称性的自发破缺，该相变定义良好，完全符合朗道的相变理论框架.

与 QCD 相变关系密切的另一个对称性就是味道空间的手征对称性. QCD 近似的 $SU(3)$ 味道对称性在强子谱中有清晰的表现. 手征对称性的(近似)自发破缺是导致强子动量学质量产生的根源，也是导致出现 8 种轻质量赝标量介子的原因. 类似于自旋系统旋转对称性在高温下的恢复，可以预期在高温或者高密度情形下，QCD 的手征对称性也会得到恢复，即发生手征恢复相变. 与手征相变相关的临界现象具有普适性的特征，寻找 QCD 手征相变临界点是目前实验物理学家关注的焦点之一.

研究 QCD 相变的理论依据是量子统计力学. 要得到相应的量子场论，一种方便的量子化方法是费曼的路径积分形式. 这种量子化方式能够使量子场论和统计力学天然地联系在一起.即量子场论的格林函数生成泛函与热力学的配分函数有着密切的关联.这就使得通过场论的方法研究 QCD 相变变得可行.以下简述该方法的要点.

首先考虑 QCD 的配分函数[7-9]

$$Z = \mathrm{Tr}\mathrm{e}^{-(\hat{H}_{\mathrm{QCD}}-\mu\hat{N})/T} = \sum_{n}\langle n|\mathrm{e}^{-(\hat{H}_{\mathrm{QCD}}-\mu\hat{N})/T}|n\rangle \tag{1.4}$$

其中,$\hat{H}_{\mathrm{QCD}}$为系统哈密顿量,μ 为夸克化学势,$\hat{N}$ 为重子数算符,等式右侧为某完备态的求和.然后将其和量子场论里的两个组态间的跃迁振幅[6]

$$\langle \Phi_1|\mathrm{e}^{-i\hat{H}_{\mathrm{QCD}}(t_2-t_1)}|\Phi_2\rangle = \int \mathrm{D}[q,\bar{q},A_\nu^a]\exp\left(i\int_{t_1}^{t_2}\mathrm{d}t\int \mathrm{d}^3xL_{\mathrm{QCD}}[q,\bar{q},A_\nu^a]\right) \tag{1.5}$$

进行比较.注意式(1.5)右侧已利用路径积分量子化表为夸克场和胶子场的泛函积分形式.如果赋予式(1.4)中的温度一个虚部,那么密度矩阵算符从形式上和时间演化算符是一样的!这意味着可借用路径积分的技术来计算配分函数,即

$$Z = \int \mathrm{D}[q,\bar{q},A_\nu^a]\exp\left[-\int_0^{1/T}\mathrm{d}t\int \mathrm{d}^3x(L_{\mathrm{QCD}}^{\mathrm{E}}[q,\bar{q},A_\nu^a]-i\mu q^+q)\right] \tag{1.6}$$

不同的是,这里把温度看成是虚时了(见附录 B).将温度看作虚时等于对积分路径做了维克转动,因此上面 QCD 的拉氏量相应转化为欧氏空间的形式.如果将化学势部分分离出去,上式可以简化为

$$Z = \int \mathrm{D}[q,\bar{q},A_\nu^a]\mathrm{e}^{-S_{\mathrm{QCD}}^{\mathrm{E}}}\exp\left[\int_0^{1/T}\mathrm{d}t\int \mathrm{d}^3x i\mu q^+ q\right] \tag{1.7}$$

其中,$S_{\mathrm{QCD}}^{\mathrm{E}}$来表示 QCD 的作用量(此处指不含化学势的作用量),即

$$S_{\mathrm{QCD}}^{\mathrm{E}} = \int_0^{1/T}\mathrm{d}t\int \mathrm{d}^3xL_{\mathrm{QCD}}^{\mathrm{E}} \tag{1.8}$$

这样原则上可以根据路径积分的办法来计算热力学配分函数.有了配分函数或者热力学势,就可以根据基本的热力学关系得到想要的各种热力学量,从而获得 QCD 相变的信息.上述方法即为虚时温度场论,适合研究达到平衡态的热力学系统.

因相变主要涉及非微扰 QCD,通过第一原理来求解配分函数是很困难的.目前,数值模拟,即格点 QCD 是计算 QCD 配分函数最强大的方法,尤其在有限温度情形.但格点 QCD 因为符号问题,对有限化学势情形的计算仍捉襟见肘.另外格点 QCD 也不能用于计算随时间演化的物理量.这就需要借助或者发展一些其他的方法.

注意 QCD 拉氏量式(1.1)中只有一个无量纲的耦合常数 g,这是由非阿贝尔规范变换下的不变性导致的.QCD 最显著的一个特殊性质是渐近自由,即对于大动量转移 Q,耦合常数随动量增大而变小,也就是距离越近相互作用越弱.这意味着在很高的能量区

域，微扰 QCD 可用. 微扰 QCD 基于微扰真空，将夸克和胶子作为基本自由度，通过耦合参数的泰勒展开来模拟完全 QCD. 因此如果耦合参数足够小，微扰 QCD 一般可以给出系统的、可靠的计算(不绝对). 对于 QCD 相变而言，微扰 QCD 可用于很高的温度和很大的化学势的情形下，因为对应的能标很高因而耦合参数很小. 比如对于零温和很高的重子数化学势，微扰 QCD 的可靠计算表明强相互作用物质处于所谓的色味锁定的色超导相.

实际上，由于耦合参数的重整化、群跑动的特性，QCD 理论更适合用一个能量标度来描述，而不是无量纲耦合. 这个标度通常定义为一个特殊尺度 Q，在这个尺度上跑动耦合常数在单位"1"的量级. 这个标度就是通常所说的典型的强子标度 $\Lambda_{QCD} = 200$ MeV. 比如一个质子的尺度就可以表示为 $1/\Lambda_{QCD} \approx 1$ fm.

显然在较低能量下，微扰 QCD 的结果变得不可靠. 至少可以看出强耦合待续的强劲上涨. 比如对于强子能标附近，我们看到的世界和 QCD 的基本自由度相差甚远. 这表明，强的相互作用可能会使物质形态变得复杂、多样，使我们不再能够简单地由拉氏量的相关自由度做出正确判断. 这一点和强关联的凝聚态物理类似. 强耦合常数随能量/动量的减小而增大是与颜色禁闭相容的，尽管目前尚不能证明这一点.

1.4 QCD 的对称性

对称性在现代物理学中具有支配性的重要作用. 对粒子物理标准模型的建立而言，对称性不仅决定了几种相互作用的理论模式，而且对称性自发破缺的概念及其物理效应也是该模型成功的重要元素. 弄清一个物理系统的对称性是理解各种实验可观测模式的一个重要前提，比如对称性可帮助我们理解强子的质谱、选择定则和简并多重态的出现. 另外，如果有一个潜在的理论上还不能完全解决的问题，利用对称性仍然可以得到一些定性的理解. 对研究 QCD 相变而言，原则上它的相结构是由其对称性决定的. 与 QCD 相变相关联的最重要的是手征对称性和颜色对称性. 它们随温度、化学势、外磁场等参数的变化导致强相互作用物质出现强子相、夸克-胶子等离子体、色超导以及其他可能的反常相.

群论是研究对称性的理论工具. 根据群论的语言，对称性有不同的分类：比如连续对称性和分立对称性、整体对称性和局域对称性等. 在给定的物理系统中，对称性可以通过不同的方式实现：首先，对称可能是严格的也可能是近似的；其次，必须区分针对不同对象的对称性，比如是系统相互作用的对称性还是具体物理状态的对称性；再次，必须明确对称性是经典理论意义上的还是量子层面的：经典理论的对称性如果在量子层面被破坏，通常称为反常或者量子反常；最后，必须辩证地看待对称与对称的破缺，两者在某些条件下会转换.

如果理论和物理状态在某个对称变换下均不变，这种情况被称为威格纳-外尔(Wigner-Weyl phase). 如果对称性近似成立，那么这些违反对称性的可观测模式可以从近似对称性的角来理解. 如果系统的哈密顿量具有或者遵循某种对称性，但物理状态(比如基态)却不具有对称性，那么此系统就处于南部-戈德斯通相(Nambu-Goldstone phase). 对该状态而言，这种对称性具有"隐性"的特征，通常称为对称性自发破缺. 简单的经典例子是铁磁体：自旋间的相互作用遵循转动变换不变性. 然而，在能量有利的物理状态中，比如低温下，所有的自旋都处于整齐划一的状态. 这将导致指向某一方向的宏观磁化，从而破坏了相互作用满足的空间转动不变性. 如果自发破缺的是某种整体的连续对称性，那么在激发能谱中会出现无质量的(无能隙激发)戈德斯通模(Goldstone mode). 对称性自发破缺的另一个特征是对称模式随温度的变化. 铁磁体有一个临界温度，即著名的居里温度，在此处该体系由低温的南部-戈德斯通相转变为高温的威格纳-外尔相. 磁化强度可以作为这种对称性变化的序参量. 当对称性被自发破坏时，序参数具有有限值；而当对称性被恢复时，序参量变为零. 如果对称性仅在系统中近似实现，那么戈德斯通模并非完全无质量(无能隙)，只是比较轻. 同样，原来对应的序参量在威格纳-外尔相可能不完全消失. 如果自发破缺的是某种局域的连续对称性，那么根据希格斯机制，本来无质量的规范玻色子将会获得质量.

比较难以评估的情况是对称性被明显的破坏，原来的序参量的期待值否依然包含有价值的信息，或者是否有用以及如何从中提取有用的信息.

以上述模式来讨论 QCD 的对称性我们会看到 QCD 具有非常丰富的对称结构，前述的威格纳-外尔相、南部-戈德斯通相以及反常均会出现。表 1.3 为手征极限下 QCD 的精确和近似对称性。在物理质量情形下，手征对称性虽然明显破缺，但对轻夸克系统而言，手征对称性仍然可看作近似成立。同理，在重夸克条件下，中心对称性可看作近似成立；在 QCD 中，经典意义上的轴对称性被量子涨落明显破坏，对应著名的手征反常。

表 1.3　手征极限下 QCD 的精确和近似对称性

对称性	真空	高温	低温高密	序参量	相变/物理效应
(局域)色 $SU(3)$	√	√	×	双夸克凝聚	色超导
$Z(3)$中心对称性 (纯规范理论)	√	×	√ (低温)	Polyakov 圈	禁闭/退禁闭

对称性	真空	高温	低温高密	序参量	相变/物理效应
Z(3)中心对称性（QCD 理论）	×（明显）	×（明显）	×（明显）	对偶夸克凝聚？Polyakov 圈？（依赖于质量）	禁闭/退禁闭
标度不变性	反常			胶子凝聚	Λ_{QCD}，跑动耦合
手征对称性 $U_L(N_f)\times U_R(N_f)=U_V(1)\times SU_V(N_f)\times SU_A(N_f)\times U_A(1)$					
$U_V(1)$	√	√	√	–	重子数守恒
味道 $SU_V(N_f)$	√	√	√	–	强子多重态
手征 $SU_A(N_f)$	×	√	×	f_π 夸克凝聚 特殊四夸克凝聚	手征相变/南部-戈德斯通玻色子，宇称相反但不简并的强子
$U_A(1)$	反常(高温高密可部分恢复)			拓扑磁化率	内秉宇称破缺

注：此表中的中心对称性指纯规范理论，QCD 中因动力学夸克的出现导致中心对称性破坏．其中“√”表示对称性成立，“×”指对称性破缺．表格设计借鉴了文献[249]，并做了补充修正．

1. 色的局域规范对称性

QCD 拉氏量式(1.1)满足局域色的 $SU(3)$群规范不变性：

$$
\begin{aligned}
q(x) &\to {}^g q(x) = g(x)q(x) \\
A_\mu(x) &\to {}^g A_\mu(x) = g(x)\left(A_\mu(x)+\frac{\mathrm{i}}{g}\partial_\mu^x\right)g^\dagger(x)
\end{aligned}
\tag{1.9}
$$

这里引入了局域规范变换：

$$
g(x) = \mathrm{e}^{\mathrm{i}\theta^a(x)\lambda^a/2}
\tag{1.10}
$$

这里，盖尔曼矩阵 λ^a 作用于夸克的颜色指标，θ^a 是依赖于时空的任意实数．QCD 作为标准模型的重要组成部分，同电弱统一理论一起表明杨-米尔斯场论在除引力之外的基本相互作用理论中处于核心地位．作为规范理论，QCD 与量子电动力学(QED)有很多相似之处．特别是 QED 具有丰富的相结构，为研究 QCD 的相变提供了很多有益的借鉴．比如，低温 QED 的超导理论，对于将对称性自发破缺的思想推广到粒子物理领域并进而促成粒子物理标准模型的建立具有很重要的启示．从对称角度来看，QED 的 $U(1)$规范不变性在超导相中被自发破缺．电子-电子形成库珀对，使得光子获得了(迈斯纳)质量，进而导致磁场不能穿透超导区域．南部将这种超导模型引入到量子场论[10]，得到了费米子-反费米子间的类库珀对凝聚，给出了一种整体手征对称性自发破缺的机制．另外，在低温高密度情形下，QCD 也具有类似的超导效应，夸克-夸克形成双夸克凝聚，使得色的规范不变性被自发破缺，即所谓色超导相.详见第6章的叙述.

2. 中心对称性

一种与局域色对称性密切相关的是中心对称，对纯杨-米尔斯理论而言是一种严格的整体对称性.考虑有限温度下的胶子场/夸克场满足的周期性/反周期性边界条件，即

$$A_\mu(t+1/T,x)=A_\mu(t,x) \tag{1.11}$$

$$q(t+1/T,x)=-q(t,x) \tag{1.12}$$

显然，倘若对规范变换式(1.10)施加同样的周期性边界条件，即

$$g(x,\ x_4+\beta)=g(x,x_4) \tag{1.13}$$

则上述的胶子场和夸克场的边界条件在规范变化下将保持不变；同样地，每一个物理量在这种规范变换下也是不变的.上面提到的中心对称性是指在中心变换下纯规范理论的作用量保持不变.所谓中心变换，是上述周期性规范变换式(1.13)的一个推广，即要求规范变换满足如下的边界条件：

$$g(t+1/T,x)=zg(t,x) \tag{1.14}$$

其中，z 是一个 $N_c\times N_c$ 矩阵(称为扭曲矩阵)，且 $z\subset SU(N_c)$.这是一种拓扑上非平庸的变换.在上述变换下，要求变换后的矢量势${}^gA_\mu$ 必须仍然满足周期性边界条件：

$${}^gA_\mu(t+1/T,x)={}^gA_\mu(t,x)$$

以及系统的拉氏量不变.这种约束使得 z 只能是$SU(N_c)$群的中心子群 $Z(N_c)$的元素.根据定义，$Z(N_c)$的元素与所有 $SU(N_c)$群元素对易，即它们是单位矩阵的倍数.在 $N_c=3$ 的情形下，扭曲矩阵为

$$z=\exp(\mathrm{i}2\pi n/3)\mathbf{1}\quad(n=1,2,3) \tag{1.16}$$

服从式(1.16)的变换式(1.14)得到的对称性叫作中心对称性.注意，对于给定的规范变换$g(x)$，关于 z 的中心对称变换是一个全局变换，并非局域的规范变换.

下面考察一下有夸克场的中心对称性变换.这里 $Z(3)$对称性因动力学夸克场的存在而被明显破缺，原因在于夸克在欧几里得时间的反周期条件不再满足.在扭曲变换下，夸克场变为

$$\begin{aligned}{}^gq(t+1/T,x)&=g(t+1/T,x)q(t+1/T,x)\\&=-zg(t,x)q(t,x)\\&=-z\,{}^gq(t,x)\end{aligned} \tag{1.17}$$

即虽然在中心变换下拉氏量不变，但夸克场的反周期性条件被破坏. 尽管如此，中心对称还是很有用的，可以看作 QCD 重夸克情形的近似对称性；而作为纯规范理论的严格对称性，研究其相应的退禁闭相变对理解 QCD 退禁闭相变也具有启发作用.

中心对称性的破缺与恢复通常被认为与重夸克情形的退禁闭相变密切关联. 那么，按前述的对称性及其自发破缺模式的探讨，什么物理量可以充当中心对称性变换的序参量呢？如上所述，忽略动力学夸克，QCD 的作用量是(即纯规范理论)Z(3)变换不变的. 然而，并非所有可观测的物理量都满足中心变换不变(注意，中心变换非严格意义上的规范变换，否则这一说法一定不对). 下面将引入一个具有非平凡中心变换的物理量，即 Polyakov 圈. Polyakov 圈定义为一个绕欧氏空间时间轴一周的 Wilson 线的求迹(通常 Wilson 圈指闭合的 Wilson 线)，即

$$L(x) = \frac{1}{N_c}\mathrm{Tr}P\exp\left[\mathrm{i}g\int_0^{1/T}\mathrm{d}\tau A_a^0(\tau,x)T_a\right] = \frac{1}{N_c}\mathrm{Tr}\Omega(x) \tag{1.18}$$

其中，P 表示积分路径序. 注意在规范变换下，Wilson 线按以下方式变换

$$\Omega^g(x) = g(1/T,x)\Omega(x)g^+(0,x) \tag{1.19}$$

因此中心变换下的 Polyakov 圈为

$$L(x) \to \mathrm{Tr}[\Omega^g(x)] = z\mathrm{Tr}[g(0,x)\Omega(x)g^+(0,x)] = zL(x) \tag{1.20}$$

上式表明两点：一是 Polyakov 圈在中心变换下获得一个相因子，因此不具有中心变换不变性；二是 Polyakov 圈具有规范不变性. 这两点使得 Polyakov 圈本身具有很重要的物理意义.

关于 Polyakov 圈在中心对称变换下的性质，在格点 QCD 的理论描述中更容易看出. 在格点规范理论中，中心对称性变换相当于某固定欧氏时间位置上的所有指向时间方向的链变量(参看第 7. 1 节)同乘以因子 z. 这样按 Polyakov 圈在格点规范场语言中的描述 (Polyakov 圈可以表示为系列首尾相衔的链变量乘积的求迹)，其恰好在中心变换下多出一个因子 z.

下面讨论 Polyakov 圈的物理意义. Polyakov 圈可以看作是无限重静态夸克的世界线，其真空期待值表示无限重静态夸克的自由能，即

$$\langle L\rangle = \frac{1}{Z_{\mathrm{YM}}}\int \mathrm{D}[A_\nu^a]L(x)\exp(-S_{\mathrm{YM}}^{\mathrm{E}}) = \frac{Z_{\mathrm{Q}}}{Z_{\mathrm{YM}}} = \exp[-(F_{\mathrm{Q}} - F_{\mathrm{YM}})/T] \tag{1.21}$$

上式表示放置了一个无限重静态夸克后系统的配分函数 Z_Q 和放置前的配分函数 Z_{YM} 比值.也就是说 Polyakov 圈的热期望值和静态重夸克的自由能 F_Q 相关.这一特性使得中心对称性和色禁闭相互关联:在低温下颜色是禁闭的,因此单个重夸克的自由能 F_Q 为无穷大,对应 $\langle L\rangle=0$ 的维格纳-外尔相;另一方面,在高温下的渐近自由意味着夸克和胶子会退禁闭,自由能 F_Q 为有限值,对应 $\langle L\rangle\neq0$ 的南部-戈德斯通相.

在纯规范理论中,Polyakov 圈的热期待值是退禁闭相变的序参量,直接和中心对称性相关.这一点基本符合朗道的相变理论.比较反常的是,在高温的退禁闭相,中心对称性自发破缺,Polyakov 圈的期望值不为零;而在低温的禁闭相,中心对称性却获得恢复,Polyakov 圈的期望值变为零.这一点可以这样理解:高温下的纯规范场接近微扰真空,规范场趋于零值导致 Polyakov 圈对应单位矩阵的求迹,故 $\langle L\rangle\to1$ 因而对应对称性自发破缺的相.这同时也表明 Polyakov 圈期待值有上限,即 $\langle L\rangle\leqslant1$.

后面会提到,即使在动力学夸克存在的情况下,即中心对称性明显破缺,Polyakov 圈的期望值作为有效序参量仍然是有意义的.在这种情况下,中心对称性只能看作 QCD 的一种近似对称性.当然,对于轻夸克系统,中心对称性破缺较为严重,此时 Polyakov 圈的期望值是否仍很重要,是一个值得商榷的问题.另外近年来,有学者提出“穿衣”的 Polyakov 圈(对偶的夸克凝聚)作为退禁闭相变的有效序参量.关于这个量是否真能有效反映退禁闭相变,是一个有争议的问题.本书后面将会做进一步的探讨.

3. 标度变换

考虑如下拉氏量:

$$L_0=-\frac{1}{2}\mathrm{Tr}F_{\mu\nu}F^{\mu\nu}+\bar{q}\mathrm{i}\gamma_\mu D^\mu q \tag{1.22}$$

其中,q 代表 u,d,s 等轻夸克场,注意该式中不包含任何带量纲的参数.上式对应的经典理论具有标度变换不变性,对场以及时空变量做如下变换,可使作用量保持不变:

$$\begin{aligned}&x\to x'=\mathrm{e}^{-\sigma}x\\&q(x)\to q'(x')=\mathrm{e}^{3\sigma/2}q(x)\\&A_\mu(x)\to A'_\mu(x')=\mathrm{e}^{\sigma}A_\mu(x)\end{aligned} \tag{1.23}$$

这里,σ 是一个任意实数.如果这种对称性成立,将表明 QCD 在所有的距离中看起来是一样的,因为理论本身并没有提供任何的标度.这将导致所有的强子无质量,也不会有跑动的、依赖于标度的耦合常数.当然,现实世界中这种膨胀对称性因夸克质量的存在而被明显破缺.但即便如此,人们也不会期望耦合常数在极高能时会跑动,因为所有夸克和强子的质量都可以很安全地被忽略.注意,这种表面看起来的膨胀对称性恰是前述的一种量子反常：也即该（近似）对称性只存在于经典水平，量子效应将破坏这种对称性.实际上通过量子化，即使流夸克质量为零，也可以得到 QCD 的标度 Λ_{QCD}.这种在量子层面被破缺的膨胀对称性被称为"迹反常"，可以定义与此反常相应的序参量，即能动量张量求迹的期待值：

$$\langle \Theta_{\mu}^{\mu} \rangle = \underbrace{\frac{\beta_{QCD}}{g^3}\langle \mathrm{Tr} F_{\mu\nu} F^{\mu\nu} \rangle}_{\text{主要部分}} + \sum_{q=u,d,s} (1+\gamma_{QCD}) m_q \langle \bar{q} q \rangle \tag{1.24}$$

式(1.24)右边对应于由夸克质量导致的膨胀对称性明显破缺项.但实际上，第一项"胶子凝聚"在数值上占主导地位.它完全来自 β_{QCD} 中的量子效应，而 β 函数决定了 QCD 耦合常数如何依赖于标度.式(1.24)表明耦合常数随标度跑动和标度变换.迹反常是有限温度、密度格点 QCD 模拟关注的主要热力学物理量之一（参见第 4 章）.

4. 手征对称性

下面讨论 QCD 的另一个重要对称性——手征对称性.

相对于 QCD 的能标而言，u，d，s 三种轻夸克的流夸克质量比较小.如果忽略掉上述三种轻夸克的质量或者说取手征极限近似，那么 QCD 的拉氏量具有严格的手征对称性.换句话说，夸克的手性不因胶子的影响而改变，即胶子与左旋态夸克和右旋态夸克作用是平权的.将夸克场分为左、右手之和，即

$$q = q_R + q_L, \quad q_R = \frac{1}{2}(1+\gamma_5)q, \quad q_L = \frac{1}{2}(1-\gamma_5)q \tag{1.25}$$

可以清楚地展现这一点.将式(1.25)带入拉氏量(1.22)式，可得夸克部分为

$$\begin{aligned} L_q =& \bar{u}_L i\gamma_\mu D^\mu u_L + \bar{u}_R i\gamma_\mu D^\mu u_R + \bar{d}_L i\gamma_\mu D^\mu d_L \\ &+ \bar{d}_R i\gamma_\mu D^\mu d_R + \bar{s}_L i\gamma_\mu D^\mu s_L + \bar{s}_R i\gamma_\mu D^\mu s_R \end{aligned} \tag{1.26}$$

式(1.26)显示夸克-反夸克的双线性量变为六项，每一项都具有明确的手性，即没有出现左、右手交叉项.上式具有以下的操作不变性：左、右手夸克互换，拉氏量不变；两种味道交换，拉氏量亦不变.此即味道空间的手征对称性.注意，如果夸克质量不为零，就会出现左、右手交叉项.

手征对称性可以用分别对左、右手夸克变换的直乘群 $U_L(3)\times U_R(3)$ 来表征.因 $U(N)$ 群同构于 $SU(N)\times U(1)$ 群，所以 $U_L(3)\times U_R(3)$ 同构于两个 $SU(3)$ 和两个 $U(1)$ 群的直乘.对味道数 N_f，有下面更一般的直乘展开

$$U_L(N_f)\times U_R(N_f) \simeq U_V(1)\times SU_V(N_f)\times SU_A(N_f)\times U_A(1) \tag{1.27}$$

上式右侧的下标“V”和“A”分别表示“矢量”和“轴矢量”，表示相应群对应的守恒流在洛仑兹变下的属性. 下面分别讨论上述直乘子群对应的物理意义.

首先分析 $U_{\mathrm{V}}(1)$群. 这个群变换表示所有味道的夸克，或者说所有的左手夸克和右手夸克，均获得同样的相因子移动. QCD 具有严格的 $U_{\mathrm{V}}(1)$对称性，即使夸克质量不为零. $U_{\mathrm{V}}(1)$群对应的守恒荷是重子数，因此在巨正则系综总需引入重子数化学势.

其次讨论 $U_{\mathrm{A}}(1)$群. 不同于 $U_{\mathrm{V}}(1)$群变换，$U_{\mathrm{A}}(1)$群变换下左手夸克和右手夸克的相因子改变正好差个负号. 因此当夸克质量不为零时，$U_{\mathrm{A}}(1)$群是明显破缺的. 另外，即使在手征极限下，$U_{\mathrm{A}}(1)$对称性也只具有经典意义. 用路径积分进行量子化的语言来说，$U_{\mathrm{A}}(1)$变换可以保证作用量不变，但是不能保证测度的不变性. 因而即使在手征极限下，QCD 依然没有 $U_{\mathrm{A}}(1)$对称性，即所谓的轴矢流反常. 轴矢流反常与下节讨论的杨-米尔斯理论的拓扑荷相关. 实验事实也不支持 $U_{\mathrm{A}}(1)$对称性. 首先 $U_{\mathrm{A}}(1)$对称性不可能自发破缺，否则会有第 9 个南部-戈德斯通玻色子. 如果存在那只能是 η'介子；但是 η'介子过重，不支持自发破缺的观点. $U_{\mathrm{A}}(1)$对称性和 QCD 的拓扑真空结构密切关联，其在高温/高密度下可能部分恢复. 另外，高温下强磁场、转动与 $U_{\mathrm{A}}(1)$反常相结合会导致手征磁效应等新奇的量子效应.

最后讨论手征变换群 $SU_{\mathrm{V}}(3)\times SU_{\mathrm{A}}(3)$. 设 U 为该群的群元素，则手征对称性是指在味道空间做如下变换

$$q \rightarrow Uq, \quad U = \mathrm{e}^{i\alpha_{\mathrm{V}}^{a} T_{a}} \mathrm{e}^{i\alpha_{\mathrm{A}}^{a} T_{a}\gamma_{5}} \tag{1.28}$$

但 QCD 的拉氏量保持不变. 上式中 T_a 为 $SU(3)$群的生成元，α_{V}^{a} 和 α_{A}^{a}为任意实数，$a = 1,2,\cdots,8$. 注意单对 $SU_{\mathrm{V}}(3)$群变换而言，如果三种轻夸克质量简并但不为零则拉氏量也保持不变. 但只要夸克质量不为零，即使是简并情形，$SU_{\mathrm{A}}(3)$对称性同样明显破缺. 另外，上述变换如果要求 $\alpha_{\mathrm{V}}^{a} = \alpha_{\mathrm{A}}^{a}$或者 $\alpha_{\mathrm{V}}^{a} = -\alpha_{\mathrm{A}}^{a}$，则分别相当于只对右手夸克或者左手夸克 $SU(3)$变换(参加第 3 章手征相变的讨论).

对 QCD 而言，如果忽略流夸克质量，则 $SU_{\mathrm{A}}(3)$对称性是严格的，即不存在反常. 但该对称性在真空中自发破缺. 与相应的 8 个生成元对应的南部-戈德斯通玻色子，即为前述的表 1.2 中的 8 个赝标量玻色子. 其中 3 个 π 介子质量最小，明显比其他 5 个赝标量介子轻，是因为 u，d 夸克质量远小于奇异夸克. 或者对于物理质量，u，d 夸克对应的$SU(2)$同位旋对称性近似成立. 由于奇异夸克较重，通常用 $N_{\mathrm{f}} = 2+1$ 表示两个简并的 u，d 夸克和较重的 s 夸克. QCD 手征对称性的自发破缺，实验上不但有相应的南部-戈德斯通玻色子的支持，强子具有动力学质量(比如核子的质量)也是其有力佐证. 除此之外，实验上没有发现与核子质量相当但宇称相反的“伙伴”粒子，也是手征对称性自发破缺的重要证据.

如果忽略夸克质量，则由于手征对称性自发破缺，QCD 真空只剩下的 $U_V(1)\times SU_V(3)$ 对称性. QCD 的手征对称性自发破缺与铁磁体低温下转动对称性自发破缺非常相似. 尽管铁磁体的自旋-自旋相互作用具有三维空间转动不变性，其基态所有自旋都固化为一个方向，从而使得三维空间转动不变性破缺为二维空间的转动不变性. 通过加热，铁磁体的转动不变性会得到恢复，并伴有相变发生. 因此可以预期，低温下 QCD 的手征对称性自发破缺在高温下(或高密下)也会得到恢复，即发生手征恢复相变. 这相当于朗道相变理论在中高能核物理领域的推广. 目前基于第一原理的格点 QCD 计算证实了这种相变预测，只不过在高温、低密度情形对应快速的平滑过渡.

1.5 杨-米尔斯理论的拓扑荷

对于欧氏空间的杨-米尔斯理论，其作用量为

$$S_{\mathrm{YM}}\equiv\int \mathrm{d}^4 x L_{\mathrm{YM}}=\frac{1}{2g^2}\int \mathrm{d}^4 x \operatorname{Tr}[F_{\mu\nu}F_{\mu\nu}] \tag{1.29}$$

对应的经典方程为

$$\frac{\delta S_{\mathrm{YM}}}{\delta A_\mu}=0 \quad\Rightarrow\quad D_\mu F_{\mu\nu}=0 \tag{1.30}$$

上述方程的解要得到有限的作用量，必须要求场强张量在无穷远处快速趋于零，这样才能使积分收敛. 即当 $|x|\equiv\sqrt{x_\mu x_\mu}\to\infty$ 时，$F_{\mu\nu}$ 必须衰减得比 $1/|x|^2$ 还要快. 这意味着 $F_{\mu\nu}$ 在无穷远的三维欧氏球面上要趋于零.

如果矢量势取纯规范的形式，即 $A_\mu=\mathrm{i}U\partial_\mu U^\dagger$，其中 $U\in SU(N_c)$，则有

$$\begin{aligned}F_{\mu\nu}(A_\mu=\mathrm{i}U\partial_\mu U^\dagger)&=\mathrm{i}\partial_\mu U\partial_\nu U^\dagger-\mathrm{i}\partial_\nu U\partial_\mu U^\dagger-\mathrm{i}\partial_\mu U\partial_\nu U^\dagger+\mathrm{i}\partial_\nu U\partial_\mu U^\dagger\\&=0\end{aligned} \tag{1.31}$$

因此，要得到有限的作用量，相当于规范场在无穷远处应满足：

$$A_\mu(x)\xrightarrow[|x|\to\infty]{}\mathrm{i}U\partial_\mu U^\dagger \tag{1.32}$$

在这样的边界条件下相当于要求 U 必须定义在 S^3_{E} 上，即对应三维球面和 $SU(2)$ 群间的映射 $U:S^3_{\mathrm{E}}\to S^3_{SU(2)}$. 这是因为 $SU(2)$ 群的参数空间拓扑上等价于一个单位半径的三维球

面(也就是 $SU(2)$ 同胚于 S^3). 这个映射对应同伦群 $\pi_3(S^3)$,该群同构于整数域上的加法群. 也就是说,这些整数对应 U 的绕数. 或者说,有无穷多个分立的同伦类,每类对应一个整数. 该整数通常称为拓扑荷 Q_{T}(或者 Pontryagin 指数). 对应于同类或者 Q_{T} 的元素可以相互之间连续变形;但是对应不同 Q_{T} 的元素之间则不能,即拓扑上不等价.

规范场的拓扑荷定义为

$$Q_{\mathrm{T}} = \frac{1}{16\pi^2}\int \mathrm{d}^4 x \mathrm{Tr} F_{\mu\nu}\widetilde{F}_{\mu\nu} = \frac{1}{32\pi^2}\int \mathrm{d}^4 x F^a_{\mu\nu}\widetilde{F}^a_{\mu\nu} \tag{1.33}$$

其中,$\widetilde{F}_{\mu\nu} \equiv \frac{1}{2}\varepsilon_{\mu\nu\alpha\beta}F_{\alpha\beta}$ 是对偶的场强张量. 拓扑荷的表达式可以转化为一个四散度的积分,相关公式推导见附录 C.

对于有限温度,时间分量上限是 $1/T$,可预期趋于空间无穷远时规范场应仍保持真空时的组态. 在这种情形,除前述的拓扑荷 Q_{T} 外,还有一个称为绕异性(holonomy)的参数可用来表征真空状态[14,96]. 绕异性其实就是 Polyakov 圈在空间无穷远处的值

$$L_\infty \equiv \lim_{|x|\to\infty} L(x) \tag{1.34}$$

Polyakov 圈对应 Wilson 线 $\Omega(x)$ 的求迹,可将 $\Omega(x)$ 参数化为

$$\Omega(|\boldsymbol{x}|\to\infty) = \mathrm{diag}(\mathrm{e}^{2\pi\mathrm{i}\mu_1},\cdots,\mathrm{e}^{2\pi\mathrm{i}\mu_{N_c}}), \quad \sum_{n=1}^{N_c}\mu_n = 0 \tag{1.35}$$

因 $\Omega(x)$ 是 $SU(N_c)$ 群的群元素,其本征值是模为一的复数. 上式中引入的参数 μ_n 是温度的函数,可以称其为绕异性场.

如果 $\Omega(|\boldsymbol{x}|\to\infty)\in Z(N_c)$, 即中心群的群元素,则绕异性场是平庸的. 在这种情形,Polyakov 圈对应微扰真空的取值为 1. 对于中心群元素 $\mathrm{e}^{2\pi\mathrm{i}m/N_c}1$, 可以将其绕异性场记为满足式(1.35)的形式

$$\mu_n = m/N_c - 1 + \theta(n-m) \quad (m = 1,\cdots,N_c) \tag{1.36}$$

而 $\Omega(|\boldsymbol{x}|\to\infty)\notin Z(N_c)$ 的绕异性配置是非平庸的. 一种典型的选择是 N_c 个绕异性场正好是等差数列的情形,比如

$$\mu_n = -\frac{1}{2} - \frac{1}{2N_c} + \frac{n}{N_c} \tag{1.37}$$

可以验证上述配置下 Polyakov 圈在无穷远的期待值是零,也就是表示有禁闭的规范场组态. 研究具有这种性质的规范场组态,特别是其随温度或者密度的演化,有助于阐明 QCD 的禁闭机制、退禁闭相变和手征相变的关系,以及手征反常的有效恢复. 其中 QCD

的真空拓扑结构及其随外界环境的演化有望揭示 QCD 的相变机制或者解释格点 QCD 的计算结果.

1.6 QCD 真空及其唯象模型

QCD 真空指的是量子色动力学的非微扰基态,具有非平庸的复杂内部结构. QCD 真空应具有禁闭和手征对称性破缺两大主要特征. 在包含夸克的完整理论中,它表现为非零的各种算符凝聚,比如有限的胶子凝聚和夸克凝聚等. 约以 1973 年为界,前 QCD 时代人们认识到存在夸克凝聚,后 QCD 时代人们进一步认识到还存在胶子凝聚. 比较重要的凝聚(指典型的强子标度)有

$$\begin{aligned} &\langle (gG)^2 \rangle \stackrel{\text{def}}{=\!=} \langle g^2 G_{\mu\nu} G^{\mu\nu} \rangle \approx 0.5\ \text{GeV}^4 \\ &\langle \bar{q} q \rangle \approx (-0.23)^3\ \text{GeV}^3 \\ &\langle (gG)^4 \rangle \approx 5 \sim 10 \langle (gG)^2 \rangle^2 \end{aligned} \tag{1.38}$$

其他常用的还有四夸克凝聚、夸克胶子混合凝聚等,一般作为唯象常数出现在 QCD 的 SVC 求和规则里. 这些非零凝聚部分反映了 QCD 真空具有手征破缺和禁闭的特征. 因其非微扰特性,目前关于 QCD 真空的认识局限于格点 QCD 的计算及各种唯象模型. 这些唯象模型有助于我们从物理机制上理解格点 QCD 的计算结果.

1.6.1 Savvidy 真空

Savvidy 真空是 1977 年 George Savvidy 提出的一个 QCD 真空模型[11]. 该模型声明 QCD 真空不可能是没有粒子和场的传统福克真空;场强度为零的 QCD 真空是不稳定的,可衰减到一个可计算的场有非零期待值的状态. 由于真空凝聚是标量,似乎真空包含一些非零但均匀的场从而导致了这些真空凝聚. 然而,Stanley Mandelstam 指出均匀真空场也是不稳定的[12]. 进一步地,Nielsen 和 Olesen 在 1978 年指出均匀胶子场的不稳定性. 这些论点认为标量凝聚是真空的一种长距离效应的有效描述;在短距离时,低于 QCD 尺度,真空可能有结构.

1.6.2 对偶超导模型

QCD的对偶超导体真空图像由特霍夫特和曼德斯坦分别提出.其中特霍夫特进一步证明了非阿贝尔规范理论的阿贝尔投影可包含磁单极子.在通常的第二类超导体中，带电荷的电子凝聚形成库珀对，磁通则被挤压成管状.在QCD真空的对偶超导体图像中，色磁的磁单极子凝聚为对偶的库珀对，从而导致色电通量被挤压成管状.这种图像可以用来理解夸克禁闭.

1.6.3 弦模型

该模型指出，一个夸克和一个反夸克之间的色电通量坍缩形成弦，而不是像普通的电通量那样扩散成库仑场.这个弦也遵循一个不同的力学定律.它表现得好像弦有恒定的张力，所以分离两端(即一端是夸克，另一端是反夸克)会使势能随着分离间距加大而线性增加.当这种分离注入的能量高于介子质量时，弦就会断裂；这时两个新出现的端点与原端点变成两个夸克-反夸克对，从而能够描述新介子的产生.因此，禁闭被很自然地纳入到弦模型中.需注意，这里的弦指QCD的弦，并非弦论中的弦.与弦模型相关的线性势通常称为康奈尔势.

1.6.4 中心涡旋真空

近期关于QCD真空的研究表明，中心涡旋扮演着重要角色.这些涡旋本质上是一种拓扑缺陷，带有一个中心元素作为荷.对这类涡旋的研究通常采用格点QCD计算来模拟，研究表明涡旋的行为与禁闭-退禁闭相变密切相关：在禁闭相中，涡旋渗滤并填满时空；在退禁闭相中，涡旋则受到很大的抑制.此外，格点QCD研究还表明，如果将中心涡旋从模拟计算中移除，则弦张力消失，从而提示中心涡旋是影响夸克禁闭的重要因素.

1.6.5 瞬子及瞬子-双荷子真空

BPST 瞬子在 QCD 的真空结构中可能起着很重要的作用. BPST 瞬子是指由贝拉凡(A. Belavin)、普利亚科夫(A. Polyakov)、施瓦茨(A. Schwartz)和图普金(Y. Tyupkin)于 1975 年发现的欧氏空间 $SU(2)$杨-米尔斯场方程的经典自对偶拓扑稳定解[13]. 这种瞬子解表示从一种真空状态到另一种真空状态的隧穿跃迁,本身也是一种准粒子. 最初的尝试是把真空作为瞬子的稀薄气体近似,并不能解决 QCD 的红外问题. 后来,人们提出了瞬子液体模型. 这个模型的出发点是这样一个假设,即瞬子的系综不能仅仅用单独的瞬子的总和来描述. 人们提出了各种各样的模型,比如引入瞬子之间的相互作用或使用变分方法求出尽可能接近精确的多瞬子解. 瞬子液体的唯象模型在解释 QCD 手征对称性自发破缺方面取得了一定的成功. 但 BPST 瞬子液体模型不能解释 QCD 中的禁闭问题. BPST 瞬子液体模型可以得到类似于 NJL 模型的非微扰有效夸克理论,即可描述手征动力学,亦可给出色超导.

除了传统的 BPST 瞬子,KvBLL 瞬子-双荷子近年来颇受关注. KvBLL 瞬子-双荷子是由克兰(T. C. Kraan)、范巴尔(P. van Baal)[14]以及李(K. M. Lee)、卢昌海(C. H. Lu)[15]两个小组于 1998 年分别发现的有限温度下具有内部双荷子结构的杨-米尔斯方程的经典瞬子解①. 这些双荷子是具有不同于瞬子的色电荷、色磁荷的孤子,合起来却具有瞬子的特征. 近年来的研究表明,基于这种 KvBLL 瞬子-双荷子系综的真空图像,可以解释低温下传统的 BPST 瞬子系综不能解释的禁闭现象以及描述禁闭-退禁闭相变;同时,因为 KvBLL 瞬子-双荷子整体上具有瞬子的特征,所以这种真空图像依然可以解释手征对称性的自发破缺以及描述手征对称性的恢复相变.

1.7 QCD 的相结构

在引入 QCD 相图之前,这里先回顾一下水的相图. 图 1.1 展示的是蒸汽、液体和冰三相在压强和温度即(p, T)平面相图上的分布. 相图上的点(p, T)表示在压强 p 和温度

① 零温下的瞬子在有限温度下的推广,称为 caloron.

T 下的一个大的均匀的处于热平衡状态的水的某种物相;位于相边界线两侧的相邻点表示在相同压力和温度条件下的不同相可以共存,也就是说它们具有相同的热力学条件.然而,它们在微观上有显著的差异,比如它们通常具有不同的粒子或能量密度.后一种情况属于一级相变:穿过相边界,即物质从一个相转变到另一个相(如水变成蒸汽),需提供或除去一定数量的能量(称为相变潜热)并伴随着某种程度的压缩或膨胀.此外,满足相边界的热力学条件,物质通常会表现为两相或者多相的混合物.例如,高密度相的液滴浸没在低密度相的水汽中,反之亦然.对水来说,普通的雾就是这样不同相的混合物.水的相图上有两个关键点:三相点和汽液相变的临界点.临界点温度以上是汽液转变的过渡区域.需注意的是,图 1.1 是较粗略的水的相图,实际的水相图要比图 1.1 精细复杂得多.

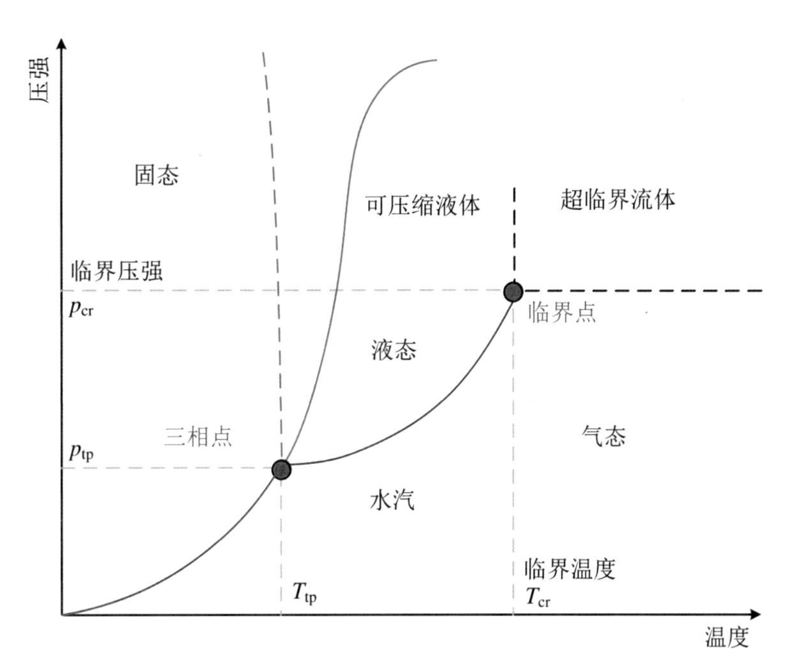

图 1.1　水的汽、液、固相图(摘自维基百科)

图上有两个特殊点,即三相点和临界点:三相共存点在 0 ℃,汽液相边界终止于一个临界点;临界温度之上是液体到汽体的过渡区.

不同于水的压强-温度相图,QCD 相图通常指重子数化学势(密度)-温度的平面相图.但是 QCD 的相图可能也具有水相图的某些特征.如前所述,描述夸克和胶子之间相互作用的量子色动力学是一个具有 6 种夸克味道的 $SU(3)$ 规范理论,其中最轻的 2 个味道质量几乎可以忽略.由前述的 QCD 的各种自由度及对称性,可以预期 QCD 具有丰富的相结构[9].QCD 的相变应该和渐近自由、禁闭、手征对称性破缺、手征反常等密切关联.强相互作用物质的相结构示意图如图 1.2 所示(注意,这仅仅是假想的 QCD 相图,目前仅有小部分被证实或取得业内共识.如低密度区域的强子相到夸克-胶子等离子体的快速过渡被证实).该相图中给出了几个主要相:低温、低密度下的强子相,高温下的夸克-胶子等离子体,低温、高密区域的夸克物质可能候选者色超导相,以及可能存在的但该相图中未指出的其他相.

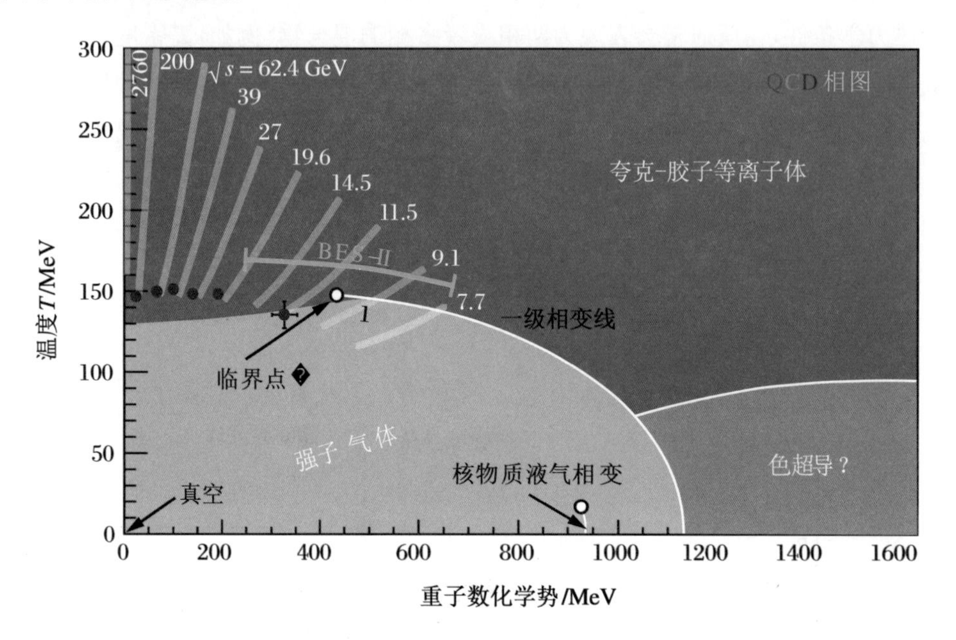

图 1.2　重子数密度-温度平面上的可能 QCD 相图[172]

图中的高温区圆点称为 QCD 临界点,为目前 RHIC 束能扫描项目的主要寻找目标.图中近零温端的圆点为实验已经证实了的核物质气液相变的临界点.

图 1.2 中的中等密度区域强相互作用物质性质和相结构的研究是当下和未来低能相对论重离子碰撞项目 RHIC 的束能扫描项目、德国的 FARE SIS-300 项目、俄罗斯 NICA的重离子碰撞项目等国际大型实验装置项目的主要物理目标.图中高温区的大圆点,即所谓的 QCD 临界点和水的压强-温度相图上的临界点很相似.实验上确定 QCD 临界点是今后 RHIC 的束能扫描项目的主要探索目标.目前,人们对中等密度区域的 QCD 相图的认识还很浅陋,对其可能的相结构存在很大争议,需要理论物理学家和实验物理学家在未来携手攻关.

第 2 章

热密 QCD 的研究方法

这一部分主要介绍了高温、高密 QCD 研究的一些方法和常用的有效模型. 因 QCD 相变研究主要涉及非微扰 QCD,微扰 QCD 在相变研究中几乎无用武之地. 随着计算机水平的不断进步,基于第一原理的格点 QCD 将在非微扰 QCD 研究中发挥日益重要的作用. QCD 相变的研究亦不例外,有限温度、有限化学势的格点 QCD 计算是 QCD 相变研究的重要手段. 但格点 QCD 本身也存在局限性,尤其是有限密度情形的符号问题,使得格点 QCD 对 QCD 相图的预言能力大打折扣. 因此人们不得不求助于其他方法,比如泛函方法和发展 QCD 有效模型.

2.1 量子统计力学与 QCD 配分函数

2.1.1 QCD 配分函数

在统计力学中,研究有限温度和重子密度下的 QCD 的标准方法是使用巨正则系综[7-9].对于一个体积为 V、温度为 T 和化学势为 μ 的巨正则系综,其密度算符 $\hat{\rho}$ 为

$$\hat{\rho} = \frac{1}{Z}\mathrm{e}^{-(\hat{H}-\mu\hat{N})/T} \tag{2.1}$$

其中,$\hat{H}$ 和 $\hat{N}$ 分别是哈密顿算符和粒子数算符(这里使用自然单位制),注意此处守恒量重子数与化学势 μ 耦合.相应的巨正则配分函数 $Z(V,T,\mu)$ 和热力学势 $\Omega(T,V,\mu)$,可表示为密度矩阵的求迹:

$$Z(T,V,\mu) = \mathrm{Tr}\hat{\rho}(T,V,\mu) = \sum_n \langle n \mid \mathrm{e}^{-(\hat{H}-\mu\hat{N})/T} \mid n\rangle \equiv \mathrm{e}^{-\Omega(T,V,\mu)/T} \tag{2.2}$$

中间对 n 标记的量子态完备集求迹.

对 QCD 而言,基于虚时温度场论(见附录 B),可以将配分函数表示成路径积分的形式.对于 u,d,s 三种轻夸克,通常不仅要引入重子数化学势,还要同时考虑电荷数和奇异数守恒.为此还需要引入另外两个相应的独立化学势,则三种味道各自的化学势可表为

$$\mu_{\mathrm{u}} = \frac{1}{3}\mu_{\mathrm{B}} + \frac{2}{3}\mu_{\mathrm{Q}} \tag{2.3}$$

$$\mu_{\mathrm{d}} = \frac{1}{3}\mu_{\mathrm{B}} - \frac{1}{3}\mu_{\mathrm{Q}} \tag{2.4}$$

$$\mu_{\mathrm{s}} = \frac{1}{3}\mu_{\mathrm{B}} - \frac{1}{3}\mu_{\mathrm{Q}} - \mu_{\mathrm{S}} \tag{2.5}$$

其中,B,Q 和 S 分别代表重子数、电荷数和奇异数守恒荷.注意,如果考虑到相对论重离子碰撞实验相的约束,上述化学势实际只有一个独立量.另外如果研究致密天体如中子星,则需要计及整体电中性条件的约束.引入化学势后的配分函数可写为

$$Z(T,V,\hat{\mu}) = \int \prod_{\mu} \mathrm{D}A_{\mu} \prod_{\mathrm{f}} \mathrm{D}q_{\mathrm{f}} D\bar{q}_{\mathrm{f}} \mathrm{e}^{-S^{\mathrm{E}}}(T,V,\hat{\mu}) \tag{2.6}$$

其中，$S^{\mathrm{E}}(T,V,\hat{\mu})$为欧氏空间的作用量

$$S^{\mathrm{E}}(T,V,\hat{\mu}) \equiv \int_0^{\beta} \mathrm{d}\tau \int_V \mathrm{d}^3 x \left[L_{\mathrm{QCD}}^{\mathrm{E}} + \sum_{\mathrm{f}} \mu_{\mathrm{f}} \bar{q}_{\mathrm{f}} \gamma_4 q_{\mathrm{f}}\right] \tag{2.7}$$

式中，$\hat{\mu} \equiv (\mu_{\mathrm{u}}, \mu_{\mathrm{d}}, \mu_{\mathrm{s}})$. 另外有时也会考虑同位旋化学势，这时 u，d 的化学势正好相反. 有了配分函数后，就可以根据热力学基本关系，计算相应的热力学量.

人们感兴趣的 QCD 相变区域一般涉及很强的非微扰效应. 无论是高温、低密度时强子气体到夸克-胶子等离子体的转变，还是低温、中高密度区域致密核物质或者夸克物质的出现，夸克和胶子都具有很强的相互作用. 原则上，基于第一原理的格点 QCD 为研究 QCD 相变的首选方法. 事实上，在高温零密度(或低密度)区域，格点 QCD 的蒙特卡罗模拟研究 QCD 相变或者状态方程，具有其他方法无可比拟的优势. 但有限化学势情形相变的研究是格点 QCD 的绊脚石. 由于所谓的符号问题，目前还没有完全确定 QCD 相图的基于第一原理的方法. 鉴于有限密度区域第一原理方法的缺失，当前只有高温低密度情形手征相变为快速平滑过渡的格点计算得到了广泛认同.

格点 QCD 的配分函数通常先将夸克自由度积掉，即

$$Z = \int \mathrm{D}U \mathrm{D}\bar{q} \mathrm{D}q \mathrm{e}^{-S} = \int \mathrm{D}U \mathrm{e}^{-S_{\mathrm{YM}}} \det M(\mu) \tag{2.8}$$

其中，S_{YM}是欧氏空间的杨-米尔斯作用量，$M(\mu)$是化学势相关的费米子矩阵. 上述的行列式通过下面的积分得到

$$\int \mathrm{D}\bar{q} \mathrm{D}q \mathrm{e}^{-S_{\mathrm{F}}} = \det M \tag{2.9}$$

这样式(2.8)最终变成关于链变量 U 的积分.

在蒙托卡罗数值模拟中，被积函数

$$\rho(U) \sim \mathrm{e}^{-S_{\mathrm{YM}}} \det M(\mu) \tag{2.10}$$

被解释为(实的和正的)概率权重，这样就可以根据重要性抽样生成规范链变量的组态. 然而，在非零化学势下费米子行列式满足以下关系：

$$[\det M(\mu)]^* = \det M(-\mu^*) \in \text{复数} \tag{2.11}$$

这意味着权重 $\rho(U)$也是复数，基于重要抽样的标准数值算法不适用. 如上所述，这通常被称为符号问题，其实质是费米子行列式出现了虚部. 如何有效规避符号问题是有限密度格点 QCD 的核心问题. 由关系式(2.11)可知，如果化学势为虚数，那么不存在所谓的

符号问题.通过计算虚化学势下的格点 QCD 热力学势来规避符号问题,是目前格点处理有限化学势问题的一种重要方法.

2.1.2 基本的统计和热力学关系

这里简要给出统计物理和热力学的一些基本关系.由前面给出的密度矩阵 $\hat{\rho}$,可给出熵算符的定义:

$$\hat{S} = -\ln\hat{\rho} \tag{2.12}$$

由算符 $\hat{A}$ 的热平均值 $\langle\hat{A}\rangle = Tr[\hat{\rho}\hat{A}]$,可得到能量、粒子数和熵的期待值分别为

$$E = \langle\hat{H}\rangle, \quad N = \langle\hat{N}\rangle, \quad S = \langle\hat{S}\rangle = -\mathrm{Tr}[\hat{\rho}\ln\hat{\rho}] \tag{2.13}$$

巨热力学势 $\Omega(T,V,\mu)$、亥姆霍兹自由能 $F(T,V,N)$、吉布斯自由能 $G(T,P,N)$ 和能量、熵、压强、粒子数间的关系为

$$\begin{aligned} \Omega(T,V,\mu) &= E - TS - \mu N \\ F(T,V,N) &= \Omega + \mu N = E - TS \\ G(T,P,N) &= F + PV \end{aligned} \tag{2.14}$$

相应的微分关系为

$$\begin{aligned} \mathrm{d}\Omega &= -S\mathrm{d}T - P\mathrm{d}V - N\mathrm{d}\mu \\ \mathrm{d}F(T,V,N) &= -S\mathrm{d}T - P\mathrm{d}V + \mu\mathrm{d}N \\ \mathrm{d}G(T,P,N) &= -S\mathrm{d}T + V\mathrm{d}P + \mu\mathrm{d}N \end{aligned} \tag{2.15}$$

能量密度(ε)、压强(p)、粒子数密度(n)和熵密度(s)间的关系为

$$\begin{aligned} -p &= \varepsilon - Ts - \mu n \\ \mathrm{d}p &= s\mathrm{d}T + n\mathrm{d}\mu \\ \mathrm{d}\varepsilon &= T\mathrm{d}s + \mu\mathrm{d}n \end{aligned} \tag{2.16}$$

能量密度(ε)、压强(p)和熵密度(s)的计算公式为

$$\varepsilon = \frac{T}{V}\left(\frac{\partial\ln Z}{\partial\ln T}\bigg|_{V,\mu} + \frac{\partial\ln Z}{\partial\ln\mu}\bigg|_{V,T}\right)$$

$$p = T\frac{\partial\ln Z}{\partial V}\bigg|_{T,\mu}$$

$$s = \frac{1}{V}\left(1 + \frac{\partial}{\partial \ln T}\right)\ln Z\,|_{V,\mu} \tag{2.17}$$

2.2 有限温度、有限密度的格点 QCD

原则上 QCD 相变过程是非微扰的，因此微扰论无法揭示相变背后的物理意义；另外，即使在高温下 QCD 微扰论也有自身的问题. 1974 年，Wilson[16] 最先提出了基于数值模拟的格点 QCD(更一般的是格点规范场论)方法可以克服这些困难. 该方法的核心思想是在离散的时空格子上定义 QCD，通过蒙特卡罗方法计算模拟连续的场论. 格点 QCD 方法可以对紫外发散进行规范不变的正规化，也能够进行非微扰的数值计算.

在格点规范理论中，胶子自由度通过链变量来实现. 首先引入 Wilson 线的定义：

$$U_P(x,y;A) = P\exp\left(\mathrm{i}g\int_P \mathrm{d}z_\mu A_\mu\right) \tag{2.18}$$

其中，P 为路径编序，表示从 x 到 y 的路径积分. 当做规范变换 $A \to A^g$ 时，Wilson 线变为

$$U_P(x,y;A) \to U_P(x,y;A^V) = g(x)U_P(x,y;A)g^\dagger(y) \tag{2.19}$$

这里，欧氏空间的规范变换为

$$A_\mu^V(x) = g(x)[A_\mu(x) + (\mathrm{i}/g)\partial_\mu]g^\dagger(x) \tag{2.20}$$

$g(x)$为式(1.10). 通常把闭合的 Wilson 线叫作 Wilson 圈. 在格点规范理论中，最短路径的 Wilson 线定义为链变量

$$U_\mu(n) = \exp(\mathrm{i}gaA_\mu(n)) \tag{2.21}$$

其连接两相邻的格点 n 和 $n+\hat{\mu}$，$\hat{\mu}$ 为指向 μ 方向的矢量，单位是格距 a. 4 个链变量首尾相接可构成一个最小的回路，即最小的 Wildon 圈为

$$U_{\mu\nu}(n) = U_\nu^\dagger(n)U_\mu^\dagger(n+\hat{\nu})U_\nu(n+\hat{\mu})U_\mu(n) \tag{2.22}$$

对其求迹，称为基元(plaquette). 很显然，基元是规范不变的. 采用链变量及基元后，规范场的作用量可以表示为

$$S_{\mathrm{YM}} = \frac{2N_c}{g^2}\sum_{P}\left[1 - \frac{1}{N_c}\mathrm{Re\ Tr}\ U_{\mu\nu}(n)\right] \xrightarrow[a\to 0]{} \frac{1}{4}\int \mathrm{d}^4 x[F_{\mu\nu}^b(x)]^2 \tag{2.23}$$

夸克场则对应每个格点,规范不变的双线性形式有

$$\bar{q}(n)q(n),\quad \bar{q}(n+\hat{\mu})U_{\mu}(n)q(n),\quad \bar{q}(n-\hat{\mu})U_{-\mu}(n)q(n) \tag{2.24}$$

后两种对应相邻格子间的双线性量.有多种形式可以和狄拉克矩阵耦合构造 QCD 作用量中的费米子部分.需指出的是,这里会出现所谓的费米子加倍问题,简单而言,相当于费米子数被扩大了 16 倍.对费米子的不同处理方式导致不同的格点 QCD 的蒙特卡罗算法.

有限温度、有限密度的格点 QCD 模拟计算是基于第一原理的 QCD 相变研究最强大的方法.在低密度区域,格点 QCD 的计算结果业已成为其他方法比对的标杆.如前所述,格点 QCD 研究 QCD 相变的最大瓶颈是有限化学势情形的符号问题.目前虽有各种方法试图绕过该问题,但是总体而言,格点 QCD 对有限化学势情形的 QCD 相图及相变的预言能力非常有限.因此,仍然非常有必要发展其他非微扰方法来研究 QCD 相变,特别是去揭示中高密度区域的可能相结构.

本书第 4 章专门讨论了有限温度、密度情形格点 QCD 方法对 QCD 相变研究的进展.特别是对于有限化学势情形的符号问题及相关的几种常用的规避方法,有较详细的讨论.

2.3 泛函方法

近些年,除了一些传统的模型外,系统的、基于 QCD 理论的连续泛函方法的进展使得我们有可能对强相互作用物质的基本性质及其相变获得新的认知.这种方法的代表是有效截断的 Dyson-Schwinger 方程(图 2.1)和泛函重整化群.结合格点 QCD 的研究进展,目前两种方法各自发展出了能够自洽处理的、非微扰的、近 QCD 的有效近似模式和方法[17-19],可用于较系统地改进我们对有限温度和有限密度 QCD 的认识.这两种泛涵方法分别基于无穷嵌套的积分方程组和微分方程组,可以弥补格点 QCD 和简单有效模型

在研究 QCD 相图，特别是有限密度情形的不足.泛函方法比较适于探讨 QCD 临界点的相关问题，特别是泛函重整化群方法在研究 QCD 临界点附近的涨落问题方面有优势.

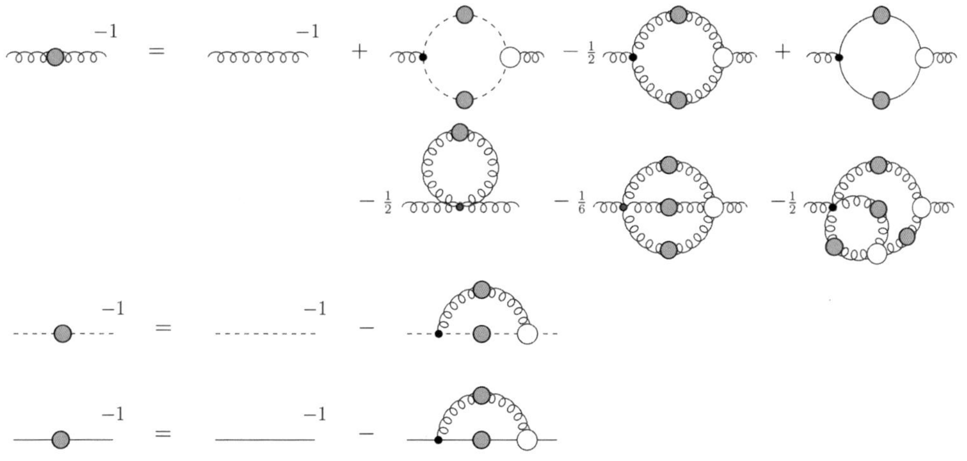

图 2.1　胶子(曲线)、鬼(短线)和夸克(实线)的传播子满足的 Dyson-Schwinger 方程[17]

实际应用中，必须采取某种方案将这种无穷嵌套的方程有效截断，并能自洽求解.

2.4　热密 QCD 的有效模型

本节介绍几个典型的常被用于研究有限温度、有限密度相变及状态方程的 QCD 低组有效模型.由于同时涉及 Ployakov 圈自由度和手征对称性，PNJL 模型给予了较详细的介绍.

2.4.1　准粒子模型

准粒子的概念及模型对理解强关联系统的物理非常有用.准粒子概念的实质是相互作用系统的集体激发模式具有等效单粒子的特性，并非真实的物理粒子.准粒子模型的优点是物理图像清楚、数学处理比较简单易行.这里主要介绍 Rossendorf 的强相互作用准粒子模型.该模型的基本组成部分是夸克和胶子准粒子，模型的构造基于 Biro 等人[20]

的工作. 在热力学相关的动量范围内,介质依赖的自能被近似为有效的准粒子质量;该有效质量是动态产生的,并以适当的方式参数化以描述复杂的强相互作用. 在高温/高密情形下,该模型借鉴了硬热圈/硬密圈(HTL/HDL)自能的硬激发的头阶项,从而可以对接微扰 QCD 的结果;同时,该准粒子模型使用了有效耦合,从而超越了微扰理论,并在高温区域趋于微扰耦合. 该模型甚至可以给出基于有效耦合幂次无穷级的展开,从而突显了其非微扰特性;而模型严格的微扰展开可以给出 QCD 微扰势的前两项[7,8].

在零夸克化学势的情况下,该模型给出的轻夸克(q)和胶子(g)的压强分别为

$$p = \sum_{a = \mathrm{q},\mathrm{g}} p_a - B(T), \quad p_a = \frac{d_a}{3\pi^2}\int \mathrm{d}k\, \frac{k^4}{\omega_a} \frac{1}{(\mathrm{e}^{\omega_a/T} + S_a)} \tag{2.25}$$

其中

$$B(T) = -\sum_{a = \mathrm{q},\mathrm{g}} \frac{d_a}{4\pi^2}\int_{T_e}^{T} \frac{\mathrm{d}m_a^2(T')}{\mathrm{d}T'}\left[\int \mathrm{d}k\, \frac{k^2}{\Omega_a} \frac{1}{(\mathrm{e}^{\omega_a/T'} + S_a)}\right]\mathrm{d}T' + B(T_c) \tag{2.26}$$

除满足稳定性条件 $\delta p/(\delta m_a^2) = 0$[21]外,式中的积分常数 $B(T_\mathrm{c})$的作用是为了保证热力学的自洽性[22,23]. 这里 $S_\mathrm{q} = 1, S_\mathrm{g} = -1$,而 d_a 表示准粒子的简并度,即 $d_\mathrm{q} = 2\times 2\times 3 = 12, d_\mathrm{g} = 2\times 8 = 16$. 准粒子的色散关系近似于光锥附近的渐近质量壳表达式

$$\omega_a = \sqrt{k^2 + m_a^2}, \quad m_a^2(T) = \Pi_a(k;T) + (x_a T)^2 \tag{2.27}$$

其中,自能 Π_a 是关键项;上式最后一项用以模拟格点 QCD 的结果.

作为 Π_a 参数的选择,可使用具有明确 T 依赖性的硬热圈(HTL)自能[22-24]. 剩余的质量可根据格点的结果近似确定[24]. 对自能参数化的关键是采用一个有效耦合 $G^2(T)$ 代替跑动耦合 g^2. 因此,非微扰效应体现在选取的 G^2 中. 一个常用的参数化的有效耦合为

$$G^2(T) = \begin{cases} G^2_{2\text{-loop}}(T), & T \geqslant T_\mathrm{c} \\ G^2_{2\text{-loop}}(T_\mathrm{c}) + b(1 - T/T_\mathrm{c}), & T < T_\mathrm{c} \end{cases} \tag{2.28}$$

在这里 $G^2_{2\text{-loop}}$是两圈耦合的相关部分:

$$G^2_{2\text{-loop}}(T) = \frac{16\pi^2}{\beta_0 \log \xi^2}\left[1 - \frac{2\beta_1}{\beta_0^2} \frac{\log(\log \xi^2)}{\log \xi^2}\right] \tag{2.29}$$

其中,$\xi = \lambda(T - T_\mathrm{s})/T_\mathrm{c}$. 可对两个输入参数 λ 和 T_s 进行调整以描述格点 QCD 的结果.

有限化学势情形则采用如下的模型假设,即做泰勒展开:

$$p(T,\mu_\mathrm{q}) = p(T,\mu_\mathrm{q} = 0) + \Delta p(T,\mu_\mathrm{q}), \quad \Delta p(T,\mu_\mathrm{q}) = T^4 \sum_{n=1}^{\infty} c_{2n}(T)\left(\frac{\mu_\mathrm{q}}{T}\right)^{2n} \tag{2.30}$$

知道了热力学势，就可以计算其他相关的物理量. 详细计算细节可以参看相关文献.

2.4.2 袋模型

强子可以被看作浸在非微扰 QCD 真空的口袋里，该模型由美国麻省理工学院提出[25]. 为了实现禁闭使色荷仅仅限于口袋内，需要对夸克胶子引进一个特殊的边界条件. 在口袋内部假设不存在各种凝聚，也就是口袋内部是微扰真空. 口袋模型的两个重要参数是口袋半径 R_{bag} 和口袋常数 B.

典型的强子，比如质子的质量可以表达为

$$M_{\mathrm{p}} = \frac{3x}{R_{\text{bag}}} + \frac{4\pi}{3} B R_{\text{bag}}^{3} + \cdots \tag{2.31}$$

第一项 x/R_{bag} 表示禁闭在口袋里的单个夸克的动能. 正比于袋常数 B 的项是口袋体积能，它代表在非微扰真空中产生一个微扰区域所耗费的能量. 式中的"…"包含袋中夸克相互作用的贡献、球形腔中的 Casimir 效应、袋周围的介子云效应等. 通过恰当的选择袋常数，袋模型可以很好地描述 u，d 和 s 夸克构成的轻强子的质量谱. 式(2.31)给出的口袋常数 B 约为(220 MeV)^4.

2.4.3 Polyakov 圈模型

早期的格点计算表明，用对应斯特藩-玻尔兹曼(Stefan-Boltzmann)极限值正规化的压强，作为相应临界温度 T_c 正规化后的温度的函数似乎可以展现出普适的行为. 也即正规化的 QCD 压强和正规化的纯规范理论的压强看起来很相似，这似乎意味着 QCD 相变也是由胶子动力学驱动的，而非费米子. 因此，一种可能性是 QCD 情形的相变序参数可能(或者应该)与纯规范理论类似①，即前述的 Polyakov 圈. Polyakov 圈模型是以 Polyakov圈作为自由度而构造的纯规范理论的有效模型.

对于 $SU(3)$ 纯规范理论，Polyakov 圈(1.18)是规范变换不变的. 但是 Polyakov 圈在中心群 $Z(3)$ 变换下表现出非平凡的特性，即等于乘以中心群的群元素后再求迹. 作为退禁闭相变的序参量，原则上可以按照朗道相变理论构造以 Polyakov 圈为自由度的有效

① 目前来看，这一论断显然过于乐观. 近期取物理质量的格点 QCD 给出的 Polyakov 圈并未如压强在准临界温度附近很窄的区间快速上升，而是增长较为平缓并且滞后于临界温度.

模型.该模型必须满足中心对称性,其拉氏量可包含如下这些项[26]:

$$L_{\text{eff}}(\varphi)=c_0\,|\nabla\varphi|^2+c_2\,|\varphi|^2+c_3[\varphi^3+(\varphi^*)^3]-c_4(|\varphi|^2)^2+\cdots \tag{2.32}$$

这里,φ 代表 Polyakov 圈,省略号表示更高阶的项.上式的特点是出现了 φ 的三次方,正是该项促成 $SU(3)$纯规范理论在高温下发生一级相变[27].

忽略 Polyakov 圈六次方以上项的有效势为

$$V_{\text{eff}}(\varphi)=-c_2\,|\varphi|^2-c_3[\varphi^3+(\varphi^*)^3]+c_4(|\varphi|^2)^2 \tag{2.33}$$

可由该势的最小值确定 φ 的期待值.上述胶子势通常被称为多项式模型,后来又发展出了对数型的有效胶子势,以及多项式和对数交错混合型的胶子势,并被广泛应用到 PNJL/PQM 模型中.通常式(2.33)两边除以 T^4 得到无量纲的有效势

$$V_{\text{eff}}(\varphi)T^4=-b_2\,|\varphi|^2-b_3[\varphi^3+(\varphi^*)^3]+b_4(|\varphi|^2)^2 \tag{2.34}$$

因为 φ 无量纲,上式中的新耦合参数也无量纲.

以下基于朗道-金兹堡相变理论来分析该模型的相变.显然式(2.34)有 $\varphi=0$ 的维格纳解,也有 $\varphi\neq0$ 的南部解.要发生相变,上述有效势中耦合参数必须随温度变化.首先假设 $b_4>0$,并令 $b_3=0$,则系数 b_2 符号的变化会驱动相变的发生.当 $T<T_c$,对应维格纳相;只有当 V_{eff}在零点处的曲率为正时(这与凝聚态物理的自旋-自旋作用模型正好相反),才能保证维格纳相更稳定,即要求 $b_2<0$.当 $T>T_c$,处于南部相;只有当 V_{eff}在零点的曲率为负时,即 $b_2>0$,可以保证南部相的能量更低.则参数 b_2 作为温度的函数,应该在 $T=T_c$处为零.但这种情况属于朗道的二级相变,借助系数 b_3 可将二级相变转变为一级相变.格点 QCD 数据表明纯 $SU(3)$规范理论相变属于较弱的一级相变,这表明常数 b_3 很小.但是正是 $Z(3)$对称性的要求才导致出现一级相变.

Polyakov 圈模型也可以预测其他物理可观测量,例如与 Polyakov 圈实部和虚部相关的函数与屏蔽质量的比例有关[26].将 Polyakov 圈分解为实部和虚部,即 $L\equiv R+\mathrm{i}I$.在退禁闭相,预期它们呈指数级下降:

$$\langle R(0)R(\boldsymbol{x})\rangle\sim\exp(-m_{\text{R}}\,|\boldsymbol{x}|),\quad\langle I(0)I(\boldsymbol{x})\rangle\sim\exp(-m_{\text{I}}\,|\boldsymbol{x}|) \tag{2.35}$$

其中,m_{R},m_{I} 是相应的屏蔽质量.在弱耦合中,可以对这些质量做出确切的预测.一般来说,由于 Polyakov 圈的重整化,求出 m_{R} 和 m_{I} 的值并不容易.然而,在 $m_{\text{I}}/m_{\text{R}}$ 中可以把未知因素去掉[26],Polyakov 圈模型对这个比值有确切的预测.Polyakov 圈模型的优点之一是能够根据 T_c 附近 b_2 和 L_0 对温度的依赖关系给出 m_{R},m_{I} 双双减小的预言,这与格点 QCD 的计算结果相符;而微扰论则不能得到这一行为.

Polyakov 圈模型可以比较成功地描写纯规范理论的相变.如何在该模型中引入夸克自由度或者夸克反馈效应以描述 QCD 相变是非常值得期待的.比如 $c|\varphi|^2\mathrm{Tr}\,\Phi^\dagger\Phi$($\Phi$ 代表手征凝聚)这样的耦合项是可能存在的.该耦合项中的耦合常数 c 若取正值,则当 $|\varphi|$ 为非零时会抑制 Φ 进而促使恢复手征对称性.这种耦合可用以解释手征对称恢复相变和退禁闭相变发生在相同或者接近的温度.另一种流行的方式是下面介绍的 Polyakov 圈加强的手征模型,即把 Polyakov 圈模型和典型的含夸克自由度的 NJL 模型或者夸克介子模型结合起来用以描写 QCD 相变.

2.4.4 (P)NJL 模型

Nambu-Jona-Lasinio 模型(NJL)是南部和约纳·拉西尼奥(Giovanni Jona-Lasinio)受超导 BCS 理论的启发,于 1961 年提出的相对论四费米子作用模型[10].随后的一篇论文两人探讨了手征对称破缺、同位旋和奇异性(文献[28]).其中南部因对称性破缺理论与小林诚和益川敏英共同分享了 2008 年的诺贝尔物理学奖.南部也对超导理论做出了重要贡献,并以"南部框架(Nambu formalism)"闻名.另外,苏联物理学家 Valentin Vaks 和 Anatoly Larkin 几乎同时独立地提出了类似的模型(文献[29]),参见 Ployakov 的回忆文章(文献[30])①.

这个模型的构造主要基于手征对称性,采用了四费米子相互作用的模式.实际上,从费米子作用导致动力学凝聚的思想激发了诸多电弱对称性破缺的理论.NJL 模型中的费米子最初指的是核子,后来被用于指代夸克从而作为量子色动力学的低能有效理论而被广泛应用.

最简单的 NJL 模型只需一种费米子,其拉氏量为

$$
\begin{aligned}
L &= \mathrm{i}\bar{q}\partial\!\!\!/ q + \frac{G}{2}[(\bar{q}q)(\bar{q}q) - (\bar{q}\gamma^5 q)(\bar{q}\gamma^5 q)] \\
&= \mathrm{i}\bar{q}_{\mathrm{L}}\partial\!\!\!/ q_{\mathrm{L}} + \mathrm{i}\bar{q}_{\mathrm{R}}\partial\!\!\!/ q_{\mathrm{R}} + \lambda(\bar{q}_{\mathrm{L}}q_{\mathrm{R}})(\bar{q}_{\mathrm{R}}q_{\mathrm{L}})
\end{aligned}
$$

该模型具有整体的 $U(1)_Q\times U(1)_\chi$ 对称性,其中 Q 为狄拉克费米子的普通荷,χ 为手征荷.由于手征对称性,不存在费米子质量项.然而,手征凝聚可导致费米子具有有效质量从而手征对称性自发破缺;即可以通过动力学机制产生质量.NJL 模型首次将 BCS 超导

① 据 Ployakov 回忆,当时这样的工作在苏联被视为"垃圾",尽管 Ployakov 本人对这种奇妙的想法很有共鸣.实际上,20 世纪 60 年代初,南部将对称性自发破缺引入粒子物理领域时,物理界响应者寥寥.思想"超前"是很多同行对南部的一致评价.

理论和量子场论联系起来,并把对称性自发破缺机制引入粒子物理,为标准模型的最终建立起到了关键的导向作用.

作为 QCD 低能有效理论的 NJL 模型,形式上相当于将胶子场的影响全部归结为四夸克间的定域相互作用.夸克味道数是 N_f 的典型 NJL 拉氏量为[10,28]

$$L_{NJL} = \bar{q}(i\gamma_\mu\partial^\mu - m)q + \frac{G}{2}\sum_{j=0}^{N_f^2-1}[(\bar{q}\lambda^j q)^2 + (\bar{q}i\gamma_5\lambda^j q)^2] \tag{2.37}$$

式(2.37)包含夸克的运动学项和一个手征对称的四费米子相互作用项.该作用具有 $SU(N)_L\times SU(N)_R\times U(1)_V\times U(1)_A$ 的整体对称性,和 QCD 类似.当耦合常数 G 超过某临界值时(和截断相关),手征对称性会发生动力学自发破缺($\langle\bar{q}q\rangle\neq 0$),从而夸克获得组分质量:

$$M_q = m_q - G\langle\bar{q}q\rangle \tag{2.38}$$

另外,可以通过引入额外项 $\det_{k,l}\bar{q}_k(1+\gamma_5)q_l$ + h.c.,通常称为小林诚-益川敏英-特霍夫特作用,来模拟 $U_A(1)$ 反常.由于 NJL 模型在四个时空维度上不可重整,其实质是一个需要紫外截断的有效场理论.NJL 模型的四费米子相互作用可能和 QCD 真空的瞬子相关,比如瞬子液体模型可以给出类似的四费米子或者六费米子作用.NJL 模型被广泛用于描述最轻强子的动力学和热力学,也可以很直接地用于高温和高重子密度下的手征对称性破坏和恢复的研究以及色超导的研究[31-33].

这里以 $N_f=2$ 的 NJL 模型为例给出有限温度情形的求解.在欧氏空间中,其拉氏量可取为[32]

$$L_{NJL} = \bar{q}(-i\gamma_\mu\partial_\mu + m)q - [(\bar{q}q)^2 + (\bar{q}i\gamma_5\tau q)^2] \tag{2.39}$$

其中

$$q^T(x) = (u(x), d(x)), \quad m = \mathrm{diag}(m_u, m_d) = m\cdot\mathbf{1} \tag{2.40}$$

为简单起见,这里采用了同位旋对称性,即 $m_u = m_d = m$.相互作用式(2.39)具有整体的 $SU_L(2)\times SU_R(2)\times U_B(1)$ 对称性,但破坏了 $U_A(1)$ 对称性.

由路径积分可得有限温度的配分函数为

$$\begin{aligned} Z_{NJL} &= \int[d\bar{q}dq]e^{-\int_0^{1/T}d\tau\int d^3xL_{NJL}} \\ &= \int[d\bar{q}dq][d\phi]e^{-\int_0^{1/T}d\tau\int d^3x[\bar{q}(-i\gamma\cdot\partial+m+\phi)q+\frac{1}{2G}\phi\phi^\dagger]} \\ &\equiv \int[d\phi]e^{-S_{eff}(\phi;T)} \end{aligned} \tag{2.41}$$

式(2.41)中玻色场(介子)$\phi(x)=\sigma(x)+\mathrm{i}\gamma_5\boldsymbol{\tau}\cdot\boldsymbol{\pi}(x)$是同位旋空间中的 2×2 矩阵,量纲是能量量纲.上式中的玻色场,即所谓的辅助场,通过 Hubbard-Stratnovich 变换引入,即

$$\exp\left\{-\frac{a}{2}x^2\right\}=\sqrt{\frac{1}{2\pi a}}\int_{-\infty}^{\infty}\exp\left[-\frac{y^2}{2a}-\mathrm{i}xy\right]\mathrm{d}y \tag{2.42}$$

这样四费米子项(对应该变换左侧的 x^2 项)可被替换掉,相应会出现辅助场和夸克间的耦合(对应变换中的 xy 项),再利用高斯积分就可以将夸克自由度积掉.最后只留下玻色场的自由度,对应积分测度$[\mathrm{d}\phi]=[\mathrm{d}\sigma\mathrm{d}\pi]$. 最后得到的有效作用量为

$$\begin{aligned}S_{\mathrm{eff}}(\phi;T)=&-\mathrm{Tr}\ln(-\mathrm{i}\gamma\cdot\partial+m+\phi)\\&+\int_0^{1/T}\mathrm{d}\tau\int\mathrm{d}^3x\left(\frac{1}{2G}\phi(x)\phi(x)^{\dagger}\right)\end{aligned} \tag{2.43}$$

在平均场的近似下,式(2.41)积分的主要贡献源于满足 $\delta S_{\mathrm{eff}}/\delta\phi(x)=0$ 的静态解.若该静态解是与时空无关的实数,则可取为 $\phi(x)=\phi^{\dagger}(x)=\sigma$.同时考虑引入化学势,则对应的热力学势为

$$\Omega=\frac{\sigma^2}{2G}-2N_{\mathrm{f}}N_{\mathrm{c}}\int\frac{\mathrm{d}^3p}{(2\pi)^3}\{E_{\mathrm{p}}+T[\ln(1+\mathrm{e}^{-(E_{\mathrm{p}}-\mu)/T})+\ln(1+\mathrm{e}^{-(E_{\mathrm{p}}+\mu)/T})]\} \tag{2.44}$$

其中,$E_{\mathrm{p}}=\sqrt{p^2+(m+\sigma)^2}$.这样静态条件等价于

$$\frac{\partial\Omega}{\partial\sigma}=0 \tag{2.45}$$

类比于 BCS 超导理论中的类似方程,式(2.45)被称为能隙方程.在手征极限下($m=0$),夸克动力学质量即组分夸克质量 M_{q} 由手征凝聚决定:

$$M_{\mathrm{q}}=\bar{\sigma}=-G\langle\bar{u}u+\bar{d}d\rangle \tag{2.46}$$

在重夸克极限下,退禁闭相变对应 $Z(3)$中心对称性的自发破缺,序参量是 Polvakov 圈.这可由上述的 Polyakov 圈模型来描述.如果将 Polyakov 圈动力学引入 NJL 模型,可以从某种程度上弥补 NJL 不能描述夸克禁闭的缺陷,反之亦然.这就导致了将Polyakov 圈模型和 NJL 模型相结合的"杂合"模型,即 PNJL(Polyakov-loop-extended NJL)模型①

① 笔者曾经在日本参加一个讨论会,当时有德国的 Rischke 教授和日本的 Hatsuda 教授等在场.在谈及 PNJL 模型的简称时,Hatsuda 说应该叫 Fukushima-NJL 模型,Rischke 说 PNJL 模型应该理解为 Pisarski-NJL 模型.因为前面的 Polyakov 圈模型主要是由 Pisarski 发展的,而 Rischke 曾在 Pisarski 的课题组做过博士后.

(参见文献[34-37]).其主要思想是把 NJL 模型和 Polyakov 圈模型相结合,即用原 Polyakov圈模型模拟胶子势,然后保留非零的 A_4 背景场和夸克间的耦合,从而可以统一描述禁闭和手征对称性自发破缺.典型的两种味道的 PNJL 拉格朗日量如下:

$$L_{\mathrm{PNJL}} = \bar{q}(\mathrm{i}\gamma_\mu D^\mu - \hat{m}_0)q + \frac{G}{2}[(\bar{q}q)^2 + (\bar{q}\mathrm{i}\gamma_5\tau q)^2] - U(\phi[A], \phi^*[A]; T) \tag{2.47}$$

式中

$$D^\mu = \partial^\mu - \mathrm{i}A^\mu \quad 和 \quad A^\mu = \delta_0^\mu A^0 \tag{2.48}$$

式中

$$A^0 = -\mathrm{i}A_4 \tag{2.49}$$

构造该模型的关键是通过非零的背景场 A_4 与夸克-反夸克的耦合,将胶子自由度的 Polyakov 圈模型和夸克自由度的 NJL 模型嫁接在一起.取特殊的规范,比如 Polyakov 规范,可以使得 A_4 是颜色空间的对角矩阵,进而可以得到 Polyakov 圈的期待值为

$$\phi = \frac{1}{3}\mathrm{Tr_c}\exp\left[\frac{\mathrm{i}A_4}{T}\right] \tag{2.50}$$

平均场近似下的 PNJL 模型的巨热力学势为

$$\begin{aligned}\Omega = {} & U(\phi, \bar{\phi}, T) + \frac{\sigma^2}{2G} \\ & - 2N_\mathrm{f}T\int\frac{\mathrm{d}^3p}{(2\pi)^3}\mathrm{Tr_c}\ln[1 + \mathrm{e}^{-(E_\mathrm{p}-\mu)/T}] + \mathrm{Tr_c}\ln[1 + \mathrm{e}^{-(E_\mathrm{p}+\tilde{\mu})/T}] \\ & - 6N_\mathrm{f}\int\frac{\mathrm{d}^3p}{(2\pi)^3}E_\mathrm{p}\theta(\Lambda^2 - p^2)\end{aligned} \tag{2.51}$$

其中

$$\tilde{\mu} = \mu + \mathrm{i}A_4 \tag{2.52}$$

对颜色求迹,热力学势式(2.51)右侧的第三项为

$$\begin{aligned}& - 2N_\mathrm{f}T\int\frac{\mathrm{d}^3p}{(2\pi)^3}\ln[1 + 3(\phi + \bar{\phi}\mathrm{e}^{-(E_\mathrm{p}-\mu)/T}\mathrm{e}^{-(E_\mathrm{p}-\mu)/T} + \mathrm{e}^{-3(E_\mathrm{p}-\mu)/T}] \\ & + \ln[1 + 3(\bar{\phi} + \phi\mathrm{e}^{-(E_\mathrm{p}+\mu)/T})\mathrm{e}^{-(E_\mathrm{p}+\mu)/T} + \mathrm{e}^{-3(E_\mathrm{p}+\mu)/T}]\end{aligned} \tag{2.53}$$

从这个式子可以解读,把 PNJL 模型中对夸克禁闭的描述称为“部分的”和“统计意义上的”是有道理的.Polyakov 圈的期待值在高温区为“1”,夸克的分布函数对应的是自由夸

克模式；而在低温区，Polyakov 圈的期待值远低于“1”，夸克的分布函数和对应的自由夸克模式出现较大偏差，夸克自由度的“活性”相应被部分冻结（按上式，对应单夸克和双夸克的自由度被部分程度地冻结；三夸克，即相当于重子自由度没有受到 Polyakov 圈期待值的影响）. 相对于 NJL 模型，PNJL 模型给出的各种磁化率能够和格点 QCD 匹配的更好. 但是 PNJL 模型或者 PQM 模型（Polyakov 圈加强的夸克介子模型）都是将两个不同能标下的模型“硬嫁接”在一起，如何在 Ploaykov 势中合理地引入夸克的反馈效应是一个比较困难的问题. 目前，这类模型最大的问题是得到的 Polyakov 圈的期待值随温度的依赖关系和最新格点 QCD 计算的结果偏差很大：PNJL/PQM 模型给出的 Polyakov 圈在临界温度附近变化很快，而格点 QCD 计算的结果是 Polyakov 圈的期待值在过渡温度 T_c 附近仍然很小，在超过 T_c 后才较缓慢增长且其磁化率的极值并不和过渡温度 T_c 同步. 这一点预示着这种通过将两种模型的直接嫁接仍然忽略了某些重要的物理作用，也是模型需要改进的方向.

NJL 模型能够描述手征对称性自发破缺现象以及它的恢复温度和密度，引入 Polyakov 圈动力学后可以部分地描述夸克禁闭. 该类模型特点是计算简单，适用于定性上对强相互作用的相变给出初步的描述，以及从对称性和普适性的角度对相变临界问题给出预言. 这个模型也是尝试各种新想法的试验田. 比如 NJL 模型第一个给出关于 QCD 可能存在手征临界点的预言，可以得到磁催化效应等.

2.5.3 AdS/QCD 对应模型

在理论物理学中，反德西特/量子色动力学（AdS/QCD）对应是指用对偶引力理论描述量子色动力学的模型，是量子场论不是共形场论情形下 AdS/CFT 对应原则的推广.

1997 年底发现的 AdS/CFT 对应关系是弦理论与核物理联系的长期努力的重要突破[38]. 事实上，弦理论最初是在 20 世纪 60 年代末和 70 年代初作为强子理论发展起来的. 其基本思想是，每一个强子粒子都可以被看作是弦的不同振动模式. 20 世纪 60 年代末，实验学家发现强子属于一类称为 Regge 轨道的粒子，其能量平方与角动量成正比，理论学家表示这种关系是从旋转的相对论弦的物理学中自然产生的[39].

另一方面，将强子建模为弦的尝试面临严重的问题. 这个问题是弦论包括无质量的自旋为 2 的粒子，而强子物理学中没有这样的粒子[38]. 这样的粒子将传递具有类重力性质的力. 1974 年，乔尔 · 谢尔克（Joel Scherk）和约翰 · 施瓦茨（John Schwarz）提出，弦论并非像许多理论家所想的那样是核物理理论，而是量子引力理论. 同时，人们逐步认识到强子实际上是由夸克构成的，从而抛弃了弦论方法，选择了量子色动力学.

杰拉德·特霍夫特在1974年发表的一篇论文,从另一角度研究了弦理论与核物理之间的关系,方法是考虑类似于量子色动力学的理论,其中颜色的数目是任意数 N. 特霍夫特考虑了 N 趋于无穷大的情形,并指出在此极限中,量子场论中的某些计算类似于弦论中的计算[40].1997年底,胡安·马尔达塞纳(Juan Maldacena)发表了一篇具有里程碑意义的论文,开始了对AdS/CFT的研究.马尔达塞纳提出的一个特殊情况是,$N=4$ 超对称杨-米尔斯理论等效于五维的Ads空间中的弦论.这一结果有助于阐明特霍夫特关于弦理论与量子色动力学之间关系的早期工作,使得弦理论又和核物理理论有所牵连[41].

AdS/CFT对应关系最早被应用于夸克-胶子等离子体的研究.夸克-胶子等离子体的物理受量子色动力学控制,理论上求解夸克-胶子等离子体的问题在数学上很困难. D.T.Son和他的合作者在2005年发表的一篇文章中指出,借助弦论的语言,AdS/CFT对应关系可被用来理解夸克-胶子等离子体某些特性.通过应用AdS/CFT对应关系, D.T.Son和他的合作者能够用五维时空中的黑洞来描述夸克-胶子等离子体,并计算了夸克-胶子等离子体相关的两个量之比(剪切黏度 η 和熵密度 s),应近似等于某个普适常数 $\frac{\eta}{s}\approx\frac{\hbar}{4\pi k}$,其中,$\hbar$ 表示约化普朗克常数,k 是玻尔兹曼常数.此外,作者推测此普适常数为各种系统的 η/s 提供了一个下限.在2008年,布鲁克海文国家实验室的相对论重离子对撞机证实了这一对下限的预测.

随着许多物理学家转向基于弦论方法来解决核物理和凝聚态物理中的问题,一些理论家对AdS/CFT对偶是否能提供真实模拟现实世界系统所需的工具表示怀疑.在2006年上海举办的夸克物质会议上,Larry McLerran 指出AdS/CFT对应中出现的 $N=4$ 超对称杨-米尔斯理论与量子色动力学有着显著的差异,使得这些方法很难应用于核物理. Larry McLerran 原话大意是:$N=4$ 超对称杨-米尔斯理论不是QCD.它没有质量标度,并且是共形不变的.它没有禁闭,也没有跑动耦合常数.它是超对称的,没有手征对称性和手征对称性自发破缺.它在伴随表示中具有6个标量和费米子……到目前为止,尚无共识也没有令人信服的论点可以确保 $N=4$ 超对称杨-米尔斯结果能够可靠地反映QCD.

尽管如此,这种对应关系还是催生了不同版本的AdS/QCD模型(或者叫全息QCD).这种模型大致可以分为两种:即所谓的从上到下(top-down)和从下到上(bottom-up)的AdS/QCD模型.前者直接基于弦理论进行构造,比较流行的有D3/D7、D4/D6和D4/D8等模型[42,43].后者则从QCD出发进行构造,主要分为硬墙模型[44]和软墙模型[45].在硬墙模型中,一个第五维的硬截断被采用,该截断值相当于QCD标度的倒数,以实现QCD的禁闭.硬墙模型可以描述手征对称性,但是不能给出正确的符合Regge行为的强子谱.软墙模型是硬墙模型的改进版,通过在作用量中引入一个膨胀项以代替硬墙模型的红外硬截断,以期修正上述的不足.但引来的新问题不能自洽地描述手征对称性破缺.后续有各种改进版本,通过引入更多作用,以期唯象上既能描写低能的介子谱,又能给出合理的共振子谱.这些改进的 AdS/QCD 模型可以推广应用到有限温度、密度情形,能够从另一个视角给出一些关于 QCD 相变的预言.

第 3 章

夸克强子相变

这一章试图从 QCD 对称性的角度详细解读有限温度、有限密度情形强相互作用物质的基本相变，即从强子物质到夸克物质转变的特征和性质. 夸克强子相变主要涉及手征恢复相变和退禁闭相变，与之相关的对称性是手征对称性和中心对称性. 但这两种对称性在 QCD 中都被明显破缺：对物理质量而言，手征对称性具有较好的近似性，但中心对称性被动力学轻夸克严重破坏. 因此，对轻夸克系统可以从普适性的角度去解读手征相变的特征，但是很难对退禁闭相变做出类似的分析. 味道-质量相图，又称哥伦比亚图，可以从（局部）普适性的角度展现 QCD 在不同味道数和质量情形的相变特性和级次，有助于我们对物理情形 QCD 相变的理解.

QCD 相变的特性是和 QCD 的非平凡真空结构密切相关的，发生相变一般意味着真空结构的改变和演化. 研究 QCD 相变和研究 QCD 的真空结构是相辅相成的，两者相结合可以更全面、更深刻地揭示 QCD 的非微扰特征背后的物理机制. 为此，本章亦对夸克禁闭和手征破缺的一些可能物理机制做了简要的回顾.

3.1 对称性与 QCD 相图

3.1.1 QCD 相变研究的基本方法

为了理解强相互作用物质的相结构，必须了解其状态方程. 在巨正则系综中，状态方程由巨配分函数

$$Z(T,V,\mu)=\int \mathrm{D}\bar{q}\mathrm{D}q\mathrm{D}A_{\mathrm{a}}^{\mu}\exp\left[\int_{X}(L+\mu N)\right] \tag{3.1}$$

决定，其中 μ 是与(净)夸克数守恒有关的夸克化学势. QCD 的拉氏量为

$$L=\bar{q}(\mathrm{i}\gamma^{\mu}D_{\mu}-m)q-\frac{1}{4}F_{\mathrm{a}}^{\mu\nu}F_{\mu\nu}^{a} \tag{3.2}$$

对于 N_{c} 种颜色和 N_{f} 种味道，q 是夸克场的 $4N_{\mathrm{c}}N_{\mathrm{f}}$ 维旋量，$\boldsymbol{m}$ 是夸克质量矩阵. 与守恒(净)夸克数相关的数密度算符是

$$N\equiv\bar{q}\gamma_{0}q \tag{3.3}$$

玻色子场胶子在时间方向上是周期性的，$A_{\mathrm{a}}^{\mu}(0,x)=A_{\mathrm{a}}^{\mu}(1/T,\boldsymbol{x})$，而费米子场夸克在时间方向上则是反周期的，$q(0,\boldsymbol{x})=-q(1/T,\boldsymbol{x})$(参见附录 B). 根据虚时温度场论，玻色场的周期性和费米场的反周期性是由玻色场和费米场的不同对易关系决定的. 由于虚时只在有限区间内变动，这导致其对应的频率是量子化的，即所谓的松原频率.

从巨配分函数可以得到其他热力学量，比如压强为

$$p(T,\mu)=T\left.\frac{\partial\ln Z}{\partial V}\right|_{T,\mu}\rightarrow\frac{T}{V}\ln Z\quad(V\rightarrow\infty) \tag{3.4}$$

注意在热力学极限下，压强和体积无关. 通常压强 p 是(T,μ)的连续函数. 按照朗道的相变理论，可以由压强对 T 和 μ 的求导来确定相变级次. 如果在(T,μ)点发生了一阶相变，则如下的一阶偏导数

$$s = \left.\frac{\partial p}{\partial T}\right|_{\mu}, \quad n = \left.\frac{\partial p}{\partial \mu}\right|_{T} \tag{3.5}$$

在该点是不连续的(即一阶相变的定义).对于二阶相变,压强的二阶偏导数不连续,但压强及其一阶偏导数连续.同样的方式可定义任意高阶相变.除了以上严格意义上的相变,还有一种情况称为过渡:热力学性质在 T 和 μ 较窄范围内迅速变化,但压强及其各阶导数保持连续.发生相变的(T,μ)点的连线称为相图中的相变线.相变线可能终止于某特殊的端点(T_c^E,μ_c^E),通常对应临界点或者三相点.这些特殊点是相变研究的焦点.QCD相图中通常标识的两个临界点分别指核物质的液气相变和夸克-强子相变.后者是否存在尚不确定,是目前相对论重离子实验寻找的重要物理标的之一.

3.1.2 液气相变

核物质的液气相变发生在零温附近,其特点和水的液气相变非常相似.核物质液气相变的物理机制是核子间的吸引力和排斥力间的竞争.下面根据核物质零温基态的性质来分析该相变的特征.

核物质在零温时的基态重子数密度约为 $n_{B,0} \approx 0.17\ \mathrm{fm}^{-3}$.对于无限大且同位旋对称的核物质基态,忽略库仑排斥后每个核子具有 -16 MeV 的束缚能.则可以得到基态单个重子的能量约为 $m_\mathrm{N}-16 \approx 924$ MeV,其中核子质量 $m_\mathrm{N} \approx 939$ MeV.在基态,核物质的压强要保持为零,则根据能量密度和化学势及压强的关系,可以推出基态核物质对应的重子数密度恰为单个核子的能量,即 $\mu_{\mathrm{B},0} \approx 924$ MeV.因为 $\mu_\mathrm{B} = 3\mu$,所以可推知核物质基态在 QCD 在相图中的位置为$(T,\mu) \approx (0,308)$ MeV.

如果进一步压缩核物质,则重子数密度将变大,需要消耗能量且压强 P 将大于零.那么如果核物质密度进一步减少呢?由于压强是热力学参量的单调函数,在基态压强为零,那么核物质密度比基态密度减小意味着压强要么小于零,要么维持不变.$P<0$ 则表示核物质将变得不稳定.那么能不能维持 $P=0$ 呢?事实上,碎裂的核物质既可以保证核物质密度的减小,又可以维持每个碎裂块仍然保持基态的重子数密度,从而使得 $P=0$.以此方式,原则上可以使得核物质的密度不断减小乃至为零.

现在考虑在零温附近可能引起的热效应.在接近零温的核物质基态附近,核物质的性质应该和基态差别不大.如果减小核物质的密度,那么碎裂的核物质会有部分核子被蒸发出去,从而在液态的核物质外形成核子气;当然气态的核物质中的核子也可以返回液态核物质,从而达到液气平衡的状态.这一点和水的液气转化是非常相似的:改变水的密度可以调整水在气态和液态间的分布.比如增加水的密度到一定程度后,液滴将充满空间从而完全变成液体;相反,不断减少水的密度最终会导致液体水的完全气化.水的这种液气相变可参见水的相图 1.1.该相变是一级相变,并且相变线最后终止于一个二级相变的临界点.

通过类比,我们可以预期,核物质在低温时也会发生和水类似的液气一级相变,并且随着温度的升高和密度的降低,该一级相变最后终止于一个二级相变点,即所谓的临界点.这一预期已被重离子碰撞实验证实,相应的临界温度在 10 MeV 附近,当然对应的准确临界温度值和临界指数尚有争议(文献[46]).理论上,核作用的唯象模型比如 Walecha 模型可以较好地描述核物质的液气相变[47].核物质的液气相变临界点是 QCD 相图中目前唯一被确定的临界点,如相图 1.2 所示.

3.1.3 夸克-强子相变

1. 热密环境下的自由度转换

QCD 的基本自由度是夸克和胶子,但是基态呈现的却是各种强子自由度.预判 QCD 相变的一个基本出发点是上述自由度在热密环境下会发生切换.这里基于自由费米子系统的基本特性和 QCD 的标度,给出有限温度、密度可能发生相变的粗略判断.对于零温度下的自由费米子系统,单粒子密度 n 用费米动量表示为

$$n = \frac{d}{6\pi^2} k_F^3 \tag{3.6}$$

其中,d 计算了费米子比如夸克的各种内部自由度(如自旋、颜色、味道等).这是教科书上的结果:高密度对应大的费米动量,且满足三次幂的关系.

首先分析冷密条件下可能发生的相变.在冷密的费米子系统中,由于“泡利阻塞”效应以及能量守恒,费米子只能在其动量位于费米面上时有弹性散射.如果费米动量超过 QCD 标度 $\Lambda_{QCD}\sim 200$ MeV,那么核子之间的散射事例将可以探测小于 1 fm 的距离,即核子的内部结构夸克和胶子变得可见.可以由式(3.6)推断核物质基态的费米动量为 250 MeV,和 QCD 标度大致同级.核作用模型的成功应用说明用核子自由度来描述核物质在基态附近的性质仍然是合理的.那么如果把核物质进一步压缩呢?这里做个比较:核物质在基态下单个核子分配的体积约为 6 fm^3,但单个核子所占的“体积”可由其电荷半径估算为 2 fm^3.这意味着如果压缩核物质使得重子数密度增加到 3 倍基态密度时,系统相当密集地充满了核子.如果密度进一步增大,那么这些核子势必发生重叠.重叠

意味着核子内部的夸克自由度开始被激活，预期用夸克和胶子来描述这种致密系统更为合适. 也就是第一个粗略预期，达到约 3 倍以上核物质基态密度的冷 QCD 物质会发生相变.

那么高温的 QCD 物质呢？在高温低密度情形，核物质或者核子不再是主角，此时会有大量的热激发强子的组分. 这里需提及著名的哈格多恩温度（Hagedorn Temperature，T_H 约为 150 MeV），高于此温度将会导致大量强子从真空中产生. 哈格多恩温度由德国物理学家哈格多恩于 20 世纪 60 年代在欧洲核子中心工作时发现. 对于有限温度和较低的净重子数密度，高温热激发产生的最轻的介子数目最多. 在非零温和低重子化学势下，强子间散射的典型动量标度由温度 T 决定；当温度达到 Λ_{QCD} 量级及以上时，强子间的散射开始触及夸克胶子自由度. 此外，由于粒子数密度随温度的升高而增加，这种热激发使得强子波函数将在较高的温度下也开始发生重叠. 这表明，在大约 $T > T_H$ 时，用更基本的夸克和胶子自由度来描述 QCD 物质更合适.

上述定性分析总结如下：对于约 350 MeV 或更小的夸克化学势 μ，以及温度 $T < \Lambda_{QCD}$（在 200 MeV 左右）时，强相互作用的物质是强子气体（在低温范围 $T <$ 10 MeV，存在气态和液态核子相，参见第 3.1.2 小节）；对于 $T, \mu \gg \Lambda_{QCD}$，强相互作用的物质由夸克和胶子组成. 一个自然的问题："强子相"和"夸克胶子相"（QGP）是否能被热力学意义上的相变来明显地区分？按照朗道相变的理论和对称性原理，确定这一问题的一般方法是找到基于某种对称性的序参量. 下面将逐步展开并以此为中心进行讨论.

2. $SU(N_c)$ 纯规范理论

由于动力学夸克的原因，理论上很难给出 QCD 退禁闭相变的序参量. 但对于 $SU(3)$ 纯规范理论或者 $N_f = 0$ 情形的 QCD，低温和高温之间有一个严格意义上的相变. 这个相变的序参量就是前述的 Polyakov 圈的期望值（略去算符符号）：

$$\langle L(x) \rangle = \frac{1}{N_c} \mathrm{Tr}[\mathrm{e}^{-\hat{H}_{YM}/T} \mathrm{tr}\Omega(x)] Z_{YM} \tag{3.7}$$

其中，$\hat{H}_{YM}$ 为不含夸克贡献的杨-米尔斯哈密顿量，$\Omega(x)$ 为式（1.18）中的 Wilson 线. 前面已经提及 Polyakov 圈的期望值和静态重夸克的自由能相关，这里给出进一步的说明. 对于重夸克场算符 $\hat{Q}(x, \tau)$，通过求解虚时下的狄拉克方程，可以得到 $\hat{Q}(x, 1/T) = \Omega(x)\hat{Q}(x, 0)$. 则放置静态重夸克后的自由能和之前的纯规范场自由能之比为

$$Z_Q / Z_{YM} = \frac{1}{N_c} \sum_{a=1}^{N_c} \sum_n \langle n \mid \hat{Q}_a(x, 0) \mathrm{e}^{-H_{YM}/T} \hat{Q}_a^+ (x, 0) \mid n \rangle / Z_{YM}$$

$$= \frac{1}{N_c}\sum_{a=1}^{N_c}\sum_{n}\langle n \mid e^{-\hat{H}_{YM}/T}\hat{Q}_a(x,1/T)\hat{Q}_a^+(x,0)\mid n\rangle / Z_{YM} \tag{3.8}$$

将重夸克随虚时演化的关系带入,易看出该比值即为 Polyakov 圈的期望值,见式(3.7).也就是说,对纯规范场而言,Polyakov 圈可以作为退禁闭的序参量[48-50].注意,上面放置重夸克的方法原则上可以推广,比如放置一个静态重夸克和一个静态反重夸克,然后讨论夸克-反夸克间距趋于无穷大时的自由能变化.这种方法可用于研究重夸克和反重夸克势随温度的变化.

Polyakov 圈作为退禁闭相变的序参量和 $SU(N_c)$纯规范理论的整体 $Z(N_c)$中心对称性密切关联.在低温阶段,Polyakov 圈的期待值为零,对应维格纳-外尔相;在高温阶段,Polyakov 圈的期待值不为零,对应南部-戈德斯通相.相应的相变和 $Z(N_c)$自旋模型属于同一普适类.对 $N_c=2$ 而言,退禁闭对应二级相变,和伊辛模型相同[48-50].对 $N_c=3$ 而言,退禁闭对应弱一级相变,与三态 Potts 模型相同[52].对 $N_c=3$ 的格点规范理论计算所得的退禁闭转变温度为 270 MeV[53,54].

基于 Polyakov 圈的自由度,可以构造纯规范的 Polyakov 模型.该模型基于朗道-金兹堡理论,以 Polyakov 圈的期待值作为自由度,可以很好地描写纯规范理论的相变.后来基于这个模型并结合具有夸克自由度的 QCD 手征模型,人们发展了 Polyakov 圈加强的手征模型,比如 PNJL/PQM 模型.这些模型在一定程度上(统计学意义上)考虑了夸克禁闭的效应,能够更好地再现格点 QCD 的一些数据.这些模型已在第 2 章介绍过.

3. 手征相变

在动力学夸克的存在下, $N_f>0$,情况变得有些复杂.QCD 拉氏量式(3.2)中的费米子项显式地破坏了 $Z(N_c)$对称性(相当于作用量不变,但是夸克在有限温度的物理边界条件发生了改变);因此严格地说,不存在和 $Z(3)$对称性相关的夸克解禁闭的序参量.然而,手征极限下的 QCD 相变具有严格的序参量,这与 QCD 的手征对称性有关.QCD 拉氏量式(3.2)在 $m=0$ 时是手征对称的,QCD 的基态并不具有手征对称性,即所谓的手征对称性是自发破缺的.(近似)手征对称性是低能 QCD 理论的重要特征之一.

在手征极限下,QCD 拉氏量式(3.2)在夸克场的整体手征 $U(N_f)_r \times U(N_f)_l$ 变换下是不变的.为方便讨论,需把夸克的旋量场分解成左、右旋量分别做变换:

$$q_{R/L} \to U_{R/L}\, q_{R/L} \tag{3.9}$$

其中,群元素

$$U_{R/L} = \exp\left(i\sum_{a=0}^{N_f^2-1}\alpha_{R/L}^{a} T_a\right) \in U(N_f)_{R/L} \tag{3.10}$$

上式中，T_a 为群 $U(N_f)$的生成元，$\alpha^a_{R,L}$为实参数．手征极限下的拉氏量(3.2)在上述变换下不变．注意在第1章讲手征对称性时，我们采用的是矢量变换群 $U(N_f)_V$和轴矢量变换群 $U(N_f)_A$的直乘变换．这是因为 $U(N_f)_V \times U(N_f)_A$和 $U(N_f)_R \times U(N_f)_L$是同构的．左、右手变换群的群元素参数和矢量、轴矢量变换群的群元素参数间的对应关系为$(\alpha^a_R + \alpha^a_L)/2 = \alpha^a_V$；$(\alpha^a_R - \alpha^a_L)/2 = \alpha^a_A$．为方便讨论，可以利用群的同构关系把矢量变换$U(1)_V$和轴矢量变换的 $U(1)_A$分离出来：

$$\begin{aligned} U(N_f)_R \times U(N_f)_L &\simeq SU(N_f)_R \times SU(N_f)_L \times U(1)_R \times U(1)_R \\ &\simeq SU(N_f)_R \times SU(N_f)_L \times U(1)_V \times U(1)_A \end{aligned} \tag{3.11}$$

这个对称群的矢量变换子群 $U(1)_V$对应重子数守恒．因物理态一般保持净重子数不变，这个子群并不影响手征动力学．当然重子数守恒是引入重子数化学势的前提，有限重子数密度可能不仅会导致退禁闭相变，也可能会导致破缺的手征对称性重新恢复．这里暂不讨论这一话题，只考虑有限温度驱动的手征相变问题．

因此下面主要关注剩余的对称群 $SU(N_f)_R \times SU(N_f)_L \times U(1)_A$．但是前面已经提到，轴向 $U(1)_A$对称性被瞬子明显破坏[55]，即所谓的 $U(1)_A$量子反常．这样就留下决定手征动力学的 $SU(N_f)_R \times SU(N_f)_1$对称性群．需要强调的是，瞬子效应在热密介质中会被屏蔽[56]，这样 $U(1)_A$对称性可能在热密条件下得到(部分)有效恢复．也就是说，手征对称性在一定条件下可能又会扩大到 $SU(N_f)_R \times SU(N_f)_1 \times U(1)_A$，这取决于该对称性的恢复程度．最新的格点 QCD 研究表明，在低重子数密度的手征相变线附近，$U(1)_A$反常效应并没有被明显压低，但在超过手征过渡线的几十个 MeV 的更高温度下，最新的格点 QCD 计算对 $U(1)_A$对称性是否明显恢复尚有争议．可参见本书第4章相关部分．

非零夸克质量明显破坏了 QCD 的手征对称性．将式(3.2)中的质量项用左、右手夸克来表示，有

$$\bar{q}^i m_{ij} q^j \equiv \bar{q}_R{}^i m_{ij} q^j_L + \bar{q}^i_L m_{ij} q^j_R \tag{3.12}$$

式(3.12)的求和指标均指味道，这里引入了味道空间的质量矩阵．上述质量项将不同手性的正、反夸克耦合在一起，因而不具有 $SU(N_f)_A$ 对称性．原因是 $SU(N_f)_L$ 变换的群参数与 $SU(N_f)_R$ 变换的群参数刚好相反时对应 $SU(N_f)_A$群的变换，这时对不同手性的正、反夸克进行变换不能相互抵消．但是如果所有味道质量简并，质量项并未破坏 $SU(N_f)_V$对称性．原因是 $SU(N_f)_V$ 变换对应 $SU(N_f)_L$变换的群参数和 $SU(N_f)_R$ 变换的群参数刚好相等，则对质量项中不同手性的正、反夸克的变换正好抵消．

同自旋模型进行类比，可以更容易理解 QCD 的手征对称性及其破缺．在自旋模型中，外磁场和自旋耦合 $\boldsymbol{H} \cdot \boldsymbol{S}$ 明显破坏了转动不变性．这与质量和左、右手夸克的耦合

$\bar{q}^i m_{ij} q^j$明显破坏了手征对称性类似.因此质量和外磁场对应,夸克场算符$\bar{q}^i q^j$与自旋算符对应.

注意,单个自旋算符没有旋转对称性,而夸克场算符$\bar{q}^i q^j$ 也没有手征对称性.除了对称性的明显破缺,两者之间更深刻的相似性在于对称性的自发破缺.在无外磁场的自旋模型中,基态因出现各向异性的磁化 $\boldsymbol{M} \equiv \langle \boldsymbol{S} \rangle$使得三维转动对称性被自发破缺.升高温度可以使磁化消失,旋转对称性得以恢复,并在临界温度处发生铁磁-反铁磁相变.对QCD而言,低温下的非零凝聚$\langle \bar{q}^i q^j \rangle$使手征对称性自发破缺。因而可预期足够高的温度也能使$\langle \bar{q}^i q^j \rangle$消失,从而恢复手征对称性,并在临界温度发生手征对称性恢复的相变.为此可以引入手征凝聚 Φ 及其共轭

$$\Phi_{ij} = \langle \bar{q}_{\mathrm{L}}^i q_{\mathrm{R}}^j \rangle, \quad \Phi_{ij}^{+} = \langle \bar{q}_{\mathrm{R}}^i q_{\mathrm{L}}^j \rangle \tag{3.13}$$

其中,Φ 场是味道空间的矩阵.由前述讨论易知,场 Φ 满足$SU(N_{\mathrm{f}})_{\mathrm{V}}$ 变换不变性,但在$SU(N_{\mathrm{f}})_{\mathrm{A}}$ 变换下是非平凡的,因此是手征相变的序参量.注意序参量场 Φ 和Φ^{+} 在手征变换下的模式

$$\Phi \rightarrow U_{\mathrm{R}} \Phi U_{\mathrm{L}}^{+}, \quad \Phi^{+} \rightarrow U_{\mathrm{L}} \Phi U_{\mathrm{R}}^{+} \tag{3.14}$$

由此可以构造以手征序参量为自由度的低能有效理论.

前面已经述及,手征对称性自发破缺导致夸克获得了动力学质量,即组分夸克质量.这是导致质子质量远大于上、下流夸克质量的动力学原因。夸克凝聚不为零,说明QCD的真空不空,具有复杂的内部结构.QCD手征对称性的自发破缺,也导致了在基态和低温条件下的QCD的有效自由度是和手征对称性破缺相应的 N_{f}^2-1 个南部-戈德斯通玻色子,而不是基本的夸克、胶子本自由度.这使得在低温及低密度范围,手征微扰论等QCD的低能有效理论能够成功描写低能强子物理的原因.这里对夸克凝聚做一评论.轻夸克凝聚$\langle \bar{q} q \rangle$一般经验取值约为$-(240\ \mathrm{MeV})^3 \approx -1.8\ \mathrm{fm}^{-3}$,若将其绝对值和核物质的饱和密度$0.16\ \mathrm{fm}^{-3}$相比较,其值相当于核物质内的价夸克密度(需乘3)的3~4倍,也即QCD真空里面相当于容纳了或者说潜藏有很致密的轻夸克-反轻夸克对.那么通过加热真空,可以将其中的“藏货”或者虚粒子激发出来并进而发生热驱的相变.

在自旋模型中,被破缺的旋转对称性会在某一临界温度以上得以恢复,即磁化强度消失.磁化强度是该相变的序参量.可以期望QCD中会出现类似的机制,即当温度达到某临界值以上时,手征凝聚也会消失.在这种情况下,若$U(1)_{\mathrm{A}}$反常仍很明显,那么基态就恢复了$SU(N_{\mathrm{f}})_{\mathrm{R}} \times SU(N_{\mathrm{f}})_{\mathrm{L}}$对称性;倘若在该温度区域$U(1)_{\mathrm{A}}$反常被有效屏蔽,那么此时基态相当于恢复了$SU(N_{\mathrm{f}})_{\mathrm{R}} \times SU(N_{\mathrm{f}})_{\mathrm{L}} \times U(1)_{\mathrm{A}}$对称性.格点QCD计算表明第一种预期更合理,但在物理质量情形下的手征恢复并非严格相变而是快速地连续过渡.另

外格点 QCD 计算目前对 $U(1)_A$ 对称性有效恢复的温度范围尚存争议.计算表明手征凝聚确是手征相变的序参量,因温度升高而被有效压低.关于格点 QCD 对手征相变的研究,可参阅第 4 章.

基于普适性的原理,可以序参量场为自由度构造线性 sigma 模型来分析手征转变的相变级次[58].这种线性 sigma 模型本质上是一种低能手征有效理论,原则上应包括手征对称性所允许的所有相互作用项.以下仅考虑保留到序参量四次方项以内的有效拉氏量

$$L_{\text{eff}} = \frac{t}{2}\text{Tr}(\partial_0 \Phi^+ \partial^0 \Phi) - \frac{1}{2}\text{Tr}(\nabla\Phi^+ \cdot \nabla\Phi) - V_{eff}(\Phi) \tag{3.15}$$

其中

$$V_{\text{eff}}(\Phi) = \frac{a}{2}\text{Tr}(\Phi^+ \Phi) + \frac{b_1}{4!}[\text{Tr}(\Phi^+ \Phi)]^2 + \frac{b_2}{4!}\text{Tr}(\Phi^+ \Phi)^2 - \frac{c}{2}(\det\Phi + \det\Phi^+) - \text{Tr}h(\Phi + \Phi^+) \tag{3.16}$$

注意上式中的求迹和求行列式针对的都是味道指标.相对于真空,式中的 $t\neq1$ 是因为有限温度下洛仑兹不变性被破坏了.有效势的最后一项是手征对称性明显破缺项,h 对应质量矩阵.$c\neq0$ 的相互作用和 QCD 的瞬子相关常被称为 t'Hooft-Kabayashi-Masakawa 作用,也常被用在 NJL 模型表征手征反常效应.即在手征极限下,有效势在 $c=0$ 时具有 $SU(N_f)_R\times SU(N_f)_L\times U(1)_A$ 对称性;而当 $c\neq0$ 时,$U(1)_A$ 对称性被明显破缺.下面分情况来讨论 h 为零矩阵的情况.

首先探讨 $c=0$ 时的相变.在平均场近似下,可由有效势的极小值来决定序参量的取值.很明显,有效势(3.16)在手征极限下有两种可能解:序参量为零的维格纳-外尔解和不为零的南部-戈德斯通解.在 $T<T_c$,要保持基态为南部-戈德斯相,须有 $a<0$.而在 $T>T_c$ 的维格纳-外尔相,须有 $a>0$.即在临界温度 $T=T_c$ 处 $a=0$.这里的讨论和前面的 Polyakov 圈模型类似,只是 Polyakov 圈模型在低温对应维格纳-外尔相,高温对应南部-戈德斯通相.因此对序参量二次方前的系数符号要求正好相反.但考虑到序参量的热涨落效应,可能会出现弱一级相变.这个需借用重整化群方法给出分析.$N_f=1$ 对应具有 $O(2)$ 对称性的 ϕ^4 理论,重整化流具有稳定红外不动点,仍为二级相变.对 $N_f=2$,对称群 $SU(2)_R\times SU(2)_L\times U(1)_A$ 和 $O(4)\times O(2)$ 群同构,热涨落会导致弱一级相变,即不存在稳定红外不动点.对于 $N_f\geqslant3$,同样为热涨落驱动的一级相变[58].

对于 $c\neq0$,这里的情况就比较复杂一些[58].

(1) $N_f=1$ 的情形.相应行列式项为序参量的一次方项,手征对称性因此被明显破缺.因而不存在真正意义的相变,只有连续的过渡.

(2) $N_f = 2$ 的情形.相应行列式项是序参量的二次方项,这时的 $SU(2)_R \times SU(2)_L$ 手征对称性和 $O(4)$群同构.该类模型具有二级相变,属于 $O(4)$对称的海森堡铁磁理论的普适类.

(3) $N_f = 3$ 的情形.相应行列式项是序参量的三次方项,和前述具有 $Z(3)$对称性的 Polyakov 圈模型类似.由朗道相变理论可知这个立方项可以热驱动一级相变.即使手征反常在临界温度处得到有效恢复,相变级次依然不变,但原因是热涨落造成的.

以上是手征极限情形的讨论.当夸克质量不为零时,手征对称性明显破缺.上述有效理论中 h 矩阵实际为夸克的质量矩阵,即

$$h_{ij} = m_{ij} \tag{3.17}$$

QCD 相变对夸克味道和质量的依赖关系见下一节的哥伦比亚图.

4. 哥伦比亚图(夸克质量图)

前面关于手征相变的讨论都以手征极限为前提.非零的夸克质量使得手征对称性明显破缺.如果夸克质量足够大,那么前面由普适性得出的二级相变和一级相变就会变成平滑过渡.因此夸克质量对手征相变具有重要的影响.在现实世界中,上、下夸克的质量 m_u 和 m_d 很小并近乎简并,与之相比奇异夸克的质量 m_s 要重得多.令 $m_l \equiv m_u \simeq m_d$,通常在$(m_l, m_s)$的二维图中划分出一级相变区域、过渡区域,如图 3.1 所示.这种夸克质量图最早由哥伦比亚大学的研究小组给出,所以后来的很多文献中把这类夸克质量图统称为哥伦比亚图.哥伦比亚图主要反映 QCD 相变对夸克质量和夸克味道数的依赖关系.后面将还会提到扩展的哥伦比亚图.为了简化下面的讨论,将只考虑存在手征反常的情况.

图 3.1 的原点对应 $N_f = 3$ 的手征极限情形,按上节对称性与普适性的分析,此处对应一级相变.与该点对应,左下角应该伴有一块一级相变区域.随着质量的增大,该一级相变区会终止于一条三维 $Z(2)$普适类的二级相变线,并以此线与过渡区接壤.图 3.1 右上角对应纯规范理论,也就是所有味道的夸克质量取无限大.这一区域是和 $Z(3)$对称性相关的一级相变区.该一级相变区因质量减小也会最终止于一条 $Z(2)$普适类的二级相变线,与中间的过渡区相邻[60,61].图 3.1 左上角表示零质量的 $N_f = 2$ 味道的情形,也即此处奇异夸克的质量无限大,相应的相变是 $O(4)$普适类的二级相变.右下角是零质量 $N_f = 1$ 情形,属于过渡区域.图 3.1 左上角沿着 m_s 轴往下对应 $O(4)$普适类的二级相变线.该二级相变线随 m_s 的减小下移至 m_s^{tric} 处与 $Z(2)$普适类的二级相边线相交于一个三临界点.目前格点 QCD 支持物理质量点在中间的过渡区[68,69].三临界点处的奇异夸克质量 m_s^{tric} 目前尚不确定.事实上,哥伦比亚图上的两条 $Z(2)$普适类二级相变线的位置均不

确定.

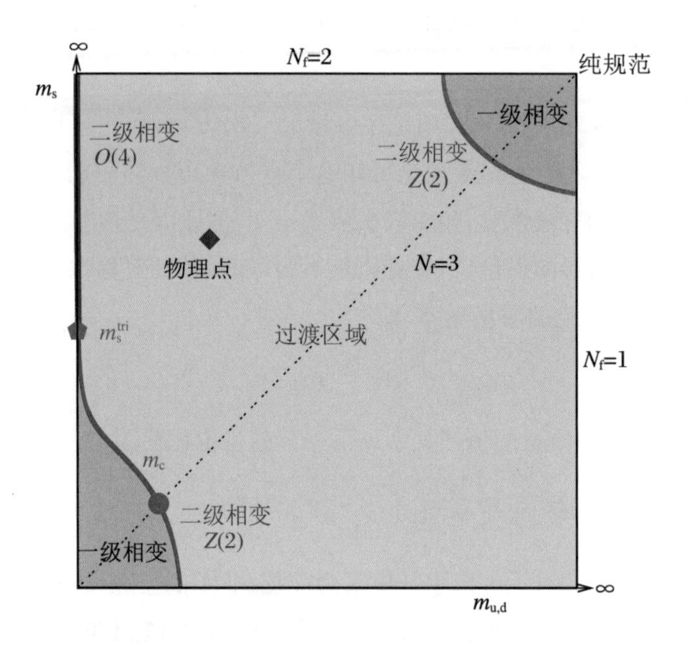

图 3.1　哥伦比亚图(夸克质量图)

此图描述了零化学势情形下 QCD 相变的性质,即质量为 $m_{u,d} \equiv m_l$ 的两个简并轻(上、下)夸克和质量为 m_s 的较重奇异夸克的函数[81].

定性而言,哥伦比亚图上右上角存在的一级相变区域是最为确定的. $SU(3)$纯规范理论具有严格的 $Z(3)$ 对称性,如前所述其退禁闭相变为一级相变,格点计算得到临界温度 $T_c^d = 270$ MeV. 前面介绍的 Polyakov 圈模型可以很好地描述这种相变. 相对于手征极限情形,格点 QCD 在这一区域的计算的难度系数较低. 给出相应的二级相变线的确切位置是格点 QCD 勾画出重夸克情形 QCD 相图的重要任务. 对于两种味道简并的 $N_f = 2$ 情形,目前格点 QCD 给出的二级相变线对应的临界质量的粗略值为 $m_\pi^c \approx 4$ GeV[299]. 原则上,格点计算应该在不久的将来能够很精准地确定这个临界质量.

哥伦比亚图上的不确定性区域主要对应手征极限的情形. 对于味道简并的 $N_f = 3$ 情形,手征极限下一般认为会发生一级相变[58,62],即与序参量三次方耦合的预期相对应. 如果这点确立,那么零质量附近的一级相变区理应存在. 目前格点 QCD 的手征极限外推计算表明,这个一级相变区域或许特别狭窄,甚至不存在. 比如文献[63,64]研究表明,该一级相变区域仅限于 $m_l = m_s \leqslant m_s^{phys}/270$,其中,$m_s^{phys}$ 是物理的奇异夸克质量. 另外 $N_f = 2+1$ 情形的手征极限研究给出 $m_l = 0$ 时的临界温度 $T_c \approx 130$ MeV,但并没有发现支持 $Z(2)$普适类标度的迹象[83]. 这意味着 $Z(2)$普适类的二级临界线上的临界质量 $m_s^{tric} < m_s^{phys}$.

对 $N_{\mathrm{f}}=2$,手征反常是否被有效压低对决定手征相变级次很关键.前面已从普适性的角度分析得出,若在临界温度附近 $U_{\mathrm{A}}(1)$反常依然显著,则 $N_{\mathrm{f}}=2$ 手征极限下对应二级相变,属 $O(4)$普适类[58,65].否则因对称群与 $O(2)\times O(4)$同构,相变或为一级[58]或为二级[66,67].$N_{\mathrm{f}}=2$ 或 $N_{\mathrm{f}}=2+1$ 情形 $U_{\mathrm{A}}(1)$对称性在临界温度附近是否有效恢复是目前格点 QCD 研究的热点和难点.因物理质量在过渡区,若知道 $m_{\mathrm{s}}^{\mathrm{tric}}$ 和 $m_{\mathrm{s}}^{\mathrm{phys}}$ 的相对位置,便可推知手征极限下的相变性质.目前的格点 QCD 研究似乎倾向于 $m_{\mathrm{s}}^{\mathrm{tric}}<m_{\mathrm{s}}^{\mathrm{phys}}$.对特殊情况 $m_{\mathrm{s}}^{\mathrm{phys}}=m_{\mathrm{s}}^{\mathrm{tric}}$,三临界点对应三维 ϕ^6模型的高斯不动点[70].

上面的哥伦比亚相图可以向有限化学势情形推广,并将有助于我们更全面认地识 QCD 的相图相结构.关于包括化学势的三维哥伦比亚图,可参见第 7 章关于虚化学势的讨论.

3.2 手征对称性破缺

3.2.1 Banks-Casher 关系

QCD 手征对称性破缺的序参量是手征凝聚(即手征极限下的夸克凝聚).真空夸克凝聚不为零的原因在于狄拉克算符

$$\mathrm{i}\hat{D}=(\mathrm{i}\partial_{\mu}+gt^{a}A_{\mu}^{a}(x)/2)\gamma_{\mu} \tag{3.18}$$

的零模密度不为零.夸克凝聚定义为

$$\langle\bar{q}q\rangle=\mathrm{Tr}\{S(x,x)\} \tag{3.19}$$

即夸克传播子求迹得到期待值.为得到夸克传播子,我们可以先求狄拉克算符的本征态 ψ_{λ} 以及本征值λ:

$$\mathrm{i}\hat{D}q_{\lambda}=\lambda q_{\lambda} \tag{3.20}$$

因此可以将夸克传播子写成对该本征空间的求和,即

$$S(x,y)=\sum_{\lambda}\frac{q_{\lambda}(x)q_{\lambda}(y)^{+}}{(\lambda+\mathrm{i}m)} \tag{3.21}$$

上式源于夸克传播子对应狄拉克算符的逆.对其求迹,则夸克凝聚可表示为

$$\langle \bar{q} q \rangle = \frac{1}{V_4}\int \mathrm{d}^4 x S(x,x) = \frac{1}{V_4}\sum_{\lambda} \frac{1}{\lambda + \mathrm{i}m} \tag{3.22}$$

即对空间的积分和对本征值 λ 的求和.关于狄拉克算子的本征值,根据厄米算子的性质以及手征对称性约束,可知 λ 为实数且 $-\lambda$ 亦为本征值;则上述求和可以成对完成,于是有

$$\langle \bar{q} q \rangle = \frac{1}{V_4}\int \mathrm{d}^4 x S(x,x) = \frac{1}{V_4}\sum_{\lambda>0} \frac{2\mathrm{i}m}{\lambda^2 + m^2} \tag{3.23}$$

该求和只对正的或者非负的本征值进行.当取手征极限时,上式变为

$$\langle \bar{q} q \rangle = \frac{1}{\pi}\left\langle \frac{\mathrm{d}N}{\mathrm{d}\lambda}\bigg|_{\lambda=0} \right\rangle \tag{3.24}$$

此即著名的 Banks-Casher 公式[71].此式表明,手征极限下的狄拉克算符在本征值为零处的态密度不为零,因此导致了手征对称性自发破缺.

3.2.2 手征对称性破缺的可能物理机制

要解释 QCD 真空的手征对称性自发破缺,一种物理图像是 QCD 真空具有复杂的拓扑结构.欧氏空间杨-米尔斯方程的一种经典自对偶解,BPST 型瞬子被认为和手征对称性自发破缺相关.Shuryak 和 Diakonov 等人曾提出的瞬子液体模型[72],即一种瞬子-反瞬子的准粒子相互作用模型,可以对手征对称性破缺给出解释.该模型认为瞬子导致了左手夸克和右手反夸克间的关联(或相反),即手征对称性自发破缺.随着温度的升高,瞬子和反瞬子会结成分子,从而破坏了不同手性间的正、反夸克的关联,即手征对称性得到恢复.在这种图像中,瞬子的存在也导致了手征反常.

类似的机制可以推广到双荷子-瞬子系综的 QCD 真空的图像.该图像的特点是瞬子具有内部结构,一个瞬子由 3 个双荷子(Dyon)组成.不同于上述的普通 BPST 型瞬子,这种双荷子本身带色磁荷和色电荷,具有孤子的特性或者本身就是磁单极子.这种瞬子-双荷子图像既可以解释低温时的手征对称性自发破缺,同时也可解释夸克禁闭.注意这里的禁闭和 $Z(3)$ 对称性相关,也就是在 $SU(3)$ 纯规范场杨-米尔斯理论中,高温时的双荷子-瞬子系综结构发生改变,导致获得非平庸的 Polyakov 圈的非零热期待值.在这种图像中,手征相变和退禁闭相变是同步进行的.当然这种物理图像是否成立,还需格点

QCD 计算的支持.按照 Shuryak 的看法,当前格点 QCD 的计算模拟局限性使得上述瞬子导致的物理效应并没有被充分反映.

3.3 手征对称性恢复相变

依据 Shuryak 等人的观点,当 QCD 的基态被热激发时,瞬子-反瞬子的系综会发生变化[72].一种可能性就是瞬子效应被明显压低,比如瞬子的密度变很稀薄,不足以维系不同手性夸克间的关联;但因为格点计算似乎表明手征反常在手征临界点附近依然明显,因此瞬子密度可能同样变化不大.另一种就是瞬子-反瞬子系综里的准粒子发生重组,形成所谓的瞬子-反瞬子分子,从而阻断了不同手性夸克间的关联,导致低温时手征能对称性自发破缺在高温时得到恢复,即发生手征相变.同样的机制也可以发生在高密度的情形.当然这仅仅是一家之言.另外谈及手征恢复相变的机制,有一个重要的不可回避的问题是其和退禁闭相变之间的关系:是否两者同源还是两者具有完全不同的机制.因为涉及复杂的非微扰问题,目前对于两种相变间的关系并没有形成广泛接受的共识.

3.3.1 低密度情形的手征平滑过渡和 QCD 临界点

比较普遍接受的 QCD 的相结构是在低温、低重子数密度区域对应禁闭和手征对称性破缺的南部相,而高温、高密度时对应退禁闭和手征恢复的维格纳相.格点 QCD 计算和实验数据部分支持这样一种观点,即在低密度情形并没有发生真实的相变,而是一个快速的平滑过渡(在只考虑两种味道的手征极限下,这种平滑过渡将变成二阶相变),而在低温、中等密度(或者高密度)时预计为一级相变.平滑过渡和一级相变线的分割点通常被称为 QCD 临界点.其位置原则上可以通过实验来确定[73,74],是目前 RHIC 束能量扫描寻找的主要目标.在中、高密度和低温下,可能是色超导相或者别的相[33].

3.3.2 高密度情形的手征相变和低温 QCD 临界点

中、高密度情形 QCD 手征相变的研究目前基本依赖于各种模型. 除了普遍期待的可能出现在相对较低密度区域的 QCD 临界点，在更高密度情形下，是否有更多的临界点呢？这是一个很有趣的问题，尽管实验上也许无法观测，但研究其存在的可能性有助于理解对实验可及的 QCD 相变和相结构.

目前，关于 QCD 相图上可能有多临界点的预言有两种机制，且都和高密度区域可能出现的色超导相相关[75-78]. 一是在三种味道的情形下，色味锁定的色超导相（CFL）和手征凝聚相互竞争，导致可能出现一个低温的 QCD 临界点[75]，如图 3.2(a)所示. 在这个机制里，手征反常效应导致的三种味道间的耦合作用，即瞬子导致的特霍夫特作用发挥着很重要的作用：三种颜色味道的夸克均参与色超导凝聚，与手征凝聚竞争致使三次方的手征凝聚被削弱，使得低温区本来的一级相变弱化为快速过渡，从而出现新的低温临界点. 这里的关键点是特霍夫特耦合导致的六夸克作用要足够强，或者说瞬子效应要足够强. 在 NJL 模型框架中，这种机制受到了两味色超导（2SC）的挑战：即因为奇异夸克较重，使得在能量上更有利于两味色超导相，而非 CFL 相. NJL 模型的研究也证实了这一点[76]，如图 3.2(b)所示. 另一个机制是色电中性条件的约束：在色电中性条件下，2SC 色超导的竞争使得手征相变在低温区被弱化，从而导致低温区的手征相变被“软化”. 模型研究显示，这使得在低温区甚至可以出现多个临界点，并且较重的奇异夸克以及瞬子效应加强了这种“软化”[77,78]，如图 3.3 所示. 这种多个临界点的原因和电中性约束密切相关：因为上、下夸克间的费米面不匹配，随着温度的升高反而使得这两种味道间的配对得到加强，从而加剧了和手征凝聚的竞争，进而导致低温区出现手征相变的快速过渡区（这里温度升高具有双重作用：即能熔化各种凝聚，又能增加上、下夸克的配对概率）. 多临界点虽然依赖于模型及模型的参数，但这种有趣的多临界点相图说明真实 QCD 的相图可能比一般的预期要复杂很多.

高密度情形的 QCD 物态或者相结构，很有可能具有晶体那样的各向异性的特征. 与之相关的各向异性的手征对称性破缺相及其恢复和色超导相，可参见第 6 章的论述.

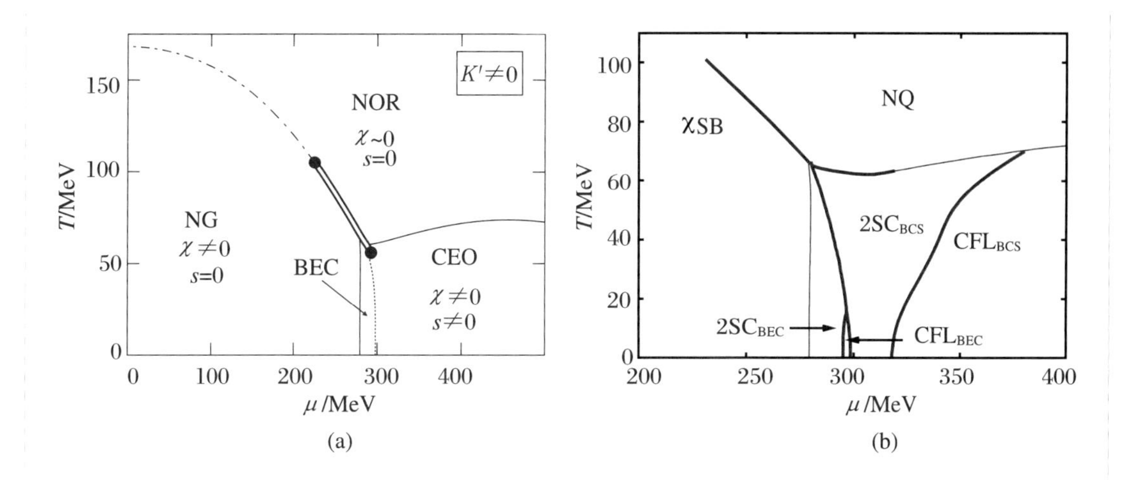

图 3.2 (a) 三种味道的 NJL 模型的低温临界点相图,三种味道具有同样的质量 $m=5.5$ MeV. 因色味锁定的 CFL 相的竞争,导致低温区出现新的临界点;(b) 条件同图(a),但是考虑到两种味道的色超导 2SC 在手征相变线附近色味锁定的 CFL 相能量上不占优势,因而没有低温临界点

图(a)摘自文献[75],图(b)摘自文献[76].

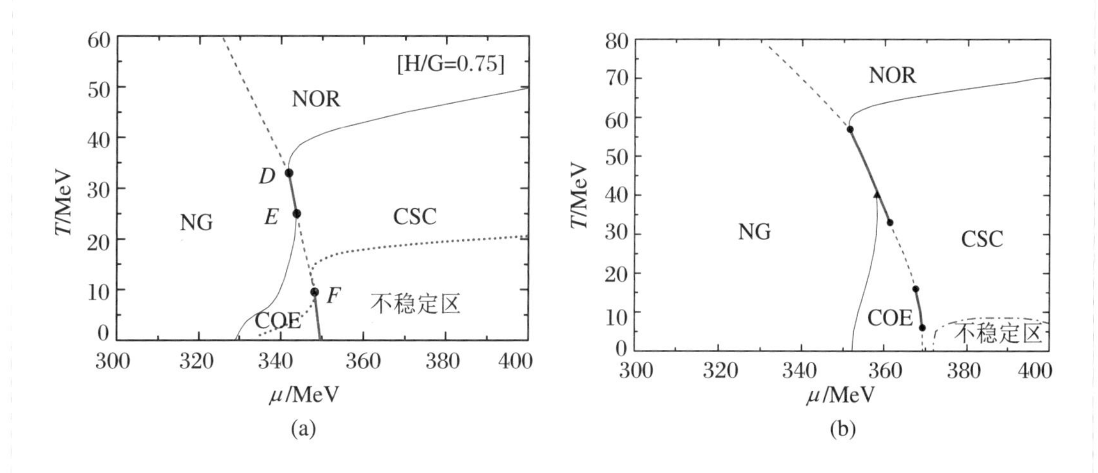

图 3.3 (a) 色电中性条件下采用物理质量的两种味道的 NJL 模型相图;(b) 色电中性条件下采用物理质量的 $N_f=2+1$ 种味道的 NJL 模型相图. 因费米面不匹配,2SC 色超导随温度的增高会反常加强,从而导致低温区出现新的临界点. 考虑到矢量相互作用和特霍夫特相互作用,2SC 色超导相变得稳定,并可导致多个手征临界点

图(a)摘自文献[77],图(b)摘自文献[78].

3.3.3 外磁场下的手征相变

除了温度和夸克化学势外，另一个对 QCD 相图有重要影响的参数是电磁场. 这里主要讨论外磁场下的 QCD 的手征相变. 研究电磁场下的 QCD 相图，主要基于如下两种情况：第一种在非对心的重离子碰撞过程中，将会产生很强的、随时间演化的磁场. 在质心系中，两个原子核的运动相当于两个相反方向的电流，因而根据麦克斯韦方程将会产生磁场 $\boldsymbol{B}$. 由非对心碰撞产生的磁场依赖于离子的能量、碰撞参数、位置以及时间. 非对心碰撞产生的瞬间磁场可能达到 $10^{14} \sim 10^{15}$ T，是目前知道的自然界的最强磁场. 尽管磁场强度很大，但其持续时间很短，约为 10^{-23} s. 当然，目前对重离子非对心对撞产生磁场的相关实验数据的解读仍存在争议. 第二种情况是有一类称为磁星的中子星本身携带很强的磁场，并伴随着一定频率的旋转. 磁星本身的磁场依赖于密度，也即从表面到核心磁场逐渐增加，这些磁星表面的磁场强度可以达到 $10^{10} \sim 10^{11}$ T，而在内核处的磁场强度可以达到 $10^{12} \sim 10^{15}$ T. 所以如果要计算磁星的半径-质量关系，必须要考虑强相互作用物质在强磁场下的物态方程. 模型计算表明，强磁场对磁星内部的相结构可能有重要作用，这里还需满足整体的电中性条件约束：比如致密星内部可能是夸克物质，亦或是具有各项异性特点的物态，都受制于外磁场的影响.

目前知道磁场对于夸克凝聚的影响有两个效应：磁催化效应和反催化效应. 前者是指在低温情形下，夸克凝聚会随着外磁场的增强（通常指磁场为常数）而加强的效应；后者是指在高温区，格点 QCD 的计算表明，手征相变的临界温度反而随着外磁场的增强而减小的反常效应，因为和低温区的催化效应相反，故称为反催化效应. 目前，理论上可以对磁催化进行很好的解释，但关于反磁催化效应的机理不是很清楚. 除此之外，外磁场下的 QCD 可能展示出其他一些新奇的物理效应，比如手征磁效应（CME）、手征涡旋效应（CVE）等. 外磁场是研究凝聚态物理拓扑效应最好的探针，例如量子霍尔效应和手征磁效应. 事实上，强磁场下某些量子霍尔平台可归因于磁催化，比如标量通道凝聚异常增强. 有趣的是，磁催化和手征磁效应的概念和机制最初诞生于高能物理，之后却在凝聚态物理中首先被发现和证实. 这里体现出典型的学科交叉、相互渗透、彼此借鉴的特点.

相对论重离子的剧烈碰撞，不但产生极强的磁场，同时伴有超强的电场. 按照施温格效应，强电场可从真空中激发粒子对. 相对论重离子碰撞产生的超强电场不但可能导致正负电子对的产生，也可能导致正负强子对的产生. 这为研究超强电场下的 QED 和 QCD 研究提供了难得的实验场景. 非对心重离子碰撞可以产生高速旋转的 QCD 物质.

因角动量守恒，这种极化涡旋态要比迅速衰减的电磁场持续的时间更长，可将涡旋作为研究高温 QCD 量子拓扑性质的有效探针和手段. 实际上，高速旋转、强电磁场及高温退禁闭为研究 QCD 的拓扑与极化效应提供了很好的实验平台和机遇. 另外自然界存在的磁星也兼具旋转和磁场的特征. 中子星观测数据的积累也可为揭示强磁场和旋转条件下高密度 QCD 物质的奇特性质提供有用的线索.

关于外磁场下的 QCD 相变以及相关的效应，可参见本书第 5 章的论述.

3.4 夸克禁闭机制的探索

QCD 理论虽然显示出禁闭的特征，但是不能解析地给出夸克禁闭的证明. 一般认为，基于 $SU(3)$ 非阿贝尔规范群的胶子动力学是导致夸克禁闭的原因. 各种夸克禁闭的唯象模型也基本建立在胶子动力学基础上.

3.4.1 面积律和禁闭

夸克禁闭，意味着介子中的夸克和反夸克之间存在一种线性势，即随着夸克和反夸克之间的距离增加而增加，这种作用类似于弹性橡皮筋，代表粒子和反粒子大距离时的一种“刚度”. 但是这种橡皮筋并不能无限拉伸，达到一定距离会被“拉断”导致产生两个新介子，如图 3.4 所示. 这导致夸克被限制在强子的内部，即介子和核子内，具有典型的半径 R_c，对应于以前的强子“口袋模型”的图像. 这种“袋半径”的数量级约为 1 fm.

上述刚度在定量上与所谓的“面积律”行为有关，即有序耦合常数绕闭环 C 的威尔逊圈：

$$W(C) = \mathrm{Tr}P\exp\left(\mathrm{i}\int_C \mathrm{d}x_\mu A_\mu\right) \tag{3.25}$$

积的期望值为

$$\langle W(C)\rangle = \mathrm{e}^{-\sigma * Area} \tag{3.26}$$

其中，$Area$ 指路径 C 围绕的面积，σ 表示弦张力. 这是由威尔逊在 1974 年给出的一种禁闭的判据. 规范群的非对易性是导致这种行为的关键. 特别是线性势的产生可能和中心涡旋的拓扑结构相关,参见下面“中心涡旋”小节.

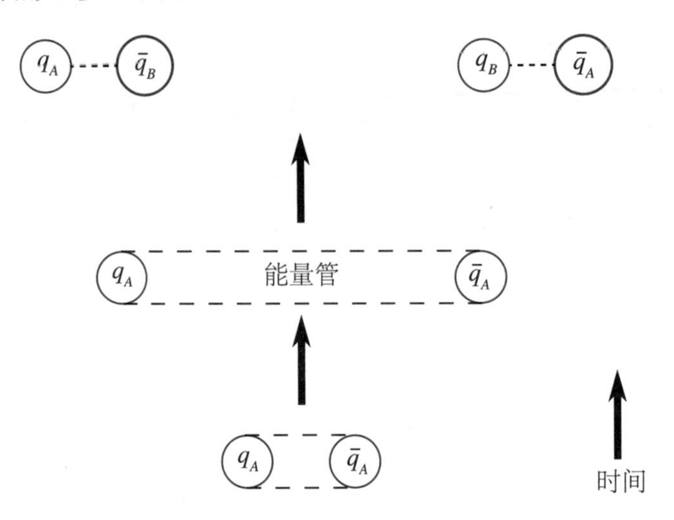

图 3.4　夸克禁闭示意图

重夸克偶素中两夸克间的吸引力类似“橡皮筋”或者“弦”,可理解为色力的流量管.设想用外力试图拉开两个重夸克(相当于注入能量),当距离增大到某处(或者随着注入能量的增加到某临界值)时,弦被拉断但却没有出现单独的夸克态,取而代之的是在“弦断处”产生了两个新的正、反轻夸克,分别和原正、反重夸克形成由一轻一重夸克构成的两个新介子.

3.4.2　对偶超导机制

在量子色动力学理论中,对偶超导模型试图用超导的电磁对偶理论解释夸克的禁闭.

在电磁对偶理论中,电场和磁场的作用是互换的.BCS 的超导理论解释了超导是库珀对电荷凝结的结果.在对偶超导体中,通过磁荷(也称为磁单极子)的凝结,可产生类似的效应.在普通的电磁理论中,没有磁单极子被证明存在.然而,在量子色动力学中的色电理论可以解释夸克之间的强相互作用.色电荷可以被看作是电荷的非阿贝尔推广,并且已知 QCD 中存在相应的磁单极子.对偶超导体模型假设这些磁单极子在超导状态下的凝聚解释了颜色禁闭现象:在低能量下,只有色中性的夸克束缚态被观察到.

定性地说,对偶超导体模型中的禁闭可以理解为对偶迈斯纳效应的结果.迈斯纳效应说的是超导金属会试图从内部驱逐磁场线.如果一个磁场被强迫穿过超导体,磁力线就会被压缩成磁通“管”,即磁通子.在对偶超导体中,磁场和电场的作用互换,而迈斯纳效应试图驱逐电场线.夸克和反夸克携带相反的色电荷,夸克-反夸克对的电场线从夸克出发终止于反夸克.如果夸克-反夸克对浸没在对偶超导体中,色电场线就被压缩成电通管,可参见图 3.4.与管相关的能量与它的长度成正比,而夸克-反夸克的势能与它们的距离成正比,带色的物体的能量变得无限大.因此,一个夸克-反夸克无论分离与否都将始终结合在一起,这就解释了为什么没有发现未束缚的夸克.

对偶超导由 Landau-Ginzburg 模型描述,它等价于阿贝尔希格斯模型.口袋模型对胶子场的边界条件是对偶色超导体的边界条件.这个模型也有一些缺点.特别是,尽管它禁闭了带色的夸克,但它不能限制某些胶子带色,而且允许在粒子对撞机中可见带色的束缚态.

3.4.3 中心涡旋

中心涡旋(center vortex)是杨-米尔斯理论和 QCD 理论中存在于真空中的线状拓扑缺陷.它们似乎在夸克的禁闭中起着重要的作用.

在 $SU(N)$理论中,中心涡旋是一种线状拓扑缺陷,它携带的规范电荷等于规范群的一个中心群元素.对于 $SU(N)$规范理论,这些是常数矩阵 $z_n = e^{\frac{2\pi i n}{N}} \boldsymbol{I}$,其中 $\boldsymbol{I}$ 是单位矩阵.这些元素形成了交换子群,即前述的中心群 $Z(N)$.在这样的中心群元素作用下,夸克变换为 $q \to e^{\frac{2\pi i n}{N}} q$,而胶子是不变的.这意味着,如果夸克是自由的(如退禁闭阶段),中心对称性将被破坏;中心对称性的恢复将意味着禁闭(严格来讲,只在重夸克极限下).由特霍夫特首先把它建立在严格的数学基础上.

根据中心涡旋的特性,可以区分理论中的两个相.当考虑一个特定的威尔逊圈时,如果涡流很长,大多数涡旋只会穿透威尔逊圈的表面一次.此外,穿透该表面的涡旋的数量将与圈表面的面积成比例增长.由于涡旋抑制了威尔逊圈的真空期望值,这将导致威尔逊圈 $W(C)$表现为前述的面积律$\langle W(C)\rangle \propto e^{-\sigma * Area}$,即表现出典型的禁闭行为.然而,当考虑一个涡旋通常为很短的区域时,因它们形成小的环,通常会在相反的方向穿过威尔逊圈的表面两次,从而导致这两个贡献抵消.这有点类似电介质中的分子环流和磁化强度的关系.只有威尔逊圈附近的漩涡会穿透它一次,从而导致像周长一样的贡献:$\langle W(C)\rangle \propto e^{-\alpha * Length}$.其中,*Length* 是威尔逊圈的长度,$\alpha$ 是某个常数.这种行为表示退禁闭.也就是大涡旋对应禁闭,小涡旋对应退禁闭.

在格点 QCD 模拟中确实可以看到这种行为.在低温下涡旋形成大的、复杂的团簇并在空间中渗透;在较高的温度下(退禁闭温度以上),涡旋形成小的环.此外,在格点模拟中去掉中心涡旋后,弦张力几乎降为零.另一方面,除去中心涡旋之外的所有东西时,弦张力几乎保持不变.这清楚地表明了中心涡旋与禁闭之间的密切关系.除此之外,格点模拟还表明,在连续极限范围内,涡旋的密度是有限的(这意味着它们不是格点假想物,它们确实存在),而且它们还与手征对称性破缺和拓扑荷有关.

一个微妙的问题是中等范围和大 N 极限下的弦张力.根据中心涡旋图,弦的张力应取决于中心群下物质场的变换方式,即所谓的 N 偶性.对长距离的弦张力来说,这似乎是正确的,但在较小的距离上,弦张力反而与表示的二次卡西米尔成正比,就是所谓的卡西米尔缩放.这可以用中心涡旋周围的区域形成来解释.在大 N 极限下,卡西米尔缩放会一直延伸到很长的距离.

3.4.4 瞬子-双荷子机制

前面提到过 Polyakov 圈的期待值可以作为纯规范 $SU(N_c)$ 的序参量.这表现为当温度足够高时,其期待值不为零,表征退禁闭相;而低温时期待值变成零,中心对称性得到恢复.对 QCD 而言,把温度降到约 2 Tc(指手征过渡温度)以下时,Polyakov 圈获得一个非平凡的平均值 $0<\langle P\rangle<1$.按照定义,这说明胶子场的第四分量的期待值 $\langle A_4\rangle = v = 0$.如何来解读胶子场期待值的这种变化呢?一种物理图像就是利用瞬子-双荷子系综来解释胶子场的演化.

这就要求重新定义 A_4 场在无穷远边界处的边界条件,对所有可能的孤子解包括瞬子解.改变边界条件,导致了 1998 年 KvBLL 瞬子的发现[14,15],或者说瞬子-双荷子的发现:非零的期望值 v 会导致单个瞬子被分解成 N_c 个组分,每个组分对应一个双荷子,如图 3.5 所示.这些双荷子具有色电荷和色磁荷,对应于对角化的胶子,因而可以构成双荷子系综之间具有长程的类库仑力的相互作用.对于 $SU(2)$ 的情形,这些双荷子(自对偶解)按习惯被称为 M 和 L,分别对应的色荷为 $(e,m)=(+,+)$ 和 $(e,m)=(-,-)$;以及对应的反双荷子(反自对偶解)为 $\overline{M}$ 和 $\overline{L}$,分别对应的色荷为 $(e,m)=(+,-)$ 和 $(e,m)=(-,+)$.

Diakonov 和合作者最早研究了瞬子-双荷子和禁闭机制的关系.他们强调,不同于瞬子,双荷子直接和 Polyakov 圈的本征值(称为 Homotopy)相互作用.他们认为这种双荷子(反双荷子)在低温下密度会变大,因此它们的反作用会导致微扰型的 Polyakov 圈的本征值相关的势不再占优势,取而代之的是具有禁闭特征的本征值导致 Polyakov 圈的期待值变为零(纯规范情形).为了研究瞬子-双荷子等离子体,需要了解瞬子-双荷子的相互作用.后来 Shuryak 及其合作者也开始研究这种瞬子-双荷子的系综,最终催生了所谓的瞬子-双荷子液体模型[79].

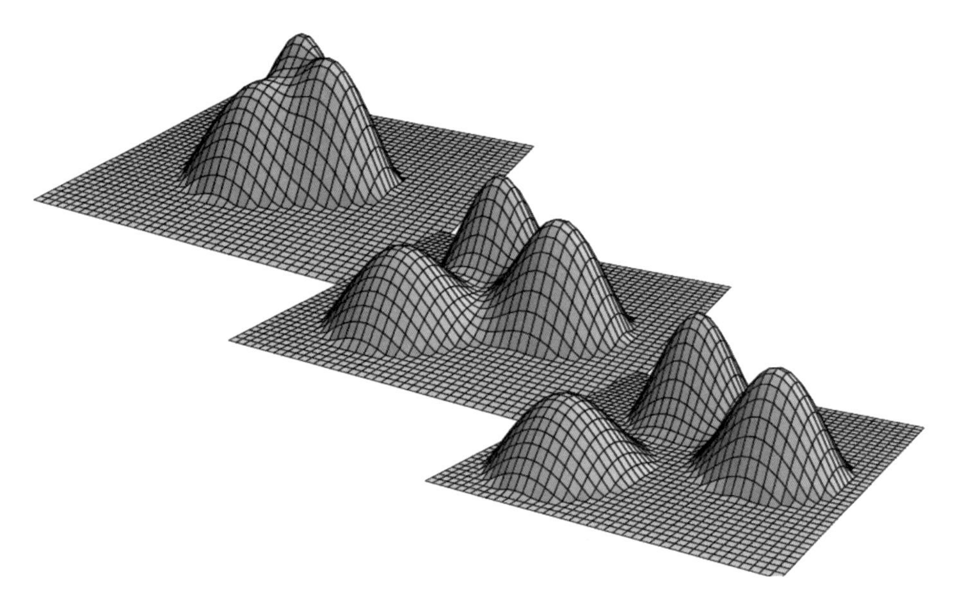

图 3.5　$N_c=3$ 情形的瞬子-双荷子或者 KvBLL 瞬子：拓扑荷等于 ±1 的瞬子具有内部结构，分解为 3 个带色荷的双荷子

图摘自文献[14].

相比于传统的瞬子液体模型，瞬子-双荷子机制液体模型不但可以描述手征对称性自发破缺，还能够描述退禁闭相变.其对于手征对称性的破缺和恢复机制的表述基本和传统的瞬子液体模型相同.即瞬子解导致了费米子的近零模区域解，从而导致低温时的手征凝聚不为零.随着温度的升高，也有类似的瞬子-反瞬子分子的形成，从而导致手征对称性恢复.瞬子-双荷子禁闭机制得出的结果表明，手征相变和退禁闭相变具有同源性，因而是重合的.这一观点是否成立，需要格点 QCD 进行相关的计算模拟来进一步印证.

4

第 4 章

有限温度、有限密度的格点 QCD 研究进展

格点 QCD 作为研究 QCD 相变的第一性原理[80]，在高温、低密度情形下已能够比较精准地计算 QCD 状态方程，确认由强子相到夸克-胶子等离子体的过渡转变温度. 由于其在有限密度仍然受制于符号问题的困扰，相关计算仍局限于较小化学势的情形. 格点 QCD 的数值模拟确认了磁场下在低温时手征凝聚的磁催化效应，并给出了高温时的反磁催化效应. 另外，有限温度的格点 QCD 计算对确认 QCD 可能的非平凡真空拓扑结构，以及其随温度、密度、外磁场的演化，具有重要的参考意义.

格点上的费米子离散化会导致非物理自由度的出现，使得手征对称性难以保证，即所谓“费米子加倍”问题. 为了便于读者解读一些格点计算的结果，以下列出几种常用的费米子离散化方法及它们各自的特点：

(1) 威尔逊费米子(Wilson fermion)：通过增加一个 5 维的算子来避免加倍问题. 优点是比较简单，定义良好；缺点是没有手征对称性，进行非淬火计算代价高. Clover 改进的威尔逊费米子可以将截断效应压低至 $O(a^2)$级.

(2) 交错费米子(Staggered fermion):通过交错变换实现离散化.优点是相对较简单,具有部分剩余手征对称性,进行非淬火计算的代价相对适中;缺点是有所谓的 Taste 问题.交错费米子有各种版本,比如常用的两个改进型 HISQ(Highly Improved Staggered Quarks)和 stout smeared 作用量.

(3) 扭转质量费米子(Twisted mass fermion):相对较简单,定义良好,进行非淬火计算的代价相对适中;同位旋对称性破坏.

(4) 畴壁/重叠费米子(Domain-wall/Overlap fermion):前者将费米子看成是 4+1 维空间的 4 维超平面上(即"畴壁")的自由度,后者是满足 Ginsparg-Wilson 关系的 4 维格点费米子离散化.两者的优点是具有手征对称性,适用于研究与 QCD 手征反常相关的问题,但是计算代价很大.

4.1 高温下的 QCD 相图

QCD 的渐近自由表明,夸克禁闭、手征对称性自发破缺等非微扰效应在高温下被抑制,热强相互作用物质渐近地接近理想气体行为.因此,预计各种表征非微扰效应的凝聚也会在高温下消失或减弱.这对应于 QCD 在手征极限下的严格整体手征对称性的恢复,即导致相变的发生.如前所述,这种相变的基本特征可以通过调用普适性的参数来理解[58].这里给出零化学势高温情形由格点 QCD 模拟得到的手征临界温度、手征反常的有效恢复以及状态方程的一些结果(其中部分内容借鉴了文献[81]).

4.1.1 $N_f=2+1$ 味道情形的 QCD 手征相变

与前面的哥伦比亚图对应,这里 $N_f=2+1$ 味道是指轻的质量简并的上、下夸克和重的奇异夸克.

在手征相变点附近,自由能密度可以表示为奇异部分和正常部分之和,即

$$f=-\frac{T}{V}\ln Z\equiv f_s(t,h)+f_r(T,m_l,m_s,\boldsymbol{\mu}) \tag{4.1}$$

其中,参数 t 包含所有不显式破坏手征对称性并驱动相变的"热密"变量,参数 h 表示明

显破坏手征对称性场(类似自旋模型中的磁场).若只考虑温度和化学势,取领头阶有

$$t = \frac{1}{t_0}\left[\frac{T - T_c}{T_c} + \kappa_q\left(\frac{\mu_q}{T}\right)^2\right] \quad 和 \quad h = \frac{1}{h_0}\frac{m_l}{m_s} = \frac{H}{h_0} \tag{4.2}$$

其中,T_c表示手性极限和零化学势时的相变温度.式中 4 个未知量 T_c, κ_q, t_0, h_0为 QCD 所特有,可通过格点 QCD 分析由自由能的奇异部分引起的手征序参量和相应磁化率的标度行为来确定.以下介绍零化学势时格点 QCD 依据标度律对手征相变临界温度的确认.以 $H = m_l/m_S$ 表示轻夸克和奇异夸克的质量比,则手征极限是以奇异夸克取物理质量为前提,并令 $H \to 0$.

零化学势时手征相变的临界行为可以由轻夸克、奇异夸克各自凝聚与质量交错相乘构成的无量纲序参量

$$M = \Delta_{ls} = 2(m_s\langle\bar{\psi}\psi\rangle_l - m_l\langle\bar{\psi}\psi\rangle_s)f_{K'}^4 \tag{4.3}$$

来表征.该序参量具有不依赖于重整化标度的特性,形式类似自旋模型的外磁场耦合项.同时定义相应的磁化率

$$\chi_M = m_s(\partial_{m_u} + \partial_{m_d})M|_{m_u = m_d} \tag{4.4}$$

上述序参量和磁化率满足如下的标度关系:

$$\begin{aligned} M(t,h) &= h^{1/\delta}f_G(z) + \cdots \\ \chi_M(t,h) &= \frac{\partial M}{\partial H} = h_0^{-1}h^{1/\delta - 1}f_\chi(z) + \cdots \end{aligned} \tag{4.5}$$

其中,$z = t/h^{1/(\delta\beta)}$,$f_G(z)$和 $f_\chi(z)$为标度函数,省略号为次要贡献.临界指数 δ,β 与标度函数唯一地确定了相变的普适类.表 4.1 总结了三维 $O(2)$和 $O(4)$普适类的临界指数和其他相关量.根据标度律,普适类的 4 个临界指数 $\alpha,\beta,\gamma,\delta$ 满足标度关系:$\gamma = \beta\delta - \beta$ 和 $\alpha + 2\beta + \gamma = 2$.表 4.1 最后两列对应标度函数 $f_G(z)$和 $f_\chi(z)$最大值的位置.

表 4.1　三维 $O(N)$普适类的临界指数 $\alpha,\beta,\gamma,\delta$[82]

N	α	β	γ	δ	z_t	z_p
2	−0.017	0.349	1.319	4.779	0.46(20)	1.56(10)
4	−0.213	0.380	1.453	4.824	0.73(10)	1.35(3)

连续过渡对应的赝临界温度本身在定义上存在不确定性,比如可以通过磁化率的极值点或者拐点等来确定.一种常用的方法是通过标度关系来定义赝临界温度,即

$$T_{pc}(H) = T_c(m_l = 0)\left(1 + \frac{z_X}{z_0}H^{1/\beta\delta}\right) + 次级贡献 \tag{4.6}$$

也就是由标度函数的极大值来确定赝临界温度.根据上式,通过降低轻夸克的质量,可以外推获得手征极限下的临界温度 T_c.基于这种标度法,文献[83,84]采用了 HISQ 作用量,从物理质量开始逐步降低 H(固定奇异夸克质量不变)直到 $m_\pi \approx 45$ MeV,对 $N_f=2+1$ 情形的 QCD 手征相变进行了系统研究.图 4.1(a)为手征磁化率对轻夸克质量的依赖关系.可以看到随着 H 的降低,磁化率变得越来越陡,但是在 $m_\pi \approx 45$ MeV 处依然为连续的快速过渡.也就是说,该计算表明哥伦比亚图左下角近零质量区的可能一级相变区域要么非常窄小,要么就根本不存在! 图 4.1(b)为根据标度关系外推得到的手征极限下的相变临界温度,所得结果为

$$T_c(m_l = 0) = 132^{+3}_{-6}\ \text{MeV} \tag{4.7}$$

需强调上述结果是基于 $O(4)$标度假设拟合得到的.这一结果也是格点 QCD 第一次获得手征极限处的相变临界温度值.图 4.1 给出的物理质量情形($H=1/27$)的赝临界温度为 $T_{pc} \approx 156$ MeV,即比手征极限下的临界温度高了 25 MeV 左右.这一显著差值说明趋于手征极限的临界温度对质量的变化相当敏感.该差值或许预示着有限密度情形存在 QCD 临界点可能性变大.

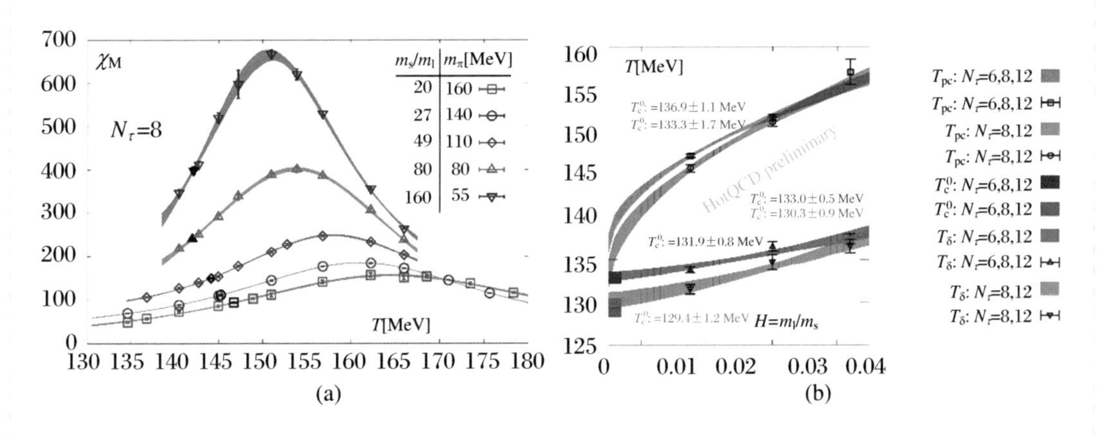

图 4.1 (a) 固定奇异夸克质量为物理值,改变轻夸克质量得到的手征磁化率对温度的依赖关系[83];(b) 基于标度关系由赝临界温度外推获得手征极限下的临界温度 $T_c(m_l=0)=132^{+3}_{-6}$ MeV[84]

以上格点计算均基于 HISQ 作用量.

图 4.2(a)为采用 HISQ 作用量的格点计算得到的序参量和手征磁化率在赝临界温度处的比值对质量的依赖关系.图中的直线分别代表手征极限下用 $O(N)$标度(即连续极限下对应 $O(4)$普适类,离散化的 HISQ 对应 $O(2)$普适类)、$Z(2)$标度给出的结果.可以看出,手征极限下的相变与二级相变的 $O(4)$普适类更符合.这也就意味着哥伦比亚图上的三临界奇异夸克质量 m_s^{tri} 比物理奇异夸克质量要小.除了上述的 HISQ 法,$N_f=2+1+1$ 味道情形的推转质量威尔逊法也被用于计算手征极限下的 T_c[85].图 4.2(b)显示了该方法基于三种不同的标准得到的赝临界温度对夸克质量的依赖关系.该方法得到的手

征极限下的临界温度为 $T_c=134^{+6}_{-4}$，与 HISQ 法的结果相当接近.

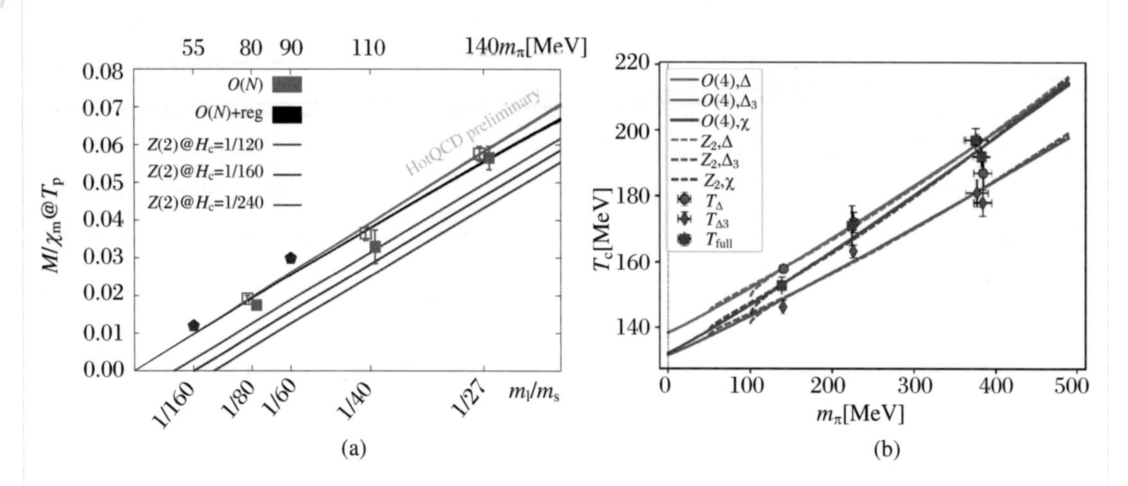

图 4.2 (a) 基于 HISQ 法计算得到的连续极限下序参量和手征磁化率在赝临界温度处的比值对质量的依赖关系[83]；(b) 基于推转质量的威尔逊法得到的赝临界温度对质量依赖关系的手征极限外推[85]

上述格点计算从标度普适性的角度试图给出手征极限下的临界温度以及相变性质.相关的计算结果对哥伦比亚图左下角的一级相变区给出了很强烈的限制，即很窄甚至没有.基于 HISQ 作用量的计算似乎更支持手征极限下的相变为 $O(4)$普适类，尽管其数值结果其与 $Z(2)$普适类的差别不是特别明显.另外，上述结论也获得了基于三临界标度研究的格点计算的支持[86].文献[86]将简并的味道数作为连续数处理，发现在 $N_f=2$ 和 $N_f=3$ 之间存在一个临界味道数.低于这个味道数则其手征极限下的相变是二级相变，意味着 $N_f=2$ 的手征极限应对应二级相变，即属于 $O(4)$普适类.除了上述的标度律，确定 $N_f=2$ 在手征极限下的相变级次的另一个角度就是研究手征反常在临界温度附近是否得到有效恢复.

4.1.2 退禁闭相变及其准序参量

前已述及，纯 $SU(N_c)$杨-米尔斯理论具有整体 $Z(N_c)$中心对称性，在高温退禁闭阶段自发地被破坏.但是在 QCD 中，中心对称性被夸克场明显破缺，并且夸克质量越轻，破坏程度越厉害.一个自然的问题是，Polyakov 圈的期待值是否能够(或多大程度上)反映退禁闭相变的信息？在格点规范理论中，重整化的 Polyakov 圈的热期望值为

$$L_{\text{ren}}(T) = \mathrm{e}^{-c(g^2)N_\tau} \cdot \frac{1}{VN_c}\sum_{x}\left\langle\left\{\mathrm{Tr}\prod_{x_0=1}^{N_\tau}U_{(x_0,x),\hat{0}}\right\}\right\rangle \tag{4.8}$$

重整化常数$c(g^2)$可以通过匹配短距离极限内重夸克自由能与康奈尔势中库仑短距离行为来确定[89]. 较近期的格点 QCD 计算表明,在手征过渡区 Polyakov 圈的热期待值仍保持很小,并且变化相当缓慢和平滑,如图 4.3(a)所示. 这意味着由 Polyakov 圈的变化定义的临界温度可能并不反映具有物理轻夸克质量的 QCD 的准临界性质.

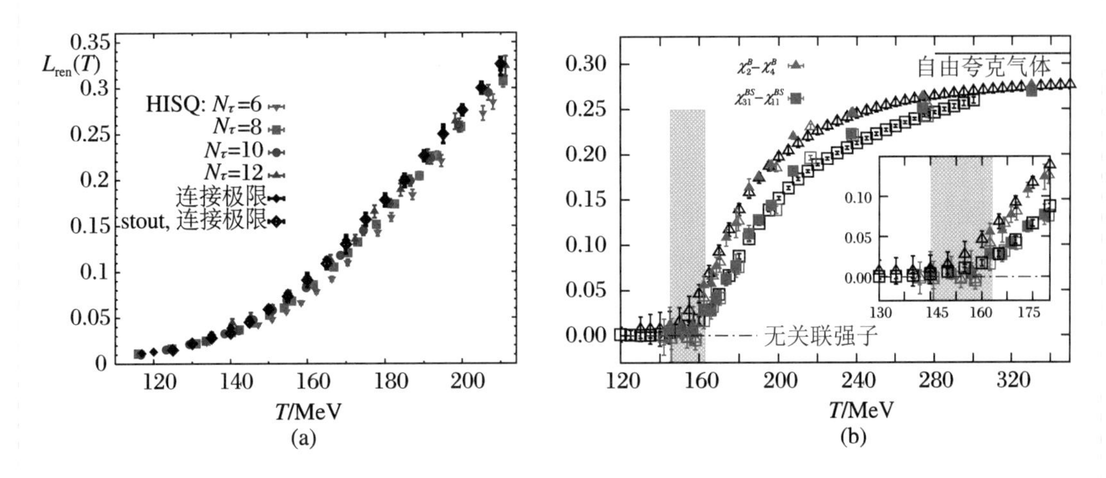

图 4.3 (a) $N_f=2+1$ 味 QCD 中的重整化 Polyakov 圈[90];(b) 手征过渡区 $T_c=154(9)$ MeV(阴影区)中分数带电自由度的出现[81]

图(b)中黑色点为 Budapest-Wuppertal 格点合作组获得的结果[91],而其他点则是 BNL-Bielefeld 格点合作组获得的结果[92].

研究退禁闭相变的难点是不能很好地定义一个符合朗道相变理论的序参量. 从热力学与统计物理的角度看,退禁闭相变应该与系统的自由度释放有关,表现为某些热力学观测值随温度的迅速上升或者下降. 在相变点附近,不同的守恒量子数的涨落和关联迅速上升. 因此,从重子数 B、电荷 Q 和奇异数 S 可直接探讨夸克自由度的释放,以及由此而出现的分数荷量子数. 对于强子气体和自由夸克气体,重子数涨落的二阶至四阶累积量之差 $\chi_2^B-\chi_4^B$ 可用以探测重子自由度:强子因携带重子数 $B=\pm1$ 使 $\chi_2^B-\chi_4^B=0$;对于 $B=\pm1/3$ 的夸克自由度,则有 $\chi_2^B-\chi_4^B\neq0$. 同样地,如果携带奇异性的自由度与重子数 $B=\pm1/3$ 的夸克相关联,那么高阶的重子数和奇异性关联,如 $\chi_{31}^{BS}-\chi_{11}^{BS}$ 为非零值,而奇异性若由具有 $B=\pm1$ 的强子自由度携带,则该关联变为零. 因此,这种和守恒荷量子数关联的高阶涨落组合是探测退禁闭相中出现分数荷自由度的敏感探针[92-94]. 图 4.3(b)分别显示了 BNL-Bielefeld 格点合作组[92]和 Budapest-Wuppertal 格点合作组[91]得到的

$\chi_2^B - \chi_4^B$ 和 $\chi_{31}^{BS} - \chi_{11}^{BS}$. 可以看到,在手征过渡区 $T_c = 154(9)$ MeV 附近,这两个量随温度升高开始明显地偏离零,这就表明出现带分数荷的自由度,即开始发生轻夸克和奇异夸克的退禁闭. 当然是否有其他物理机制导致上述偏离需要进一步地深入研究.

4.1.3 高温下 QCD 的轴对称性

不同于手征对称性,夸克质量为零时,QCD 拉氏量的 $U_A(1)$ 对称性被明显破坏. 拓扑上非平凡的规范场组态,比如 QCD 瞬子[95]和 $U_A(1)$ 对称性的明显破坏直接相关. 由于色屏蔽,瞬子密度随着温度升高会受到抑制[96]. 可以预期在 $T\to\infty$ 的极限下,$U_A(1)$ 对称性将得到恢复. 一个有趣的问题是在手征相变临界温度附近,轴对称性是否得到有效恢复? 了解 $U_A(1)$ 破缺程度对温度和密度的依赖性对于准确、深入地理解 QCD 手征相变、手征磁效应等非常重要.

在手征极限下,π 介子和 δ 介子在 $U_A(1)$ 旋转下相互转换. 若存在严格的 $U_A(1)$ 对称性,则这些介子态必然简并. π 介子和 δ 介子的两点关联函数积分的差异

$$\chi_\pi - \chi_\delta = \int d^4x(\langle \pi^+(x)\pi^-(0)\rangle - \langle \delta^+(x)\delta^-(0)\rangle) \tag{4.9}$$

可作为 $U_A(1)$ 破缺是否有效恢复的量度[100].

微观上 $U_A(1)$ 破缺与狄拉克算子的红外本征模密切相关. 在无限大体积的极限下,手征序参量 $\langle\bar\psi\psi\rangle_1$ 和 $U_A(1)$ 破缺度 $\chi_\pi - \chi_\delta$ 都可以用狄拉克算符的本征值密度 $\rho(\lambda)$ 来表示(可参看第 3 章的 Banks-Casher 关系):

$$\langle\bar\psi\psi\rangle_1 = \int_0^\infty d\lambda\, \frac{2m_1\rho(\lambda)}{\lambda^2 + m_1^2} \quad 和 \quad \chi_\pi - \chi_\delta = \int_0^\infty d\lambda\, \frac{4m_1^2\rho(\lambda)}{(\lambda^2 + m_1^2)^2} \tag{4.10}$$

目前,交错费米子、畴壁费米子、重叠费米子等均被用于轴对称有效恢复的研究. 理论上,畴壁/重叠费米子更适于研究 $U_A(1)$ 反常在高温下的有效恢复. 特别是在手征畴壁费米子作用量中,手征反常表现得更为直接[80]. 相对而言,用交错费米子研究手征反常的问题比较微妙,因为要正确地描述反常只能在连续极限情形[98]. 目前格点计算对 $U_A(1)$ 在高温下是否有效恢复并没有得到一致的结论,甚至相互之间的分歧较大. 采用交错费米子的研究似乎都支持手征反常在临界温度附近没有得到有效恢复[87,99]. 部分基于畴壁费米子的系列研究[69,100,101]也得到了类似的结论. 比如文献[69]发现,在 165 MeV $\leqslant T \leqslant$ 195 MeV 的范围内,$\chi_\pi - \chi_\delta$ 并未消失,且与轻夸克的质量无关. 但是前期采用不同版本的畴壁和重叠费米子的格点研究也有相反的结论. 比如动力学重叠费米子[109,110]和优化

畴壁费米子[111]进行的计算表明，$U_A(1)$对称性在临界温度处已经得到了有效恢复.这意味着当接近手征极限时，仍允许发生一级手征相变.

随着计算速度的提升，最近的新一轮关于轴对称破缺是否在手征过渡温度附近有效恢复仍然有两种答案.两个典型的对同样物理量的相关计算，一个基于HISQ交错费米方法(华中师大的丁亨通小组)[87]，另一个基于畴壁/重叠费米子(日本LQCD合作组，即JLQCD)[88]，均考虑到连续极限和夸克质量的依赖性，却给出不同的结论.图4.4为温度为$T=1.6T_c$时，$N_f=2+1$味道情形基于HISQ作用量的格点计算得到的不连续手征磁化率的手征极限外推.可以看到该差值在手征极限下并没有趋于零，即手征反常依然明显.图4.5给出的结论相反，在$T=220$ MeV和手征极限下不连续手征磁化率变为零，即手征反常已经恢复.注意两组计算的温度相当，文献[87]中的$T_c \approx 132$ MeV对应手征极限下的临界温度.

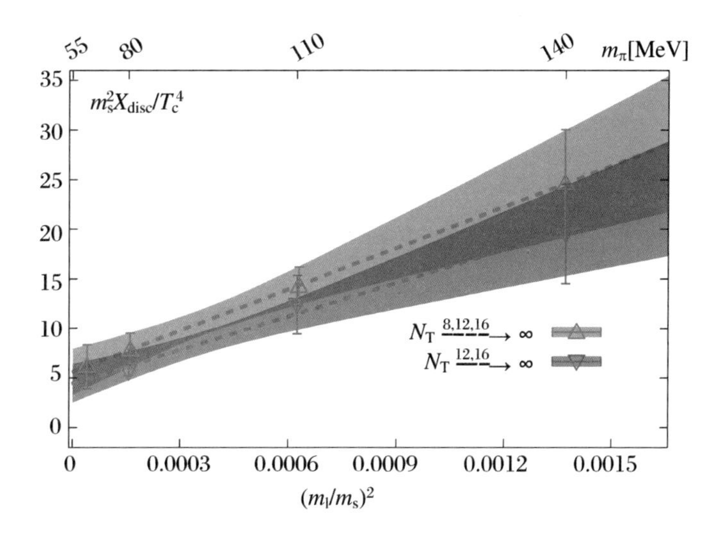

图4.4　温度为$T=1.6T_c$时，$N_f=2+1$味道情形基于HISQ作用量的格点计算得到的不连续手征磁化率的手征极限外推[87]

该计算表明在手征极限下，手征反常在$T=1.6T_c$时依然没有得到有效恢复.

随着计算速度的提升，最近的新一轮关于轴对称破缺是否在手征过渡温度附近有效恢复仍然给出两种答案.两个典型的对同样物理量的相关计算，一个基于HISQ交错费米方法(华中师大的丁亨通小组)[87]，一个基于畴壁/重叠费米子(日本LQCD合作组，即JLQCD)[88]，均考虑到连续极限和夸克质量的依赖性，却给出不同的结论.图4.6为温度为$T=1.6T_c$时，$N_f=2+1$味道情形基于HISQ作用量的格点计算得到的不连续手征磁化率的手征极限外推.可以看到该差值在手征极限下并没有趋于零，即手征反常依然明显.图4.7给出的结论相反，在$T=220$ MeV和手征极限下不连续手征磁化率变为零，即手征反常已经恢复. 注意两组计算的温度相当, 文献[8]中的 $T_c \approx 132$ MeV 对应手征极限下的临界温度.

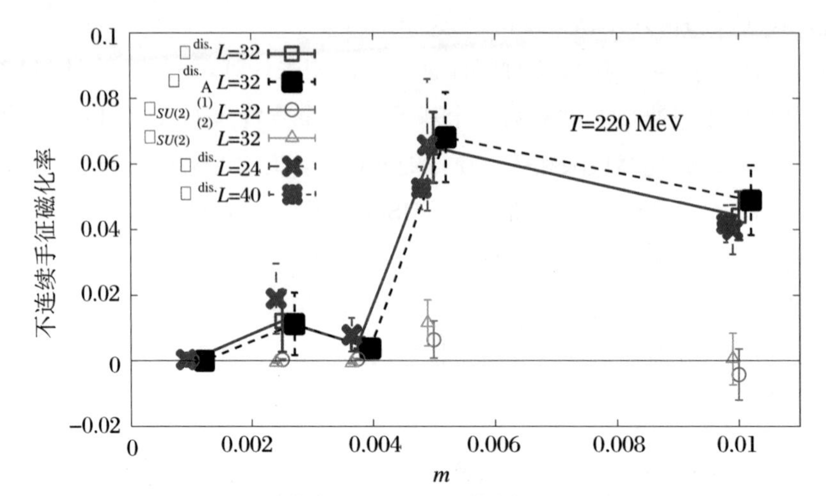

图 4.5　温度为 $T=220$ MeV 时, $N_f=2$ 味道基于重加权的重叠费米子方法的格点计算得到的不连续手征磁化率的手征极限外推[88]

该计算表明在手征极限下, 手征反常在 $T=220$ MeV 已经得到有效恢复.

4.2　状态方程和热力学量

4.2.1　零化学势时的 QCD 状态方程

用格点 QCD 计算零化学势下的基本热力学可观测量已达到了相当高的精度. 格点 QCD 计算状态方程的出发点是先计算迹反常(能量动量张量求迹的热力学期待值)

$$\Theta^{\mu\mu} = \epsilon - 3p = -\frac{T}{V}\frac{\mathrm{dln}Z}{\mathrm{dln}a} \tag{4.11}$$

其中, a 为格距. 然后根据基本热力学关系得到其他可观测量比如压强 p、能量密度 ϵ 和熵密度 s 等. 迹反常对应 P/T^4 对温度的求导, 而 P/T^4 可直接由配分函数得到. 由标度变换得到的迹反常表达式(1.24)可知, 迹反常为胶子凝聚以及夸克质量和夸克凝聚乘积等

重要物理量的组合,即

$$\frac{\epsilon-3p}{T^4}\equiv\frac{\Theta_G^{\mu\mu}(T)}{T^4}+\frac{\Theta_F^{\mu\mu}(T)}{T^4} \tag{4.12}$$

知道了迹反常和压强,就能很容易得到能量密度 p 与熵密度 s.

图 4.6(a)展示了 $N_f=2+1$ 味道 QCD 迹反常的计算结果[106,107],由两个格点计算组用不同的交错费米子离散方案及不同的奇异夸克和轻夸克质量比获得($m_s/m_l=27$[106]和 20[107]).图 4.7(b)展示了压强、能量密度和熵密度随温度的变化.

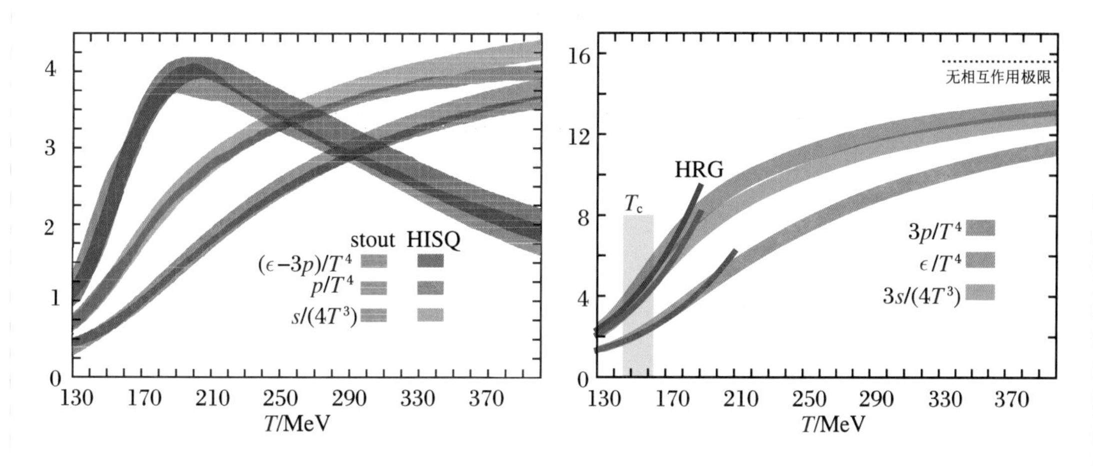

图 4.6 (a) 交错费米子的 HISQ(彩色)[107]和 stout(灰色)[106]离散方案计算的迹反常$(\epsilon-3p)/T^4$、压强和熵密度的比较[81];(b) 通过 HISQ 作用量获得的压强、能量密度和熵密度的连续外推结果[107]

低温侧的实线为强子共振子气体(HRG)模型计算的结果,高温下的虚线是无相互作用夸克-胶子气体的结果.

图 4.6 还展示了从强子共振气体(HRG)模型计算的热力学量.可以看出,该模型能很好地描述过渡区的 QCD 状态方程.在守恒荷涨落的格点 QCD 计算中发现了大量奇异重子贡献的证据[108],可能对应部分 HRG 模型中没有考虑的一些共振子的贡献.

图 4.7 为放大了的低温区能量密度,图片摘自文献[81].黄色方框突显了过渡温度 $T_c=(145-163)$ MeV 对应的能量密度跨度为$\epsilon_c=(0.18-0.5)$ GeV/fm^3.注意最新的格点计算确定的过渡温度为 $T_c=(156\pm1.5)$ MeV.以此推算,相应过渡区的能量密度约在核子内部的能量密度$\epsilon_{核子}\simeq0.45$ GeV/fm^{3}附近(注意$\epsilon_{核物质}\simeq0.15$ GeV/fm^3).

除了压强、能量密度和熵密度,研究比热和声速对温度的依赖关系可为临界温度附近 QCD 是否发生了退禁闭相变提供更多的判据和佐证.同前面提到的二阶磁化率相比,比热、声速是配分函数对温度的二阶微商.其中比热

$$C_V=\left.\frac{\partial\epsilon}{\partial T}\right|_V\equiv\left(4\frac{\epsilon}{T^4}+T\left.\frac{\partial(\epsilon T^4)}{\partial T}\right|_V\right)T^3 \tag{4.13}$$

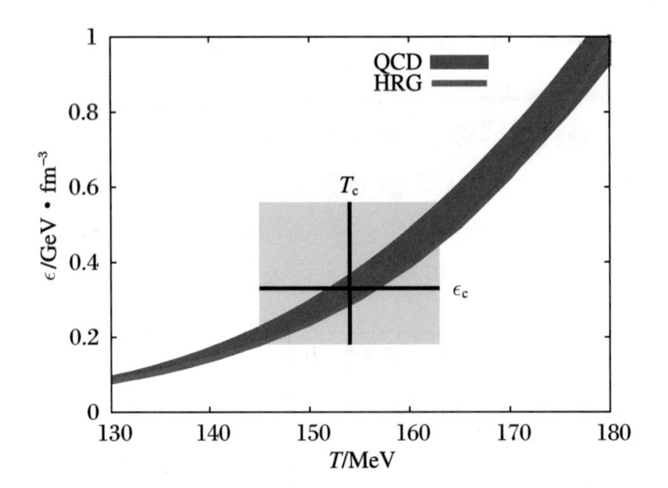

图 4.7 $N_f = 2+1$ 味道 QCD 的临界能量密度ϵ_c[107]. HRG 曲线基于粒子数据组列出的质量小于 2.5 GeV 的所有共振态的贡献[81]

右侧两项贡献分别和能量密度和及其对温度的求导相关. 后一项可进一步表为

$$T\frac{\mathrm{d}(\epsilon T^4)}{\mathrm{d}T} = 3\frac{\Theta^{\mu\mu}}{T^4} + T\frac{\mathrm{d}(\Theta^{\mu\mu}/T^4)}{\mathrm{d}T} \tag{4.14}$$

即比热的计算也由迹反常给出. 而声速 $c_s^2 = \dfrac{\mathrm{d}p}{\mathrm{d}\,\epsilon} = s/C_V$,对应比热的倒数.

图 4.8 分别显示了这两个所得的物理量,比如声速和比热来进一步说明. 图 4.8(b) 显示比热并没有在过渡区形成一个明显的峰值. 这可以从 C_V/T^3 表达式中包含的两项项对温度的依赖性来理解[107]. 尽管式 (4.14)中的能量密度ϵ/T^4 对温度的导数有一个峰值. 其在高温区对比热的贡献远小于第一项能量密度,这实际上反映了过渡温度以上夸克、胶子自由度的解放. 在图 4.8(a)中,可以看到在高于过渡区域的能量密度范围,格点 QCD 得到的声速和强子共振子气体模型给出的结果已经明显偏离.

4.2.2 与微扰 QCD 的比较

高温硬热圈(HTL)的微扰计算[109]或降维 QCD(EQCD)[110]是分析热力学量和守恒荷涨落的相对成熟的计算方法. 图 4.9 给出了用 HTL 和 EQCD 方法与格点 QCD 计算得到的迹反常(图(a))和压强(图(b))的比较. 这些计算似乎能很好地描述温度为

$T \geqslant 400$ MeV时的热力学.然而 HTL 和 EQCD 计算之间仍然存在 10%左右的差异.图 4.9 表明,微扰计算只有在 $T \geqslant (250 \sim 300)$ MeV 的情况下,才有可能在 10%的水平上与格点 QCD 结果一致.一般来说,温度范围为 $T_c \leqslant T \leqslant 2T_c$ 是高度非微扰的,该区域的 QCD 物质对应一种具有强耦合特征的流体.

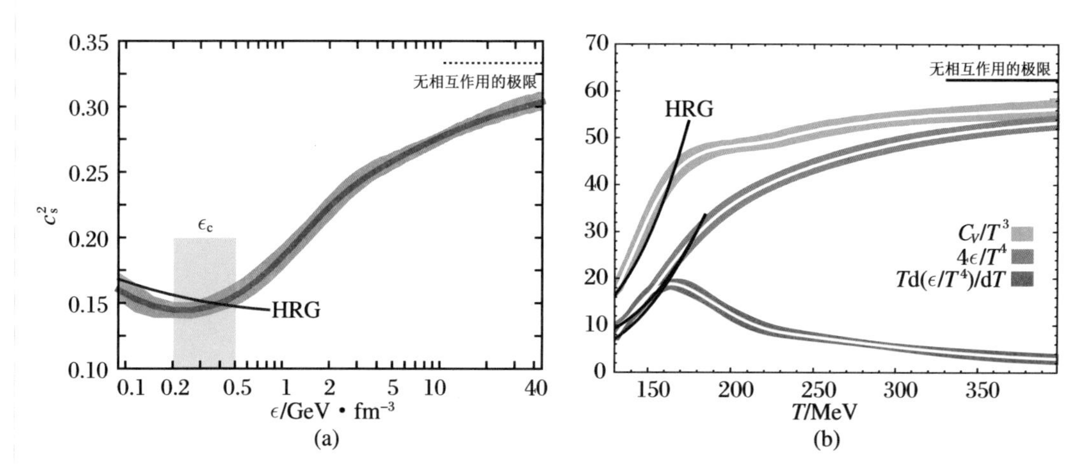

图 4.8 $N_f = 2+1$ 味道 QCD 中的声速(a)和比热 C_V/T^3 以及两种组份(见公式(4.14))各自的贡献(b)

在低温区和高温区的实心黑线分别显示了相应的强子共振子气体(HRG)和无相互作用的夸克-胶子气体结果.图摘自文献[107].

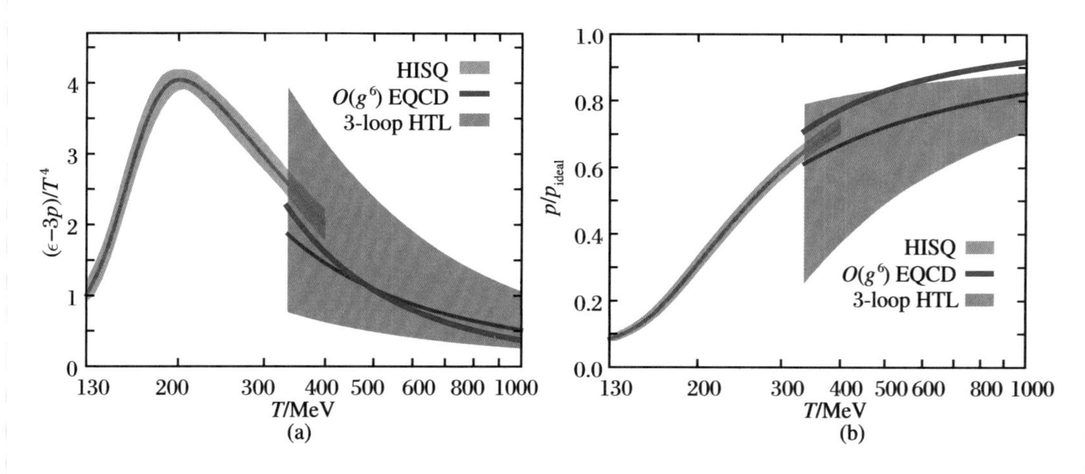

图 4.9 $N_f = 2+1$ 味道情形的迹反常(图(a))和压强(图(b))的格点 QCD 计算[110]与 HTL 和 EQCD(虚线)计算的比较

黑线对应于重整化标度 $\mu = 2\pi T$ 的 HTL 计算[113].

更高温度区域格点 QCD 基于 HISQ 作用量得到的状态方程[108]和微扰 QCD 结果的比较如图 4.10 所示.为扩大温度范围,格点计算采用了较重的轻夸克质量 $m_l/m_s = 1/5$

(奇异夸克采用物理质量).注意对于温度很高的情形,状态方程对轻夸克的质量并不敏感.图 4.10(a)显示对 500 MeV$<T<$2000 MeV,格点 QCD 得到的迹反常和 EQCD 的结果符合得非常好,与三圈 HTL 的中心结果也较一致.图 4.10(b)则表明对 400 MeV$<T<$2000 MeV,格点 QCD 得到的压强介于 EQCD 结果和三圈 HTL 的中心结果之间.尽管 HTL 结果具有较大的不确定性,但格点 QCD 结果完全在其不确定性范围之内.

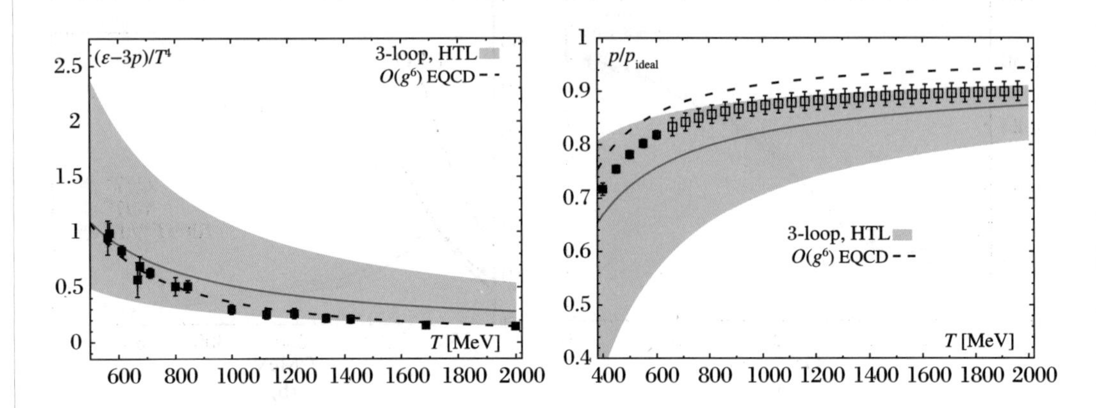

图 4.10　$N_f=2+1$ 味道情形基于 HISQ 作用量的格点 QCD 得到状态方程[108] 在高温区和两种微扰论方法 HTL[109] 和 EQCD[110] 相应结果的比较

图(a)为迹反常,图(b)为压强.图中红实线为 HTL 在重整化标度 $2\pi T$ 处的结果.格点计算采用的轻夸克质量为 $m_l/m_s=1/5$.此图摘自文献[108].

4.3　外磁场中的 QCD

在非对心重离子碰撞的早期阶段产生的超强磁场可能会通过磁场和手征反常之间的耦合产生一些引人入胜的可观测效应和手征磁效应和手征涡旋效应等[111,112].另外众多的模型研究表明,外磁场可以加强夸克凝聚.这些相关研究也激发了在外部磁场影响下对格点 QCD 的研究.这里仅给出常数外磁场情形下格点 QCD 的简要计算结果,关于磁场下的 QCD 相变及相关效应详见第 5 章.

首先,用格点 QCD 研究外磁场效应在技术上是可行的.通常选沿 z 方向的外部磁场 $\boldsymbol{B}=B\hat{z}$,可通过选择相应的电磁规范场来实现:$A_{\hat{y}}=Bx$ 和 $A_{\hat{x}}=A_{\hat{z}}=A_{\hat{\tau}}=0$.在格点上,这可以简单地通过将 $SU(3)$ 规范场的链变量 $U_{n,\hat{\mu}}$ 与相应的$U(1)$相因子相乘来实现:

$u_{n,\hat{y}} = e^{ia^2 q_f B n_x}$. 其中，$q_f$ 是夸克的电荷，$n=(n_x, n_y, n_z, n_\tau)$ 表示格点位置. 由于外磁场是由 $SU(3)$ 规范场链变量与一个纯虚相因子相乘而引入的，费米子行列式在这种改变下保持为正，即不存在有限化学势情形下的费米子符号问题(类似于虚化学势的引入).

利用格点 QCD 可研究外磁场中的 QCD 过渡相变. 与有效模型的预测和早期格点 QCD 计算不同，近期的格点 QCD 研究表明，QCD 过渡温度 T_c 随磁场的增加而降低[113-115]，如图 4.11(a)所示. T_c 的降低是由手征凝聚因外磁场 B 不增反降所致，这种现象称为反磁催化(只对应特殊的温度范围，这里可称之为中间温度范围). 在足够低和足够高的温度下，手征凝聚显示出预期的磁催化作用，即随着 B 的增加而增强[113,116,117].

格点 QCD 也研究了外加磁场对热强相互作用物质的响应[119-123]，表明 QGP 是顺磁的. 图 4.11(b)则展示了磁场强度为 $eB=0.6(\text{GeV}^2)$ 时磁催化和反磁催化对 π 介子质量的依赖关系[124]. 可以看到，磁催化和反磁催化似乎对 π 介子质量很敏感：约以 $m_\pi^c \approx$ 500 MeV为界，$m_\pi < m_\pi^c$ 为反磁催化区域，而 $m_\pi > m_\pi^c$ 则为磁催化区域.

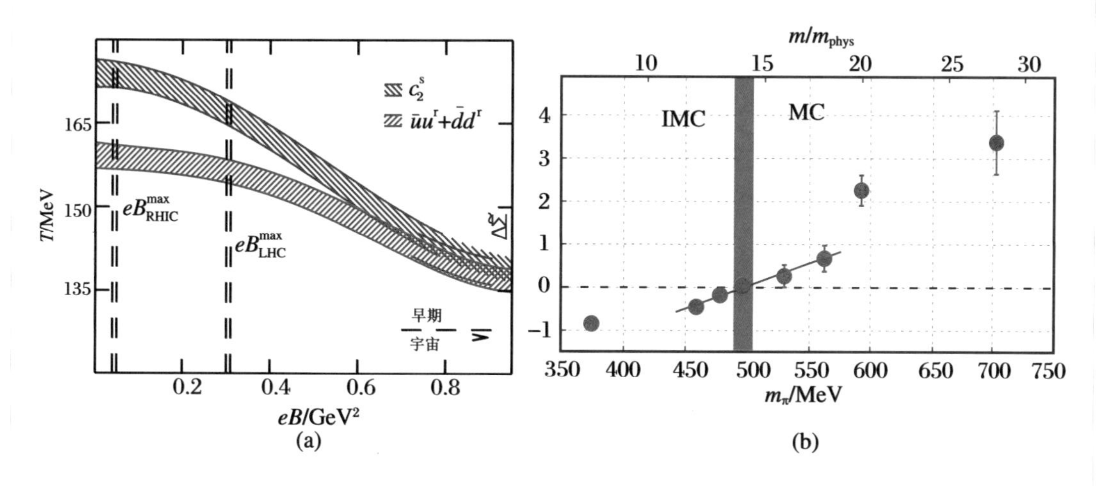

图 4.11 (a) 零化学势下 QCD 过渡温度作为外磁场的函数；(b) 磁催化和反磁催化对 π 介子质量的依赖关系[124]

图(a)中过渡温度分别从夸克凝聚的拐点(下方的红色带)和奇异夸克磁化率(上方的蓝色带)获得[113]；图(b)中定义的凝聚值大于零表示磁催化效应，小于零表示反磁催化效应. 绿线为分界线，对应质量 $m_\pi^c \approx 500$ MeV.

格点 QCD 另一个研究关注点是手征磁效应，即手征反常引起的电荷沿磁场方向分离的现象. 相关的格点 QCD 研究[125-128]尽管都观察到手征磁效应，但与基于模型的预期相比，该效应较弱. 显然，在与 QCD 的手征反常现象密切相关的手征磁效应的研究中，用手征费米子进行格点 QCD 的计算是非常有意义的. 但遗憾的是，目前还没有基于畴壁费米子或重叠费米子的计算. 另外这些计算都是通过引入一个手征化学势，然后计算得到感应的电流.原则上这种算法是有问题的:首先手征荷是不守恒的,其次就算把引入手征化学势作为一种计算手段,在平衡态也不应该出现电流.关于这一点的相关讨论,可以参见第 5 章关于手征磁效应的相关讨论.

4.4 哥伦比亚图的格点 QCD 研究

零化学势情形 QCD 相变和夸克质量、味道数目的关系由二维的哥伦比亚图来表征(见图 3.1).对物理质量而言,目前格点 QCD 给出的结论是快速的平滑过渡,赝临界温度约为 156 MeV.除物理点外,格点 QCD 对二维哥伦比亚图的其他部分区域也给出了一些初步结论.

对于右上部的一级相变区域,目前基于威尔逊费米子的最精细格点计算给出了 $N_f=2$ 情形的 $Z(2)$二级相变临界点对应的临界质量 $m_\pi^c \approx 4$ GeV[299].但是这一结果没有进行连续极限外推,预期偏差在 20%[299].因为在重夸克区域,对应的相变和中心对称性关系密切.该结论为重夸克有效理论的建立提供了有价值的参照基准.

左下角区域 $Z(2)$临界线的格点 QCD 确定面临更大的挑战,这涉及手征极限的逼近及连续极限外推.未改进版及改进版的威尔逊费米子、交错费米子均被先后用于相关的蒙特卡罗模拟.近期基于 HISQ 作用量的计算已将 π 介子的质量降到 45 MeV(奇异夸克保持为物理质量),但是没有发现一级相变的明确迹象.$N_f=3$ 的研究表明一级相变区域会随格距的减小而缩小,需进一步澄清可能的截断假象.

4.5 有限密度的格点 QCD

关于有限密度 QCD 的研究,可以参考文献[129-132],也可参阅年度格点 QCD 会议的相关综述报告[133-139].这一节将进一步释疑如下的重要问题:为什么还没有基于第一性原理的 QCD 相图?为什么格点 QCD 方法不能立即适用于密度问题?本节主要介绍当前格点 QCD 为绕有限化学势情形的费米子符号问题所取得的一些成熟方法和进展.当然如果有格点规范场理论的基础知识将会非常利于较深刻理解本部分的相关内容;如果仅仅是想了解有限密度格点 QCD 相关研究的结论和意义,就没必要掌握这些知识.

本节先基于欧氏空间路径积分形式的 QCD 配分函数来说明非零化学势下的费米子符号问题,然后介绍格点中的化学势的引入方法.有限密度 QCD 的银焰(silver blaze)问题将给予重点关注.利用标准的零及小化学势数值方法,可以详细研究从禁闭的强子相到退禁闭的夸克胶子等离子体的转变.在虚化学势下没有符号问题,但会出现复杂的相结构,并与实化学势有关联.虚化学势下的格点 QCD 研究将在第 7 章给予介绍.对于较大的实化学势,符号问题使得一些成熟的计算方法无法使用.近年来出现了一些真正的进展,比如复朗之万动力法等,这里不予讨论.鉴于 BNL 的相对论重离子对撞机(RHIC)和 CERN 的大型强子对撞机(LHC)正在进行的重离子对撞实验,这些研究具有高度的现象学相关性而非仅仅是纯学术性质.

4.5.1 符号和银焰问题

1. 费米子的符号问题

考虑有限温度下的阿贝尔规范场理论 QED,其在欧氏空间的作用量为

$$S=\int_0^{1/T}\mathrm{d}\tau\int\mathrm{d}^3x\left[\bar{\psi}(\mathrm{i}\gamma_\mu\partial_\mu+m)\psi+\frac{1}{4}F_{\mu\nu}F_{\mu\nu}\right]\tag{4.15}$$

显然其具有整体的 $U(1)$ 对称性,即做如下变换:

$$\psi\rightarrow\mathrm{e}^{\mathrm{i}\alpha}\psi,\quad\bar{\psi}\rightarrow\bar{\psi}\mathrm{e}^{-\mathrm{i}\alpha}\tag{4.16}$$

拉氏量相应的守恒荷是电荷数

$$Q=\int\mathrm{d}^3x\bar{\psi}\gamma_4\psi=\int\mathrm{d}^3x\psi^\dagger\psi\tag{4.17}$$

注意欧氏空间狄拉克矩阵的特性.所有狄拉克矩阵(含 γ_5)均为幺正厄米矩阵,且满足如下的对易关系:

$$\{\gamma_\mu,\gamma_\nu\}=2\delta_{\mu\nu},\quad\{\gamma_\nu,\gamma_5\}=0\tag{4.18}$$

化学势作为守恒荷的拉格朗日乘子引入后,和费米子相关的作用量变为

$$S=\int_0^{1/T}\mathrm{d}\tau\int\mathrm{d}^3x\bar{\psi}[\gamma_\nu(\partial_\nu+\mathrm{ie}A_\nu)+\mu\gamma_4+m]\psi=\int\mathrm{d}^4x\bar{\psi}M\psi\tag{4.19}$$

上式反映了两个关键信息：其一，化学势 μ 的出现方式与 ieA_4 相同，即作为阿贝尔矢量场第四分量的虚部.这一点对 PNJL 模型的构造有启示作用，同时也是虚化学势情形 QCD 具有 Roberge-Weiss 周期性的原因（详见第 7 章）.这种相似性直接启发了如何在格点系统中引入费米子的化学势，可参见第 4.5.2 节.其二，作用量不再是实数.这一点可以从 M 矩阵

$$M = \gamma_\nu(\partial_\nu + ieA_\nu) + \mu\gamma_4 + m \tag{4.20}$$

与 γ_5 矩阵对易关系的变化看出.若化学势为零，根据所谓 γ_5 矩阵的厄米性，有

$$M^+ \gamma_5 = \gamma_5 M \tag{4.21}$$

显然这意味着

$$\det M = (\det M)^* \tag{4.22}$$

即行列式是实数.而当化学势为非零实数时，上述 γ_5 矩阵厄米性不再成立，即

$$M^+(\mu)\gamma_5 = \gamma_5 M(-\mu^*) \tag{4.23}$$

相应地 $\det M$ 出现虚部，这就是符号问题的来源.

关于符号问题，需要强调以下两点.一是经常讲格点 QCD 有符号问题，而化学势是针对夸克的.这是不是意味着符号问题只有费米子才有？答案是否定的，玻色子同样有化学势相关的符号问题.这一点下一小节将给出示例.符号问题的实质是非零的实数化学势导致作用量产生了虚部，和对应粒子的属性无关.二是在某些特殊条件下不存在上述符号问题.比如化学势为纯虚数，那么从式(4.23)可以很容易看出 $\det M$ 仍是实数.采用虚化学势进行蒙特卡罗模拟是格点 QCD 规避符号问题的一个重要方法.两种味道简并的有限同位旋化学势情形，也没有符号问题.原因是上、下 d 夸克具有相反的化学势，各自的行列式彼此共轭使得总体行列式没有虚部，可参见后面相位淬火理论的讨论.另外，两种颜色的 QCD 也没有符号问题.

2. 玻色子的符号问题

为了说明这一点，现考虑具有 $U(1)$ 整体变换对称性的复标量场理论.令标量场为 $\phi = (\phi_1 + i\phi_2)/\sqrt{2}$，相应的正则动量是

$$\pi_1 = \partial_4\phi_1, \quad \pi_2 = \partial_4\phi_2 \tag{4.24}$$

对应的哈密顿量为

$$H = \frac{1}{2}[\pi_1^2 + \pi_2^2 + (\nabla\phi_1)^2 + (\nabla\phi_2)^2 + m^2\phi_1^2 + m^2\phi_2^2] + \frac{1}{4}\lambda(\phi_1^2 + \phi_2^2)^2 \tag{4.25}$$

则守恒荷为

$$N = \int d^3 x(\phi_2 \pi_1 - \phi_1 \pi_2) \tag{4.26}$$

引入对应的化学势,系统的配分函数的路径积分形式为

$$\begin{aligned} Z &= \mathrm{Tr}\{e^{-(H-\mu N)/T}\} \\ &= \int D\phi_1 D\phi_2 \int D\pi_1 D\pi_2 \exp \int d^4 x [i\pi_1 \partial_4 \phi_1 + i\pi_2 \partial_4 \phi_2 \\ &\quad - H + \mu(\phi_2 \pi_1 - \phi_1 \pi_2)] \end{aligned} \tag{4.27}$$

对动量积分后,可得欧氏空间的作用量为[7]

$$\begin{aligned} S = \int_0^\beta d\tau \int d^3 x \Big[& -\frac{1}{2}\left(\frac{\partial \phi_1}{\partial \tau} - iu\phi_2\right)^2 - \frac{1}{2}\left(\frac{\partial \phi_2}{\partial \tau} + iu\phi_1\right)^2 - \frac{1}{2}(\nabla\phi_1)^2 - \frac{1}{2}(\nabla\phi_2)^2 \\ & - \frac{1}{2}m^2\phi_1^2 - \frac{1}{2}m^2\phi_2^2 - \frac{1}{4}\lambda(\phi_1^2 + \phi_2^2)^2 \Big] \end{aligned} \tag{4.28}$$

可观察到化学势同样以虚矢量势的形式出现.在式(4.28)中,μ 的一次线性项是纯虚的.这个纯虚的一次项同样会导致作用量$S^*(\mu) = S(-\mu^*)$是复数(μ 的二次项是由动量积分而来的,是费米子理论中没有的).这说明符号问题不是费米子系统独有的,符号问题的实质是作用量有虚部.

3. 银焰问题

该问题和零温下化学势若低于某临界值 μ_c 就应对热力学量无实质影响相关.化学势 μ 指一个携带某守恒荷的粒子被添加时系统自由能的变化,即增加一个粒子的能量成本.对一个质量为 m 的相对论性粒子系统,零温下应该有如下两种情况:

(1) $\mu > m$,表示能量充足,系统可添加更多的粒子,基态粒子数密度不为零.

(2) $\mu < m$,表示能量不足,系统不能添加更多粒子,则基态粒子数密度为零.

因此粒子质量就对应上述的化学势临界值,即有

$$\mu_c = m \tag{4.29}$$

上述结论对于在零温自由粒子气体严格成立,在近低温时近似成立.比如对于某质量 m 相对论的自由玻色子气体,其密度为可表示为[7]

$$n = \int \frac{d^3 p}{(2\pi)^3} \frac{1}{e^{\beta}(E_p - \mu) + 1} \tag{4.30}$$

其中,$E_p = \sqrt{p^2 + m^2}$.则在低温极限下,上述两种情况下的粒子密度分别为:

(1) $\mu > m$，被积函数变为阶跃函数：

$$n \sim \int \frac{d^3 p}{(2\pi)^3} \Theta(\mu - E_p) = \frac{(\mu^2 - m^2)^{3/2}}{6\pi^2} \Theta(\mu - m) \tag{4.31}$$

(2) $\mu < m$，被积函数趋于零，即有

$$n \sim \int \frac{d^3 p}{(2\pi)^3} [e^{-\beta(E_p - \mu)} \to 0 \tag{4.32}$$

式(4.31)和式(4.32)很清楚地说明了零温下化学势的临界值 $\mu_c = m$.

在 $\mu < \mu_c$ 的区域，热力学量和化学势无关. 如何在数值计算上体现这种无关性，被称为银焰问题[139,144]. 与之相应，$\mu < \mu_c$ 的区域被称为银焰区域. 对于相互作用系统，要确认其银焰区，需分析该系统和相关化学势关联密切的最轻粒子质量. 在银焰区，如果模型或者数值模拟得到的结果表现出化学势相关性，那么就说明理论或算法有问题，需要找出原因进行合适的抵消.

4.5.2 化学势的格点引入

了解格点上如何引入化学势，可以帮助我们更好地理解符号问题及相关的格点计算. 这里强调化学势的特殊引入方式是因为在拉氏量中直接加上化学势和夸克数算符的乘积会导致连续极限下的紫外发散问题[140]. 前面已经提到，费米子的化学势相当于欧氏空间阿贝尔规范场第四分量的虚部，因而可以借助链变量来引入化学势.

这里先给出格点 QCD 对夸克场和链变量的规范变换

$$q'_n \to \Omega_n q_n, \quad \bar{q}'_n \to \bar{q}_n \Omega_n^+, \quad U'_{n\nu} \to \Omega_n U_{n\nu} \Omega_{n+\nu}^+ \tag{4.33}$$

其中，Ω_n 为 $SU(3)$ 群的群元素，既满足 $\Omega_n^+ \Omega_n = 1$. 夸克化学势的引入需借助作用量中的跳跃项来完成. 跳跃项是指用差商替换偏导后格点上夸克场近邻间的关联部分：

$$\bar{q}_n U_{n\nu} \gamma_\nu q_{n+\nu} - \bar{q}_{n+\nu} U_{n\nu}^+ \gamma_\nu q_n \tag{4.34}$$

很显然，两个近邻跳跃项都满足规范不变性. 因上述跳跃项中各有一个链变量，可在相当于阿贝尔规范场第四分量虚部的对应位置引入夸克的化学势[140,141]，即

$$-\frac{1}{2a} \sum_n [e^{a\mu} (\eta_4)_{\alpha\beta} U_{\hat{4}}(n)_{ab} \delta_{n+\hat{4},m} + e^{-a\mu} (\eta_4)_{\alpha\beta} U_{\hat{4}}^+(n - \hat{4})_{ab} \delta_{n-\hat{4},m}] \tag{4.35}$$

即前跃模式引入对应替换

$$U_{n4} \rightarrow e^{a\mu} \tag{4.36}$$

而后跃模式引入对应替换

$$U_{n4}^{+} \rightarrow e^{-a\mu} \tag{4.37}$$

即用 μ 替换链变量中的虚的矢量场第四分量 iA_{n4} 即可.

前面在讲到格点中引入外磁场时,是在相当的位置植入了一个 $U(1)$ 型的相因子(不限于时间方向).这和化学势的引入差个虚数单位,所以不存在符号问题.上述化学势引入方式的优点是既避免了前述的紫外发散问题,同时在格距 a 趋于零或者很小时的近似中又可以得到化学势和对应守恒荷的耦合项.

那么格点规范理论中的化学势通常以什么形式出现呢?在量子统计的密度矩阵中,化学势总是和温度的倒数 $1/T$ 相伴出现的.实际上格点中的化学势也是以同样的方式出现的.在说明这个问题之前要先明确格点计算中的温度满足如下关系:

$$1/T = N_\tau a \tag{4.38}$$

由于规范不变性的要求,上面提到的前跃模式和后跃模式引入的因子要么相互抵消,要么一定含有 $\mu N_\tau a = \mu/T$.对于一般的世界线,其沿时间轴正反方向的链变量数目不一致,因此,上述化学势的引入会造成正反向指数因子的不平衡.比如图 4.12(a)左侧,出现净余因子 $e^{3a\mu}$;中间则有净余因子 $e^{-3a\mu}$;但右侧的闭合世界线正好完全抵消.如果世界线恰好沿时间轴正向或者反向旋转一周,则会出现因子 $e^{\pm\mu N_\tau a} = e^{\pm\mu/T}$,如图 4.12(b)所示.这就解释了格点中的化学势总以 μ/T 的形式出现的原因.

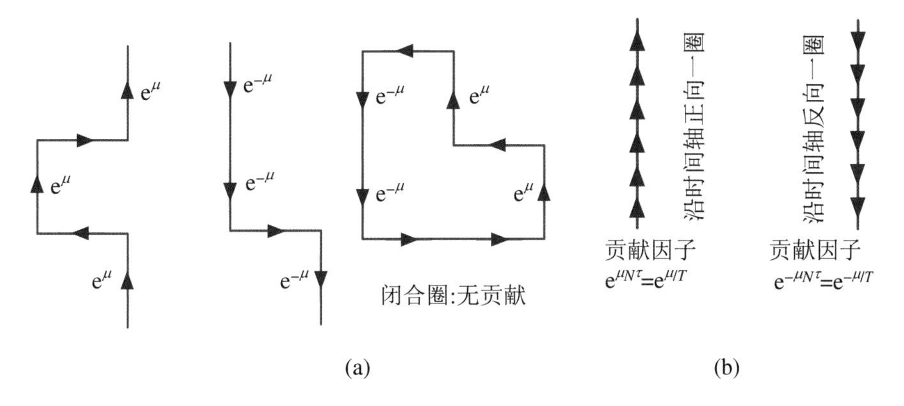

图 4.12 (a) 格点中费米子化学势,对应所谓的跳跃:向前(向后)跳跃相当于乘以因子 $e^{\mu n_\tau}$ ($e^{-\mu n_\tau}$);对闭合圈而言,前后跳跃恰好相消,因此和 μ 无关;(b) 绕时间方向的圈贡献一个因子 $e^{\pm\mu/T}$

实际在格点 QCD 中，上述的化学势的出现方式通常被处理成夸克场的边界条件(沿着时间方向恰好一周).即通过重新定义夸克场

$$q_x = \mathrm{e}^{-\mu n_\tau a} q_x', \quad \bar{q}_x = \mathrm{e}^{\mu n_\tau a} \bar{q}_x' \tag{4.39}$$

来实现.很显然，前面提到的两种跳跃项中前后夸克场正好差一个格距，从而引入的化学势因子项正好抵消(其他前后时间位置一样的同样抵消，这种情况下没有化学势指数因子).但是夸克场在时间轴的边界条件发生了改变：

$$q_{N_\tau}' = -\mathrm{e}^{\mu N_\tau a} q_0' = -\mathrm{e}^{\mu T} q_0' \tag{4.40}$$

即多了一个化学势相关的因子.这实际上反映了量子统计力学的内在要求.同理，如果引入的是虚化学势，则相应的边界条件相当于乘以一个 $U(1)$ 的相因子.这个相因子本身具有周期性，即所谓的 Roberge-Weiss 周期性.虚化学情形的 Roberge-Weiss 周期性以及 Roberge-Weiss 相变，将在第 7 章予以介绍.

4.5.3 相位淬火

1. 指数式符号问题

前面已多次提到格点 QCD 的符号问题是前述 M 矩阵的行列式是复数，即

$$\det M = |\det M| \mathrm{e}^{\mathrm{i}\theta} \tag{4.41}$$

相因子导致不能用蒙特卡罗重要性抽样法.如果换个方式呢？比如对 QCD 配分函数

$$Z = \int \mathrm{D}U \mathrm{e}^{-S_{YM}} |\det M| \mathrm{e}^{\mathrm{i}\theta} \tag{4.42}$$

如果规避掉 $\det M$ 的相因子，直接用 $|\det M|$ 作为权重因子，那么理论上应该可以采用重要性抽样法来进行数值模拟.这种方法通常被称为相位淬火理论，即通过

$$\langle O \rangle = \frac{\int \mathrm{D}UO\mathrm{e}^{-S_{YM}} |\det M| \mathrm{e}^{\mathrm{i}\theta}}{\int \mathrm{D}U\mathrm{e}^{-S_{YM}} |\det M| \mathrm{e}^{\mathrm{i}\theta}} = \frac{\langle O\mathrm{e}^{\mathrm{i}\theta} \rangle_{\text{实权}}}{\langle \mathrm{e}^{\mathrm{i}\theta} \rangle_{\text{实权}}} \tag{4.43}$$

来计算算符 O 的期望值.那么为什么这种方法没有被广泛采纳呢？

原因是实际的计算效果是上式中的分母 $\langle \mathrm{e}^{\mathrm{i}\theta} \rangle_{\text{实权}}$ 即相位因子的平均值是趋零的.

这可以通过下面的积分来看出：

$$\langle e^{i\theta} \rangle_{实权} = \frac{\int DU e^{i\theta} e^{-S_{YM}} |\det M|}{\int DU e^{-S_{YM}} |\det M|} = \frac{Z_{完全}}{Z_{相淬}} \tag{4.44}$$

上式为两个配分函数的比值:分子上是完全配分函数

$$Z_{完全} = e^{-F/T} = e^{-fV/T} \tag{4.45}$$

而分母上是舍去相因子后的配分函数(即所谓相位淬火)

$$Z_{相淬} = e^{-F_{相淬}/T} = e^{-f_{相淬}V/T} \tag{4.46}$$

因为自由能密度差$(f - f_{相淬}) \geqslant 0$,故该比值一般在热力学极限下随体积增大而指数式趋于零！相因子平均值趋于零,说明式(4.43)实际是热力学极限下两个指数式趋于零的数的比值.要分别算出其中之一并得到正确比值,是非常困难的.

尽管上述重加权理论中权重是正定的,但用该方法进行采样模拟完全理论是一种极为无效的方法.故而符号问题常被说成是具有指数式困难.

2. 重叠问题

重叠问题就是上面$Z_{完全}$和$Z_{相淬}$之间的差异性问题.若两者差异过大,则表示符号问题很严重.重叠问题的一个很好示例是两个味道简并的QCD同位旋化学势理论和重子化学势理论的比较[143,298].以下基于文献[298]给出定性说明.

首先,有限重子数化学势下的相位淬火理论等同于有限同位旋化学势理论.这可以从M矩阵的行列式来分析得出,即

$$|\det M(\mu)|^2 = \det M^+(\mu) \det M(\mu) = \det M(-\mu) \det M(\mu) \tag{4.47}$$

这里用到了关系式

$$\det M^+(\mu) = \det M(-\mu) \tag{4.48}$$

有限同位旋化学势理论指的是两个简并的上、下夸克具有相反的化学势.因此,从式(4.47)可以很容易看出在有限同位旋化学势情形不存在符号问题.

其次,重子数化学势的完全理论和同位旋化学势理论具有明显的差异.这种差别在零温时很明显.前者银焰区$\mu \leqslant 308$ MeV,重子数密度需为零;而当$\mu > 308$ MeV时,核物质开始出现,最轻的粒子为核子(暂不考虑夸克物质).后者银焰区$\mu < m_\pi/2$;但当$\mu > m_\pi/2$时,会出现π介子凝聚,对应一种玻色-爱因斯坦凝聚[143],最轻粒子为π介子.两种理论在$m_\pi/2 < \mu \leqslant 308$ MeV区间内物理差异较大.

第三，$0<\mu<m_\pi/2$ 是两种理论共同的银焰区，两种理论可能比较相似. 该区间物理上相对比较平庸，零温下化学势无实质性的影响. 可以判定即使对实夸克化学势而言，这一区间的符号问题也很轻微，或不存在严重的重叠问题.

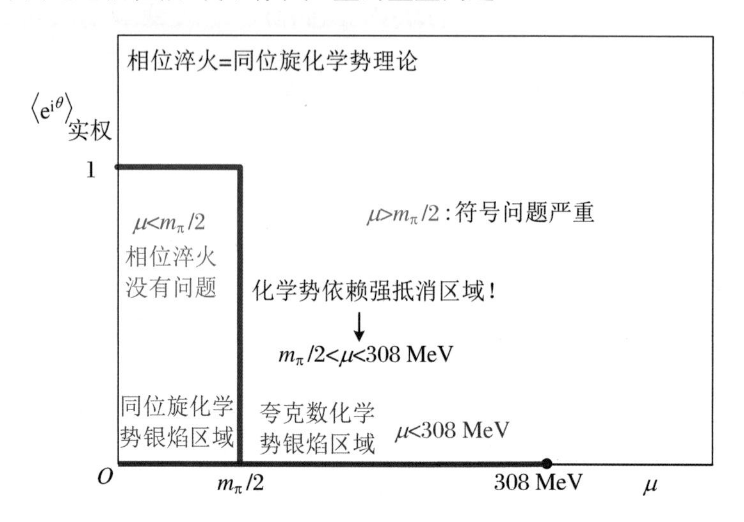

图 4.13　零温度情形，相位淬火理论在热力学极限下的平均相因子($T=0$)[298]

因 $m_\pi/2<\mu\leqslant 308$ MeV 属夸克化学势的银焰区，完全理论要消除化学势的依赖需要很强的抵消. 图 4.13 显示的是相位淬火理论在零温和热力学极限下给出的相因子平均值. 平均值越接近零，符号问题越严重. 另外玻色子系统也有类似问题[298].

3. 推广的 Banks-Casher 关系

狄拉克算子里含有化学势，其特征值必然依赖于化学势. 根据前述的 Banks-Casher 关系，手征凝聚可表示为狄拉克算符本征谱密度的积分. 因银焰问题，要得到正确的夸克凝聚，就涉及相关积分如何实现化学势依赖抵消的问题. 研究表明，要实现这一点狄拉克算符的特征值密度必须具有非平庸的形式[139,144,145].

有限化学势下，夸克凝聚是狄拉克算符本征谱密度在复空间的二维积分

$$\langle \bar{q} q \rangle = \int \mathrm{d}^2 z \frac{\rho(z;\mu)}{z+m} \tag{4.49}$$

相应的本征谱密度 $\rho(z;\mu)$ 用路径积分表示为

$$\rho(z;\mu) = \frac{T}{VZ}\int \mathrm{D}U \det[D(\mu)+m]\mathrm{e}^{-S_{YM}} \sum_k \delta^2(z-\lambda_k) \tag{4.50}$$

其中，λ_k 是有限化学势下狄拉克算子的复数本征值(因符号问题)，即

$$D(\mu)q_k = \lambda_k q_k \quad (\lambda_k \in \text{复数}) \tag{4.51}$$

由于 $\rho(z;\mu)$是复数且与化学势相关,研究表明其随化学势指数式震荡且以 T/V 为周期[145,146].因其在热力学极限下会剧烈震荡,只有把所有谱密度相关震荡都正确积分,才能在银焰区消除夸克凝聚的化学势依赖.

综上所述,研究 QCD 手征相变、手征反常是否恢复以及有限化学势情形的符号问题都需要关注狄拉克算符的谱密度及其分布,它是格点 QCD 数值模拟的重要研究对象.

上述夸克凝聚及狄拉克算子谱密度的表达式可以得到推广的 Banks-Casher 关系.即让夸克质量取零,可得手征凝聚为

$$\langle \bar{q}q \rangle = \int d^2 z \frac{\rho(z;\mu)}{z} \tag{4.52}$$

可以看出与前述的 Banks-Casher 关系相比,只是积分变为复空间积分.狄拉克算子的零模仍然主导了手征对称性的自发破缺.注意 $\rho(z;\mu)$的表达式可以由

$$\langle \bar{q}q \rangle = \frac{T}{V}\frac{\partial \ln Z}{\partial m} \tag{4.53}$$

求偏导得出.在对质量求偏导前可用下式用把行列式转为本征值表达式:

$$\det[D(\mu) + m] = \prod_k (\lambda_k + m) \tag{4.54}$$

4.5.4 小化学势下的相边界

低温下的符号问题非常严重,使得用标准技术对冷密物质进行格点研究变得异常困难.在密度很低的区域,夸克化学势和同位旋化学势的理论更为相似,可以预期重叠问题不那么严重.另外,为绕过符号问题,可以采用化学势相对于温度比值较小时的近似方法.本节主要介绍化学势较小时的格点 QCD 算法,以及由此得到的相边界.

图 4.14 显示的是广泛流行的但相当大部分为假想的 QCD 相图的草图.格点 QCD 计算已经确认对于物理夸克质量,$\mu = 0$ 处的相变实际上是过渡的[68],但在更大 μ 处有可能演化成一阶相变.临界点标记为一阶线的端点[73].从实验的角度来看,确定相边界及寻找临界点的研究很有吸引力:RHIC,LHC,GSI 的 FAIR 以及 NICA 都有正在进行和计划中的重离子碰撞实验项目.

以下介绍几种目前格点 QCD 采用的确定相边界的方法.其中目前被广泛采用的方

法是泰勒级数展开法和虚化学势法.

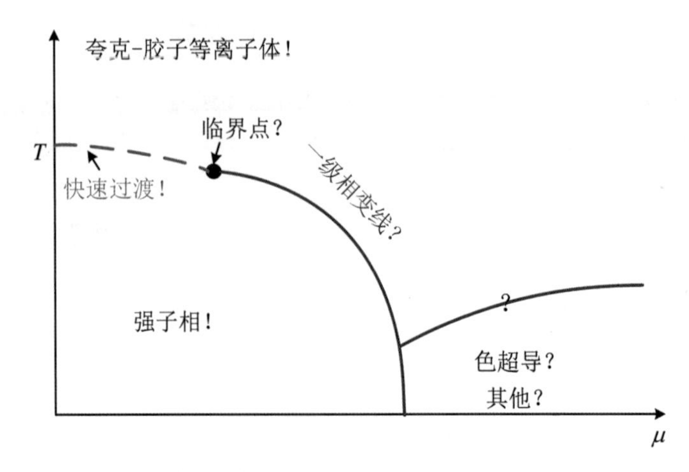

图 4.14　假想的目前被广泛采纳的"标准"相图

寻找图中的临界点是今后低能相对论重离子碰撞实验的重要标的.

1. 重新加权

上面已经讨论了将费米子行列式的模作为实的权函数重新加权的一个特例,这里给出更一般的方法.复权重的配分函数可写为

$$Z_C = \int \mathrm{D}UC(U) \tag{4.55}$$

这里,$C(U)$表示复的权函数.则可观测量可表示为

$$\langle O\rangle_C = \frac{\int \mathrm{D}UO(U)C(U)}{\int \mathrm{D}UC(U)} \tag{4.56}$$

现引入一个新的实数权重 $R(U)$,这样可观测量的平均值可改写为

$$\langle O\rangle_C = \frac{\int \mathrm{D}UO(U)\dfrac{C(U)}{R(U)}R(U)}{\int \mathrm{D}U\dfrac{C(U)}{R(U)}R(U)} = \frac{\langle O\frac{C}{R}\rangle_R}{\left\langle\dfrac{C}{R}\right\rangle_R} \tag{4.57}$$

如上所述,重新加权系数变为

$$\left\langle\frac{C}{R}\right\rangle_R = \frac{Z_C}{Z_R} = \mathrm{e}^{-\Omega\Delta f} \quad (\Delta f = f_C - f_R \geqslant 0) \tag{4.58}$$

选择新的权重 $R(U)$ 可以有很大的自由度，只要它具有概率权重的解释，就可以进行数值模拟. 重加权的典型计算实例是用多参数/重叠保留重加权[147]

$$\frac{C}{R} \sim \frac{\det M(\mu)}{\det M(0)} e^{-\Delta S_{\mathrm{YM}}} \tag{4.59}$$

确定了临界点的位置[148]，即 $\mu_E^q = 120(13)$ MeV，$T_E = 162(2)$ MeV，见图 4.15（采用 $N_f = 2+1$ 味道即物理质量）. 该模拟选择 $N_\tau = 4$，因而现在看起比较粗糙. 将该方法扩展到较大的 N_τ 的计算成本非常昂贵，因此后期没有再被重复. 此处暂不做评论，后面会专门讨论临界点的确认问题.

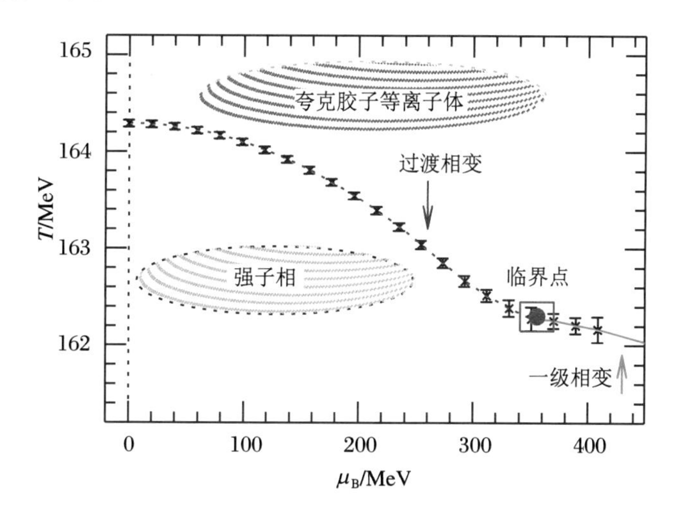

图 4.15　在 $N_\tau = 4$ 的晶格上，采用多参数/重叠保持重加权法和物理质量确定的 $N_f = 2+1$ 味道情形的手征临界点的位置[148]：$\mu_E^q = 120(13)$ MeV，$T_E = 162(2)$ MeV

2. 泰勒级数展开

在没有符号问题的情况下，可以使用 $\mu = 0$ 的传统模拟计算某热力学量基于 μ/T 的泰勒展开中的系数. 这一方法被多个计算合作组采用，典型的计算参见文献[81,137].

下面以巨正则系综的压强

$$p = \frac{T}{V} \ln Z \tag{4.60}$$

为例来讨论. 因压强是 μ 的偶函数，在其收敛域内有如下的泰勒展开式：

$$p(T,\mu) = p(T,0) + \frac{\mu^2}{2!} \frac{\partial^2 p}{\partial \mu^2}\bigg|_{\mu=0} + \frac{\mu^4}{4!} \frac{\partial^4 p}{\partial \mu^4}\bigg|_{\mu=0} + \cdots \tag{4.61}$$

通常将上式写成无量纲的形式，并用 μ/T 的偶次幂展开：

$$\frac{p(T,\mu)}{T^4} = \frac{p(T,0)}{T^4} + \sum_{n=1}^{\infty} C_{2n}(T)\left(\frac{\mu}{T}\right)^{2n} \tag{4.62}$$

其中，系数 C_{2n} 定义为在 $\mu=0$ 处的各级导数. 以此为基础也可以得到其他热力学量的泰勒展开. 在这种展开中只考虑了重子数化学势。而更一般的泰勒展开为

$$\frac{P}{T^4} = \sum_{i,j,k=0}^{\infty} \frac{1}{i!j!k!}\chi_{ijk}^{\mathrm{BQS}}\left(\frac{\mu_{\mathrm{B}}}{T}\right)^i\left(\frac{\mu_{\mathrm{Q}}}{T}\right)^j\left(\frac{\mu_{\mathrm{S}}}{T}\right)^k \tag{4.63}$$

上式同时考虑了重子数 B、奇异数 S 和电荷 Q 三种守恒荷对应的化学势，即有：

$$\mu_{\mathrm{u}} = \frac{1}{3}\mu_{\mathrm{B}} + \frac{2}{3}\mu_{\mathrm{Q}};\ \mu_{\mathrm{d}} = \frac{1}{3}\mu_{\mathrm{B}} - \frac{1}{3}\mu_{\mathrm{Q}};\ \mu_{\mathrm{S}} = \frac{1}{3}\mu_{\mathrm{B}} - \frac{1}{3}\mu_{\mathrm{Q}} - \mu_{\mathrm{S}} \tag{4.64}$$

和相对论重离子碰撞相对应，三种守恒荷需满足如下的关系：

$$\begin{aligned} \langle n_{\mathrm{S}}\rangle &= 0 \Leftrightarrow \frac{\partial \log Z}{\partial \mu_{\mathrm{S}}} = 0 \\ 0.4\langle n_{\mathrm{B}}\rangle &= \langle n_{\mathrm{Q}}\rangle \end{aligned} \tag{4.65}$$

即奇异数密度为零，重子数密度和电荷密度的比值固定为 0.4(对于金核及铅核的对撞)。由此可以获得和相对论重离子碰撞实验条件相对应的状态方程及相边界。以下为压强对重子数化学势的两阶求导式：

$$\begin{aligned} \frac{\mathrm{d}^2\hat{P}}{\mathrm{d}\hat{\mu}_{\mathrm{B}}^2} &= \chi_{\mathrm{BB}} + 2\chi_{\mathrm{BS}}\frac{\mathrm{d}\hat{\mu}_{\mathrm{S}}}{\mathrm{d}\hat{\mu}_{B}} + 2\chi_{\mathrm{BQ}}\frac{\mathrm{d}\hat{\mu}_{\mathrm{S}}}{\mathrm{d}\hat{\mu}_{\mathrm{Q}}} + \chi_{\mathrm{SS}}\left(\frac{\mathrm{d}\hat{\mu}_{\mathrm{S}}}{\mathrm{d}\hat{\mu}_{\mathrm{B}}}\right)^2 \\ &\quad + \chi_{\mathrm{QQ}}\left(\frac{\mathrm{d}\hat{\mu}_{\mathrm{Q}}}{\mathrm{d}\hat{\mu}_{\mathrm{B}}}\right)^2 + 2\chi_{\mathrm{QS}}\frac{\mathrm{d}\hat{\mu}_{\mathrm{S}}}{\mathrm{d}\hat{\mu}_{\mathrm{B}}}\frac{\mathrm{d}\hat{\mu}_{\mathrm{Q}}}{\mathrm{d}\hat{\mu}_{\mathrm{B}}} + \chi_{\mathrm{S}}\frac{\mathrm{d}^2\hat{\mu}_{\mathrm{S}}}{\mathrm{d}\hat{\mu}_{\mathrm{B}}^2} + \chi_{\mathrm{Q}}\frac{\mathrm{d}^2\hat{\mu}_{\mathrm{Q}}}{\mathrm{d}\hat{\mu}_{\mathrm{B}}^2} \end{aligned} \tag{4.66}$$

关于更多导数和磁化率的计算，可参见文献[149]. 除了通常的磁化率(二阶导数)，压强的泰勒展开中的更高阶的系数可被视为广义磁化率. 一些高阶磁化率及其组合对临界点很敏感.

3. 虚化学势的解析延拓法

实化学势使得欧氏空间狄拉克算符不再具有"γ_5 厄米性"，从而导致作用量为复数. 但如果化学势为虚数，即

$$\mu = \mathrm{i}\mu_{\mathrm{I}},\quad \mu_{\mathrm{I}} \in \text{实数} \tag{4.67}$$

那么对应 M 矩阵的行列式为实数，因此没有符号问题. 也就是说对虚化学势，可以采用常规的蒙特卡罗重要性抽样法进行模拟计算，然后再通过解析延拓的方法，获得实化学势情形的有用信息，比如给出相变界.

因配分函数是化学势的偶函数，通常用 μ^2 为变量进行解析延拓. 一般先对虚化学势进行蒙特卡罗数值模拟，获得 $\mu^2<0$ 的相变界；然后利用临界温度是化学势偶函数的特性，拟合出 $T_c(-\mu^2)$ 的解析式；最后给出 $\mu^2>0$ 的相变界. 如图 4.16 所示.

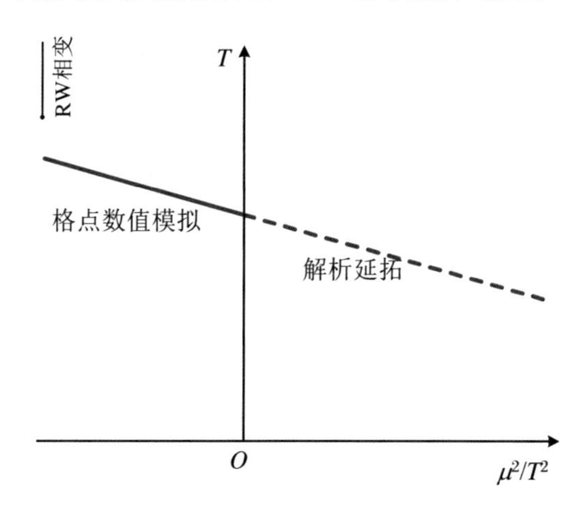

图 4.16　在 T-μ^2 平面上，$\mu^2=0$ 附近的相边界

零点左侧对应的虚化学势区可由格点 QCD 进行蒙特卡罗模拟计算，然后通过解析延拓可获得零点右侧实化学势区的相应物理信息.

这一方法在过去的 20 年进行了大量的研究[150-154]。研究表明，在虚化学势情形 QCD 具有相当复杂的相结构。本书第 7 章将专门讨论 μ 取虚值的 QCD 及相图。

4. 临界线曲率的拟合

根据混合磁化率 χ_t 的标度行为可确定 T-μ 相平面上的 QCD 手征相变的相边界[55]. 若以序参量对化学势的导数 $\chi_{m,\mu}=\partial^2 M_b/\partial(\mu_B/T)^2$ 乘以奇异夸克质量得到的重整化群不变量，其标度行为可由下式给出：

$$\frac{m_s\chi_{m,\mu}}{T^2}=\frac{2\kappa_B}{t_0}h^{-(1-\beta)/(\beta\delta)}f'_G(z)+\text{常规项} \tag{4.68}$$

取手征极限 $h\to 0$ 和 $\mu_B=0$，该磁化率在 T_c^0 处发散. 对于 $\mu_B>0$，手征转变温度 $T_c^0(\mu_q)$ 对化学势的依赖性由标度函数 $f'_G(z)$ 的极值 $z=z_t$ 来定义，并且在 $(\mu_B/T)^2$ 展开中有

$$T_c^0(\mu_B)=T_c^0\left[1-\kappa_2\left(\frac{\mu_B}{T_c^0}\right)^2+O\left[\left(\frac{\mu_B}{T_c^0}\right)^4\right]\right] \tag{4.69}$$

早期的格点 QCD 对相变线曲率的计算结果明显依赖于所用的方法. 比如文献[154]给出了不同方法得到的相变线曲率的范围为

$$\frac{T_c^0(\mu_B)}{T_c^0} = 1 - \kappa_2 \left(\frac{\mu_B}{T_c^0}\right)^2 + O(\mu_B^4) \tag{4.70}$$

其中,$0.007 \leqslant \kappa_2 \leqslant 0.018$. 最近的基于交错费米子的泰勒展开法和虚化学势法模拟得到的相变线二阶曲率的差距有所减小,如图 4.17 所示. 其中最新的采用虚化学势法的交错费米子计算($N_\tau = 10,12,16$)给出的物理质量情形的二阶曲率为 0.0153(18),该工作还得到了更高阶的四阶曲率 0.00032(67)[156].

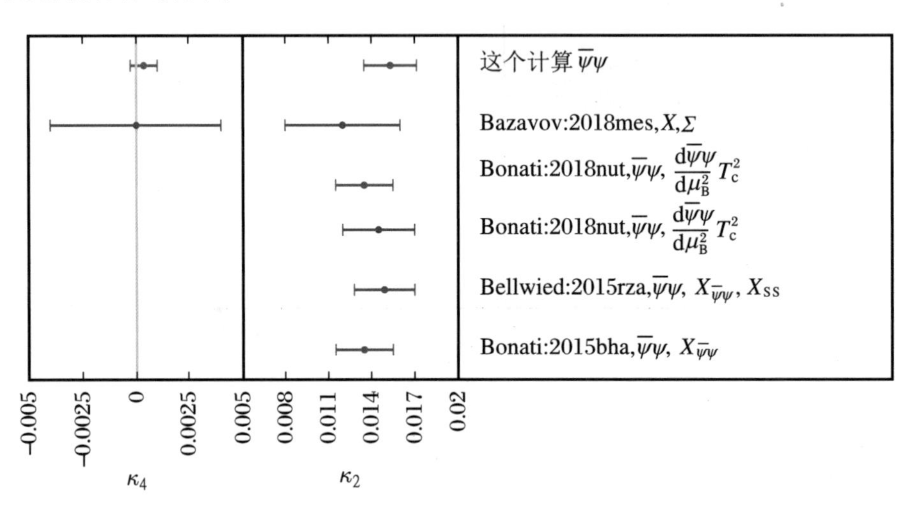

图 4.17　$N_f = 2+1$ 物理质量情形的 QCD 相变线曲率[156]

图中的蓝色点线表示采用交错费米子的泰勒展开法的计算结果,绿色点线表示采用虚化学势法得到的计算结果.

图 4.18 是使用各种方法得到的相边界结果的汇总. 这幅图虽然距今已有 10 余年了[133],但它仍很好地展示了一些基本的事实. 只要 $\mu/T \leqslant 1$,各种方法之间的计算结果就存在良好的一致性. 平均符号明显不同于零,至少在小空间体积尺寸和固定 $N_\tau = 4$ 的情况下是如此. 然而,随着化学势的增加,平均符号在误差范围内变为零,各种方法的结果开始偏离. 因此,符号问题阻碍了较大化学势的进一步研究. 近年来,人们的注意力已转移到确定展开中的最低阶系数,通过采用物理夸克质量和更接近连续极限以得到更高的精度.

图 4.19 展示了最近的采用泰勒展开法和 HISQ 费米子(a),采用虚化学势法的 4-stout 改进的交错费米子(b)模拟得到的物理质量情形的 QCD 过渡相边界,以及和相对论重离子碰撞试验所得的化学冻结线的比较. 其中图 4.19(a)[157]将零化学势时的 QCD 过渡温度进一步锁定在 156.5(1.5) MeV. 图 4.19(b)[156]同时和基于截断的戴森-

施温格方程给出的相变过渡线进行了比较(但两者对过渡温度的定义有差异).两个格点组的计算均未发现在考察的化学势范围内有临界点存在的迹象.图 4.19 的(a)图和(b)图的连续极限分别采用了 $N_\tau = 6,8,12$ 和 $N_\tau = 10,12,16$.

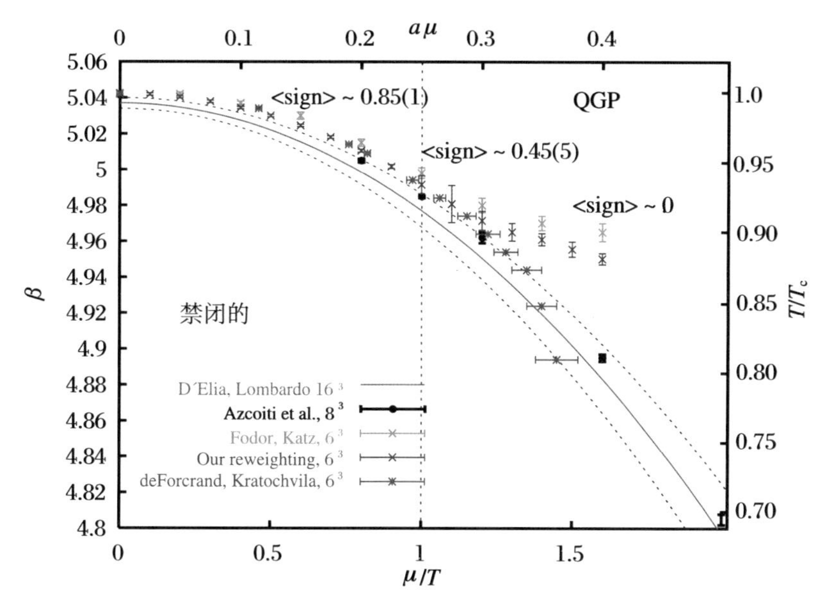

图 4.18　规范耦合常数和化学势平面中的相边界,或对应的物理单位 T/T_c 和 μ/T

该图对基于 $N_\tau = 4$ 的 4 种味道的交错夸克作用量的几种不同"小化学势"方法得到的结果进行了比对[137].对应下图标的方法从上到下依次为:虚化学势法、双参数虚化学法、双重再加权法(李扬零点)、双重再加权法(磁化率)和正则法.

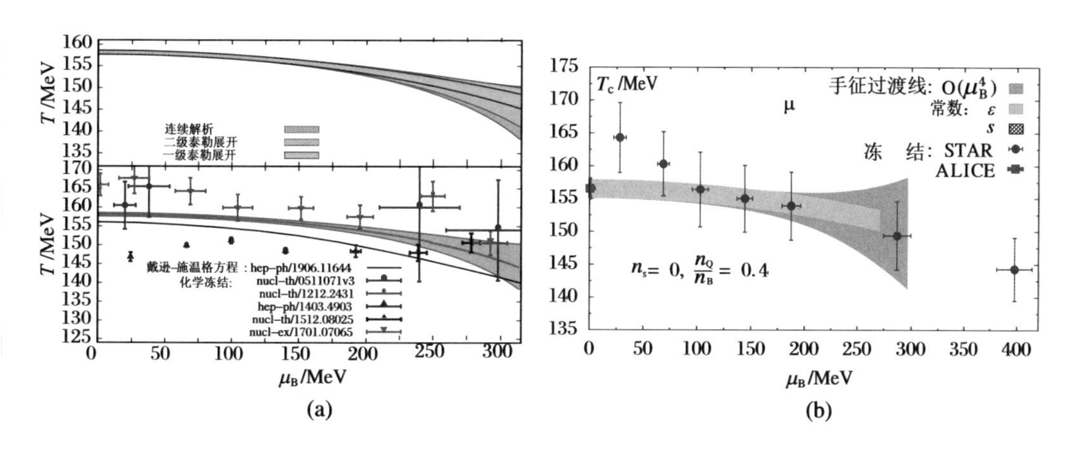

图 4.19　最近的采用泰勒展开法和 HISQ 费米子(a),采用虚化学势法的 4-stout 改进的交错费米子(b)模拟得到的物理质量情形的 QCD 过渡相边界以及和相对论重离子碰撞试验所得的化学冻结线的比较

图(a)摘自文献[157],图(b)摘自文献[156].

5. 对临界点的判断

目前关于 QCD 相图 4.14 中临界点的信息仍很不明确(包括存在与否及其位置),尽管在 $\mu_B>0$ 的格点 QCD 的算法方面取得了相当大的进展.

格点 QCD 计算第一个给出临界点存在提示的计算[148]使用了仅适用于相当小的格点的重新加权技术.在时间范围为 $N_\tau=4$ 的粗糙格点上,仅使用了简单的交错费米子作用量.有人批评该算法会导致对临界点信号的虚假识别[158].用虚化学势进行的计算没有找到任何证据表明存在临界点[159].采用交错费米子和虚化学势的计算表明这个边界随着化学势的增加会移动到更小的夸克质量上[159].这倾向于不支持在有限化学势时存在 QCD 临界点.但用改良的威尔逊费米子进行的类似分析却得出了相反的结论[160].分析泰勒级数在非零化学势下的收敛性[161,162],原则上可以将 QCD 临界点的位置与级数的收敛半径联系起来.尽管这种方法比上面讨论的研究更接近连续极限($N_\tau=8$)[163,164],但该类计算仍然存在严重的味对称性破坏.对于这些计算得到的临界点的位置[87](T^E/T_c, μ_B^E/T^E) = (0.94(1), 1.68(5))[164]显著低于((T^E/T_c, μ_B^E/T^E) = (0.99(1), 2.2(2))[148].这些计算的系统误差目前很难估计.比如图 4.19 展示的两组最新的基于改进的交错费米子计算得到的 QCD 相变过渡曲线,均未显示在重子数化学势低于 300 MeV 的区域内存在临界点的迹象.

格点 QCD 关于临界点位置的进一步计算主要基于改进的交错费米子.目前计算表明,临界点不可能位于 $\mu_B/T<2$ 区域.比如图 4.19 展示的两组.

4.5.5 小化学势时的状态方程

当前 RHIC 进行的束流能量扫描实验,主要探测强相互作用物质在 $0.9\leqslant T/T_c\leqslant 2$ 和 $0\leqslant\mu_B/T\leqslant 3$ 的非零重子数化学势下的性质,T_c 表示在 $\mu_B=0$ 时的过渡温度.因此必须知道非零 μ_B/T 下的 QCD 状态方程.使用泰勒展开法已在较粗晶格上得到了一些结果,比如 $O(\mu_f^2)$级的连续外推压强.这些结果被用于构造 $O(\mu_B^2)$级的状态方程[164],适用于重离子碰撞条件的奇异中性约束[165]($\langle n_S\rangle=0$)和电荷-重子数关系($\langle n_Q\rangle=0.4\langle n_B\rangle$).

当前大多数工作着重于接近甚至小于物理夸克质量的连续极限.图 4.20 给出了一个示例[164]:在两个 μ_L 值处由连续外推得到的压强估值作为温度的函数(μ_L 指两种轻味道夸克对应的重子数化学势).该图仅包括了 $O(\mu_L^2)$的贡献,可以看到在手征过渡温度附近格点结果和 HRG 模型结果符合得较好.

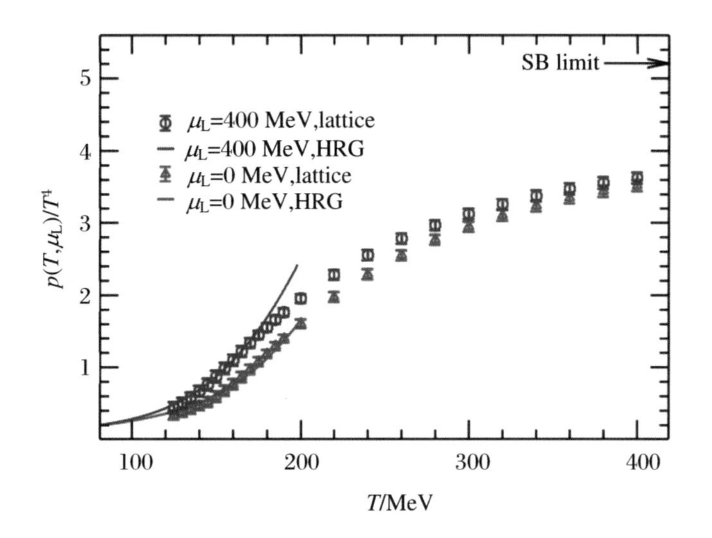

图 4.20　在 $\mu_L=0$ 和 400 MeV(仅包括 $O(\mu_L^2)$ 级贡献),对于 $N_f=2+1$ 味道(物理质量)情形,使用连续极限外推获得的压强作为温度的函数[164]

这里 μ_L 指的是重子化学势,仅用于两种轻味夸克.实线对应的是强子共振子模型在相同化学势下的结果.

图 4.21 展示了基于泰勒展开和 HISQ 作用量的格点计算得到的分别考虑了领头阶 $O((\mu_B T)^2)$、次领头阶 $O((\mu_B T)^4)$以及次次领头阶 $O((\mu_B T)^6)$贡献的压强[166].可以看到,对化学势低于 $\mu_B T \leqslant 2$ 和更高级的 $O((\mu_B T)^6)$展开相比,仅保留到 $O((\mu_B T)^4)$级得到的压强已经相当好.这涵盖了 RHIC 束流能量扫描(BES)可获得的 QCD 相图的束能范围,即束流能量 $\sqrt{S_{NN}} \geqslant 12$ GeV(BES 二期的最低能量可达 $\sqrt{S_{NN}}=7.7$ GeV).

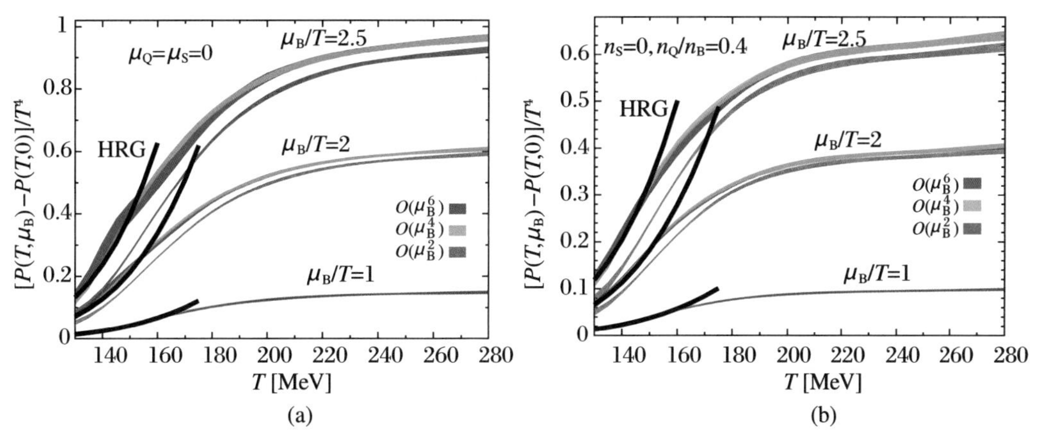

图 4.21　$N_f=2+1$ 味道情形基于泰勒展开和 HISQ 作用量的格点计算得到的不同比值 $\mu_B T$ 下的压强[166]

图(a)为零电荷数及奇异数化学势的结果;图(b)为零奇异荷密度但电荷密度与重子数密度比值为 0.4 的结果(对应重离子碰撞).图中黑色实线为强子共振气体模型的结果.

4.6 热密格点 QCD 面临的挑战

因符号问题,目前还没有直接的方法来进行 $\mu>0$ 情形的格点 QCD 蒙特卡罗数值模拟. 如何实质性地突破有限化学势符号问题的限制是格点 QCD 研究相变的最大挑战. 符号问题被认为是"NP-hardness"困难级别的,这意味着该问题可能会长期存在,甚至无解.

目前格点 QCD 的计算主要从两个角度试图规避符号问题. 一是尝试发展一种针对复作用量的计算方法,比如复朗之万方法和 Lefshetz thimble 方法[298]. 前者基于朗之万过程,在高温情形可以给出部分和泰勒级数展开一致的结果,但是在低温情形仍然面临很多的困难. 二是对传统的泰勒展开法或者虚化学势法进行深耕细作. 比如扩大基于泰勒级数展开法的压强以及其他物理可观测量的计算,即计算更高阶的算符期待值. 这需要解决高阶算符求迹的噪声问题. 另外为了更好地向连续极限靠拢,还需要进行更精细格子的计算,即具有更大的时间和空间维度. 这都需要高性能的计算能力和不断改进的算法.

因为反求狄拉克算子的代价与轻夸克质量的平方成反比,所以研究 QCD 在手征极限下的性质是另外一个挑战. 目前数值模拟给出哥伦比亚图左下角的一阶区域边界对应的 π 介子质量或低于 45 MeV[90],但相关的计算还有很大的不确定性. 这就需要更低质量的模拟以期得到手征极限下的可靠相变信息. 特别是为避免有限体积效应带来的假象,需要蒙特卡罗模拟采用更大的晶格体积. 手征极限条件对研究 $U_{\mathrm{A}}(1)$ 对称性是否在高温高密得到有效恢复也很重要. 因为微妙的物理性质,对 $U_{\mathrm{A}}(1)$ 反常及其有效恢复的格点 QCD 研究需对规范场进行正确采样以抽取其拓扑属性. 费米子离散方案的手征对称性在 $U_{\mathrm{A}}(1)$ 问题的研究中非常关键. 手征费米子比如畴壁费米子在大规模热密 QCD 计算中由于其过高的计算成本而未被采用,尽管其在晶格上具有几乎完全的手征对称性. 完全理解手征过渡温度附近及以上的 $U_{\mathrm{A}}(1)$ 反常及对称性的有效恢复,进行大规模的基于手征费米子的蒙特卡罗数值模拟是必须的.

除上述和相变直接相关的计算外,格点 QCD 也被用于 QGP 中的重夸克偶素谱函数、输运问题等的研究. 这涉及如何从欧氏空间的关联函数中抽取实时的物理信息,也是高温格点 QCD 面临的另一种挑战.

第 5 章

外磁场下的 QCD 相变

前面已经提到过外磁场下的手征相变，以及外磁场下的格点 QCD 计算. 在高能物理领域，外磁场在以下几种场景中发挥着重要作用：

（1）具有强磁场的致密星，即磁星. 通常认为其表面磁场强度约为 $10^{14\text{-}15}$ G，而其致密内核的磁场强度可达 $10^{16\text{-}19}$ G.

（2）相对论重离子的非对心碰撞. 计算表明其瞬时磁场强度可达 $10^{18\text{-}19}$ G，其特点是存在时间短、依赖于时间并伴有强电场.

（3）早期宇宙.

近年来，QED + QCD 的物理备受关注，特别是非对心相对论重离子碰撞实验提供了研究强磁场（以及电场）条件下强相互作用物质奇特性质的理想平台. 这部分内容主要涉及和重离子碰撞相关的外磁场下的物理问题. 相对论重离子碰撞产生的磁场强度主要和碰撞能量以及碰撞参数相关. 目前，理论上确认的磁场效应有手征凝聚的磁催化效应、反磁催化效应，理论预言有外磁场可能会导致手征恢复相变和退禁闭相变的分离（仅从 Polyakov 圈的演化来理解退禁闭），以及和手征反常相关的手征磁效应、手征涡旋效应等. 关于外（电）磁场下的 QCD 相变可参阅文献[167-172]，本章关于外电场下的相关内容及部分外磁场下的内容主要借鉴了文献[171].

5.1 静态磁场、磁催化和反磁催化

5.1.1 静态磁场

麦克斯韦方程在电场 $\boldsymbol{E}$ 和磁场 $\boldsymbol{B}$ 之间具有对偶性.但在闵可夫斯基时空中时间和空间方向并不是等价的.因此,磁场 $\boldsymbol{E}$ 和电场 $\boldsymbol{B}$ 对物质性质的影响有很大的不同.目前,大多数相关计算都局限在静电场 $\boldsymbol{E}$ 和静磁场 $\boldsymbol{B}$ 范围内.人们可能会想到静电场 $\boldsymbol{E}$ 和静磁场 $\boldsymbol{B}$ 中的静态问题;静电场 $\boldsymbol{E}$ 可能会导致电流,但严格来说一个有持续电流的系统不可能达到热平衡,尽管其可以保持一个稳定的状态.相比之下,静磁场 $\boldsymbol{B}$ 不会对带电粒子做功,因此可考虑在有限静磁场 $\boldsymbol{B}$ 下的一个热平衡系统.

一般很容易在《量子力学》或者《量子电动力学》书上找到推导常数外磁场下的薛定谔方程的朗道量子化解的方法.求解外磁场下的狄拉克方程的复杂性在于狄拉克旋量各部分具有不同的自旋极化,但其经过适当的变换,可以将其转换成朗道的量子化求解形式.这里将分别给出两种常用的求解方法,即显式的狄拉克方程求解和施温格发展的固有时方法.正如将在下一小节中看到的,对很多实际应用而言,基于固有时积分的方法更为方便.但显式计算在某些情况下更具有指导意义.

1. 狄拉克方程的解

本小节先给出常矢量外磁场下狄拉克方程的一种直接解法,并将其作为一个从标准方法到薛定谔方程的直接扩展.在文献中,这种方法常称为 Ritus 方法[173],关于 Ritus 投影的具体问题另见文献[174,175].外磁场下的狄拉克方程如下:

$$(\mathrm{i}\not{D} - m_{\mathrm{f}})\psi = 0 \tag{5.1}$$

其中,$\not{D} = \gamma^{\mu}D_{\mu}$,$\gamma^{\mu}$ 为闵氏空间的狄拉克矩阵.因仅考虑费米子的电磁相互作用,故有 $D_{\mu} = \partial_{\mu} - \mathrm{i}q_{\mathrm{f}}A_{\mu}$,其中,$q_{\mathrm{f}}$ 表示费米子所带的电荷.不失一般性,可以将常矢量磁场 $\boldsymbol{B}$ 的方向定为 z 轴,并选择一种特殊的朗道规范 $A_{\mu} = (0, 0, -Bx, 0)$,其对应 $\boldsymbol{B} = \nabla \times \boldsymbol{A} = B\hat{e}_z$.以下采用 $s_{\perp}$ 表示 $q_{\mathrm{f}}B$ 的正负号,另外 $l = 1/\sqrt{|q_{\mathrm{f}}B|}$ 表示外磁场作用

的能标倒数. 文献[171]对 Ritus 方法的总结相对简明,本书借鉴了其表达方式.

首先引入如下谐振子波函数

$$\phi_n(x) \equiv \sqrt{\frac{1}{2^n n!}}(l^2\pi)^{-\frac{1}{4}} e^{-\frac{1}{2}\frac{x^2}{l^2}} H_n\left(\frac{x}{l}\right) \tag{5.2}$$

式中,$H_n(x)$表示 n 次的厄米(Hermite)多项式. 上式中的 n 表征朗道能级,对应的能谱为

$$\omega_n^2 = m_f^2 + p_z^2 + 2|q_f B| n \tag{5.3}$$

式中,$n = \left(k + \frac{1}{2} - s\right)$,其中整数 $k = 0,1,2,\cdots$表示轨道运动的量子数,$s = \pm\frac{1}{2}$表示自旋量子数. 这里,朗道能级类似于外磁场下非相对论量子力学中薛定谔方程的谐振子波函数解. 注意上述能谱和横向动量无关,或者说对横向动量而言是简并的.

考虑定态解,可用谐振子波函数引入两个函数:

$$\begin{aligned} f_{n,p}^{+}(x) &\equiv e^{-i(p_0 t - s_\perp p_y y - p_z z)} \phi_n(x - l^2 p_y) \quad (n = 0,1,\cdots) \\ f_{n,p}^{-}(x) &\equiv e^{-i(p_0 t - s_\perp p_y y - p_z z)} \phi_{n-1}(x - l^2 p_y) \quad (n = 1,2,\cdots) \end{aligned} \tag{5.4}$$

和 $f_{0,p}^{-}(x) = 0$. 作为横向正则动量平方的本征态,该函数族满足完备性和正交归一性.

基于上述函数,现在引入一个 4×4 投影矩阵为

$$P_{n,p}(x) \equiv \frac{1}{2}[f_{n,p}^{+}(x) + f_{n,p}^{-}(x)] + \frac{i}{2}[f_{n,p}^{+}(x) - f_{n,p}^{-}(x)]\gamma^1\gamma^2 \tag{5.5}$$

$n = 0$ 时有 $P_{n=0,p}(x) \sim P_+$,这里,$P_\pm \equiv \frac{1}{2}(1 \pm i\gamma^1\gamma^2)$. 注意,最低朗道能级表示轨道角动量量子数为 $k = 0$ 和自旋角动量量子数为 $s = \frac{1}{2}$的极化态. 经过计算,可以得到以下关系:

$$\begin{aligned} (i\gamma^\mu\partial_\mu - q_f\gamma^\mu A_\mu - m)P_{n,p}(x) &= P_{n,p}(x)(p_0\gamma^0 + \sqrt{2|q_f B| n}\gamma^2 - p_z\gamma^3 - m) \\ &= P_{n,p}(x)(\gamma^\mu \tilde{p}_\mu - m) \end{aligned} \tag{5.6}$$

其中,$\tilde{p} = (p_0, 0, -\sqrt{2|q_f B| n}, p_z)$. 式(5.6)右侧恰对应一动量空间的狄拉克算符形式,因此可以很容易构造出常矢量磁场下狄拉克方程的粒子和反粒子解:

$$\psi(n,p;x) = P_{n,p}(x)u^{(a)}(\tilde{p}), \quad \psi(n,p;x) = P_{n,p}(x)^* v^{(a)}(\tilde{p}) \tag{5.7}$$

这里

$$u^{(a)}(\tilde{p}) = \frac{\gamma^\mu \tilde{p}_\mu + m}{\sqrt{2m(p)_0 + m)}}\begin{pmatrix}\xi_a \\ 0\end{pmatrix}, \quad v^{(a)}(\tilde{p}) = \frac{-\gamma^\mu \tilde{p}_\mu + m}{\sqrt{2m(p_0 + m)}}\begin{pmatrix}0 \\ \eta_a\end{pmatrix} \tag{5.8}$$

分别对应自由狄拉克方程的正、负能解.其中,ξ_a 和 $\eta_a(a=1,2)$为分别满足正交归一关系的两分量自旋基矢.得到了常矢量外磁场下狄拉克方程的解,则可以给出费米子传播子的动量积分及朗道能级求和的表达式:

$$\begin{aligned} S^F(x,y) &= \langle T\psi(x)\bar{\psi}(y)\rangle \\ &= \int \frac{\mathrm{d}p_0\mathrm{d}p_y\mathrm{d}p_z}{(2\pi)^3}\sum_n P_{n,p}(x)\frac{i(\gamma^\mu \tilde{p}_\mu + m)}{p_\parallel^2 - 2|q_\mathrm{f}B|n - m^2 + \mathrm{i}\epsilon}P_{n,p}^*(y) \end{aligned} \tag{5.9}$$

其中,$p_\parallel \equiv (p_0,0,0,p_z)$.这里对上述传播子做两点说明:

(1) $\tilde{p}$ 并非真正在费米子传播子上流动的动量,否则将违反在汤川耦合顶点的动量守恒.由于上式中被积函数包含 $\mathrm{e}^{-\mathrm{i}p_y(x_2-y_2)}$(由 $P_{n,p}(x)$和 $P_{n,p}^*(y)$可得),实际是 p_y①满足动量守恒,尽管其没出现在能量色散关系中.

(2) $S_0^F(x,y)$不是 x-y 的函数,其含有一个不具有平移不变性的施温格相因子.

常用的最低朗道能级近似,也就是只考虑 $n=0$ 贡献情形时的传播子为

$$\begin{aligned} S_{\mathrm{LLL}}^F &= \int \frac{\mathrm{d}p_0\mathrm{d}p_y\mathrm{d}p_z}{(2\pi)^3}\frac{1}{l\sqrt{\pi}}\mathrm{e}^{-\mathrm{i}p_0(x_0-y_0)-\mathrm{i}s_\perp p_y(x_2-y_2)-\mathrm{i}p_z(x_3-y_3)} \\ &\quad\times \mathrm{e}^{-\frac{(x_1+p_yl^2)^2+(y_1+p_yl^2)^2}{2l^2}}\frac{\mathrm{i}(\gamma_\mu p_\parallel^\mu + m)P_+}{p_\parallel^2 - m^2 + \mathrm{i}\epsilon} \end{aligned} \tag{5.10}$$

注意,上式中横向动量只出现在指数部分.对动量 p_y 进行积分之后,可以得到平移不变部分和非不变部分,即有

$$\begin{aligned} S_{\mathrm{LLL}}^F &= e^{\frac{\mathrm{i}s_\perp(x_1+y_1)(x_2-y_2)}{2l^2}}\frac{1}{2\pi l^2}\mathrm{e}^{-\frac{[(x_1-y_1)^2+(x_2-y_2)^2]}{4l^2}} \\ &\quad\times \int \frac{\mathrm{d}p_0\mathrm{d}p_z}{(2\pi)^2}\mathrm{e}^{-\mathrm{i}p_0(x^0-y^0)-\mathrm{i}p_z(x_3-y_3)}\frac{\mathrm{i}(\gamma_\mu p_\parallel^\mu + m)P_+}{p_\parallel^2 - m^2 + \mathrm{i}\epsilon} \end{aligned} \tag{5.11}$$

上式中的施温格相因子 $\exp\left(-\mathrm{i}q_\mathrm{f}\int_y^x \mathrm{d}z_\mu A^\mu\right)$类似 Aharonov-Bohm 型相因子(但物理 Aharonov-Bohm 相因子对应一个回路积分).对于大多数的圈计算,该相因子可自行抵消,所以只留下平移不变的部分比较方便,即 $\tilde{S}(x-y) \equiv \mathrm{e}^{\mathrm{i}q_\mathrm{f}\int_y^x \mathrm{d}z_\mu A^\mu}S(x,y)$.动量空间中

① 此处 p_x,p_y,p_z 分别指 p^1,p^2,p^3.

LLL 近似传播子的平移不变部分为

$$\tilde{s}^F_{\mathrm{LLL}}(p) = 2\mathrm{e}^{-l^2 p_\perp^2} \frac{\mathrm{i}(\gamma_\mu p_\parallel^\mu + m)P_+}{p_\parallel^2 - m^2 + \mathrm{i}\epsilon} \tag{5.12}$$

其中，$p_\perp^2 \equiv p_x^2 + p_y^2$. 对横向动量积分有

$$\int \frac{\mathrm{d}^2 p_\perp}{(2\pi)^2} 2\mathrm{e}^{-l^2 p_\perp^2} = \frac{1}{2\pi l^2} = \frac{|q_\mathrm{f} B|}{2\pi} \tag{5.13}$$

从而得到了著名的朗道简并因子. 这个简并因子代表 $n=0$ 时在垂直于磁场的平面内简并态面密度；对于 $n>0$ 态，其朗道简并因子为$\frac{|q_\mathrm{f}B|}{\pi}$(2 倍系数源于自旋简并).

完成横向分量积分后，(3+1)维动力学只受限于 t 和 z，即系统有效维数降到(1+1)维. 降维的原因在于粒子的横向运动不存在能量消耗，即磁场不做功. LLL 近似是强磁场下的一种很实用的近似，相当于把(3+1)维的狄拉克费米子相空间动力学简化为沿着磁场方向的(1+1)维的动力学问题；两个横向维数的效应直接转为朗道简并系数 $|q_\mathrm{f}B|/(2\pi)$.

关于最低朗道能级近似的说明：从费米子传播子表达式的分母看，狄拉克费米子有量子化的能量项 $2|q_\mathrm{f}B|n$. 如果 $\sqrt{|q_\mathrm{f}B|}$ 大于系统的典型能量尺度(或者上述 $m_\mathrm{f} \ll \sqrt{|q_\mathrm{f}B|}$)，则更高的激发态 $n\neq 0$ 与最低的朗道能级差距可以很大，这时只考虑最低朗道能级近似已经足够好. 当然在一般情况下，形式简单的 LLL 近似亦有助于直观地理解一些磁效应. 另外需强调的是，强磁场下的 LLL 近似只对费米子系统成立；对于玻色子系统，最低朗道能级和次低级朗道能级均正比于 $|qB|$，故 LLL 近似不是好的近似.

2. 施温格固有时方法

施温格发展了一个适于一般电磁背景的方法[176]. 该方法不用求解狄拉克方程，而只需求出包含电磁场的狄拉克算符的逆. 施温格方法比较简洁实用，适于大多数只对费米子传播子感兴趣的实际计算. 比如像夸克凝聚这样的标量算子的期待值，其随磁场和温度的变化表现出磁催化或者反磁催化效应，对该量只需研究狄拉克算符的逆就可以.

施温格方法将狄拉克算符的逆用一个辅助变量 s(称为固有时)的积分来表示. 这里仍以 D_μ 为协变导数，则有

$$\begin{aligned} S^F(x,y) &= (\mathrm{i}\hat{D} + m)_x \left\langle x \left| \frac{-\mathrm{i}}{m^2 + \hat{D}^2 - \mathrm{i}\varepsilon} \right| y \right\rangle \\ &= (\mathrm{i}\hat{D} + m)_x \int_0^\infty \mathrm{d}s \langle x \mid \exp[-\mathrm{i}s(m^2 + \hat{D}^2)] \mid y \end{aligned} \tag{5.14}$$

其中，$\hat{D}\equiv\gamma^\mu D_\mu$，$s$ 是引入的施温格固有时积分变量. 上式可转化为

$$S^F(x,y) = e^{i\Phi(x_\perp,y_\perp)}\widetilde{S}^F(x-y) \tag{5.15}$$

前面的指数部分对应施温格相因子

$$\Phi(x_\perp,y_\perp) = s_\perp \frac{(x^1+y^1)(x^2-y^2)}{2l^2} \tag{5.16}$$

如前所述，可以略去这个相因子. 只对式(5.15)右侧平移不变的传播子部分做傅里叶变换，可得

$$\begin{aligned}\widetilde{S}^F(p) =& \int_0^\infty ds\exp\{is[p_\parallel^2 - m_f^2] - i\frac{p_\perp^2}{|q_f B|}\tan(|q_f B|s)\}\\ &\times\{[\gamma^0 p^0 - \boldsymbol{\gamma}\cdot\boldsymbol{p} + m + (p_x\gamma^2 - p_y\gamma^1)\tan(q_f Bs)]\\ &\times[1-\gamma^1\gamma^2\tan(q_f Bs)]\}\end{aligned} \tag{5.17}$$

详细推导可参看文献[176-178]. 上式对施温格固有时的积分也可以转化为朗道能级求和的形式[178,179]：

$$\widetilde{S}^F(p) = i\,e^{-p_\perp^2 l^2}\sum_{n=0}^\infty \frac{(-1)^n D_n(p)}{p_\parallel^2 - m_f^2 - 2|q_f B|n + i\varepsilon} \tag{5.18}$$

其中

$$\begin{aligned}D_n(p) =& (\gamma^0 p^0 - \gamma^3 p_z + m)[P_+ L_n(2p_\perp^2 l^2) - P_- L_{n-1}(2p_\perp^2 l^2)]\\ &+ 4(\boldsymbol{\gamma}_\perp\cdot\boldsymbol{p}_\perp)L_{n-1}^1(2p_\perp^2 l^2\end{aligned} \tag{5.19}$$

式中，$L_n^\alpha(x)$为扩展的拉盖尔多项式：

$$L_n^\alpha(x) \equiv \frac{e^x x^{-\alpha}}{n!}\frac{d^n}{dx^n}(e^{-x}x^{n+\alpha}) \tag{5.20}$$

其中，$L_{-1}^\alpha(x)=0$. 若式(5.18)中的求和只取 $n=0$ 对应最低级朗道近似，可以验证和公式(5.12)相同.

5.1.2 磁催化

前面已提到磁催化效应，即因外磁场导致某标量凝聚增强的物理现象. 磁催化在核物理中具有很重要的影响. 如前所述，核子的主要质量被认为源于夸克-反夸克对凝聚导

致的手征对称性自发破缺，该机制是 20 世纪 60 年代初由南部和 Jonna-Lasinio 在文献[8]首先提出的. 在外加磁场作用下，夸克凝聚的增强意味着手征对称性自发破缺程度的加剧，从而导致核子质量的增加. 另外，凝聚态物理中也被证实存在类似的磁催化效应，比如单、双层石墨烯材料相关的量子霍尔效应（和一种名为自旋-谷的对称性破缺相关）.

对 QCD 而言，夸克凝聚可写成夸克传播子的求迹或压强对质量的偏导：

$$\langle \bar{q} q \rangle = \langle \bar{q}_{\mathrm{L}} q_{\mathrm{R}} \rangle + \langle \bar{q}_{\mathrm{R}} q_{\mathrm{L}} \rangle = -\operatorname{Tr} S(x, x) = \frac{T}{V} \frac{\partial \ln Z}{\partial m} \tag{5.21}$$

表达式(5.21)充分展示了夸克凝聚所包含的信息. 夸克凝聚（手征极限下通常称为手征凝聚）表示左（右）手夸克和右（左）手反夸克间的相互关联，是研究手征相变的重要序参量. 非零的手征凝聚，标志着手征对称性自发破缺，夸克因此获得动力学质量；是很多低能强子质量的主要来源. 相对于电子形成的库珀对，夸克凝聚是正反粒子间的配对. 非零的夸克凝聚，表面上虽不是可观测粒子，但本质上是 QCD 真空具有复杂结构的反应. 研究夸克凝聚对外界参数的依赖关系，有助于我们更好地认识 QCD 真空.

夸克凝聚一般依赖于温度、重子数化学势及本小节关注的外电磁场等外部参数（其他还有同位旋化学势等）. 文献[180，181]最早研究了夸克凝聚如何随外磁场变化（以 NJL 模型为 QCD 低能有效理论）. 因为在凝聚态物理中也存在类似的磁催化效应，所以这里用非相对论的语言对该效应给出一种直观的、半定性的理解（相对论的夸克凝聚并不对应可观测的复合粒子）. 为了给费米子和反费米子的复合态分配合适的量子数，电中性的标量凝聚态的总轨道角动量量子数须为 $L=1$，以抵消费米子与反费米子总宇称①. 而要使配对的总角动量 $J=0$，可选择总自旋量子数 $S=1$. 所以从微观层面来看，外磁场 B 可以促使费米子与反费米子的自旋三重态结构的配对，尽管电中性的标量凝聚并不和磁场直接耦合. 另外，若正、反费米子在外磁场方向的自旋投影相反，则两者的磁偶极矩的方向是一致的，在能量上有利于形成标量凝聚. 这里的费米子-反费米子配对很关键；如果是两个相同费米子（比如电子-电子配对），则其在磁场方向的投影方向相反，从而导致两者磁矩方向不一致，因此定性上不利于凝聚的增强，即不支持磁催化效应.

强相互作用情形的磁催化研究可参见文献[167，182，183]. 低温下夸克凝聚随外磁场增强的效应具有普适性的特征，尽管不同理论模型的细节及对磁场 B 的精确依赖关系不同. 这一点被几种流行的 QCD 低能有效理论和模型如手征微扰论、NJL 模型、夸克介子模型等证实[168]. 另外前面已提及，外磁场下的格点 QCD 计算支持夸克凝聚的磁催化.

磁催化的物理机制由文献[178，184]首先给出. 作者确认了即使是极微小的相互作

① 费米子-反费米子总宇称为 $(-)^{L+1}$，玻色子-反玻色子总宇称为 $(-)^{L}$.

用耦合，外磁场也能起到标量凝聚的“催生”作用，即产生非零的标量凝聚；特别是，这种弱相互吸引作用下标量凝聚的磁催化具有理论上的必然性.相对而言，强相互作用下依然出现磁催化效应实际上具有非平凡的意义.所以从产生和加强标量凝聚的视角，可将磁催化效应概括为：在足够强的外磁场下，即使是非常弱的吸引相互作用，也可能导致非零的电中性的标量凝聚；对于无磁场情形已存在的标量凝聚，外磁场可以使该标量凝聚得到增强.

磁催化的物理机制，定性上和系统在强外磁场下的有效维数降低相关（$D\rightarrow D-2$），即前述的(3+1)维系统的有效维数实际降为(1+1)维.计算表明，强外磁场下的(2+1)维系统同样具有(0+1)维系统的特征.通过比较，可发现强磁场下导致动力学质量的标量凝聚的能隙方程与在费米面上一维超导能隙方程很相似.例如将式(5.16)代入方程(5.21)进行四动量积分，可得到因子$|q_{\mathrm{f}}B|s^{-1}$，最后得到的标量凝聚积分式为

$$-\frac{|q_{\mathrm{f}}B|}{4\pi^2}m\int_{1/\Lambda^2}^{\infty}\mathrm{d}s s^{-1}\mathrm{e}^{-\mathrm{i}m^2s}\coth(q_{\mathrm{f}}Bs)\simeq-\frac{|q_{\mathrm{f}}B|}{4\pi^2}m\Gamma(0,m^2/\Lambda^2)\qquad(5.22)$$

这里采用了紫外截断Λ，$\Gamma(a,x)$表示不完全伽马函数①.最后一个表达式是先将积分路径做转动变换$\mathrm{i}s\rightarrow s$，并将较大$q_{\mathrm{f}}B$时的$\coth(q_{\mathrm{f}}Bs)$近似为1.若质量m也很小，可推测标量凝聚值约为$m\ln m$.上述标量凝聚值直接正比于外磁场的取值，是LLL近似下的必然结果.

以下分别从简单的有效模型和重整化群方法的角度给出磁催化的结果.

1. 模型计算

夸克凝聚的磁催化得到了QCD的低能有效模型的广泛支持.常用模型如口袋模型、手征微扰论、NJL模型、夸克介子模型以及Polyakov圈扩展的手征模型等均定性上支持磁催化[168].这里以NJL模型为例来展示磁催化效应.以下采用典型的NJL拉氏量：

$$L=\bar{q}\mathrm{i}\partial\!\!\!/ q+\frac{G_\Lambda}{2}[(\bar{q}q)^2+(\bar{q}\mathrm{i}\gamma_5\tau q)^2]\qquad(5.23)$$

为简单起见，这里考虑手征极限的情形，即$m=0$；G_Λ是在标度Λ处的耦合常数(对应有效理论).在平均场近似下，双线性量$\bar{q}q=(\bar{q}q-\langle\bar{q}q\rangle)+\langle\bar{q}q\rangle$中$\bar{q}q-\langle\bar{q}q\rangle$的高阶涨落被忽略.如前所述，具有非凡超前意识的南部率先指出对称性自发破缺的重要物理意义，即非零的凝聚$\langle\bar{q}q\rangle$可以导致有效质量的出现$M=-G_\Lambda\langle\bar{q}q\rangle$.平均场近似下

① $\Gamma(s,x)=\int_x^{\infty}t^{s-1}\mathrm{e}^{-t}\mathrm{d}t$.

的自由能密度为

$$F[M] = -2\int \frac{d^4 p}{(2\pi)^4}\ln(p^2 + M^2) + \frac{M^2}{2G_\Lambda} \tag{5.24}$$

其中,第一项为零点振荡能量(该积分发散,需要引入紫外截断),第二项为平均场凝聚能.这里采用四维动量的紫外截断进行积分,可得自由能的解析表达式

$$F[M] = \frac{M^2}{2G_\Lambda} + \frac{1}{(4\pi)^2}\left(\frac{1}{2}\Lambda^4 - 2\Lambda^2 M^2 + \frac{1}{2}M^4 + M^4 \ln\frac{\Lambda^2}{M^2}\right) \tag{5.25}$$

由自由能极小,可得如下的能隙方程:

$$M\left(\frac{4\pi^2}{G_\Lambda} - \Lambda^2 + M^2 \ln\frac{\Lambda^2}{M^2}\right) = 0 \tag{5.26}$$

很显然,方程有两种解:质量为零的维格纳解和质量不为零的南部解。可以看出,动力学质量 $M \neq 0$ 的自发生成需要足够强的耦合参数 G_Λ,即有

$$G_\Lambda > \frac{2\pi^2}{\Lambda^2} \tag{5.27}$$

NJL 模型的上述简单计算,可以成功地解释质量的起源,特别是揭示了质量起源和对称性破缺的密切关系.注意夸克介子模型也可以得到夸克的动力学质量,但是上述的真空能不是必需的.上述方法可用于强外磁场的情形.现在考虑常外磁场条件下 NJL 模型的能隙方程。为方便讨论起见,定义无量纲量

$$x_f = \frac{M^2}{2|q_f B|} \tag{5.28}$$

而在外磁场下的能隙方程变为

$$\frac{4\pi^2}{G_\Lambda} - \Lambda^2 + M^2 \ln\left(\frac{\Lambda^2}{M^2}\right) - \frac{|2q_f B|}{(4\pi)^2}\left[\zeta^{(1,0)}(0, x_f) + x_f - \frac{1}{2}(2x_f - 1)\ln x_f\right] = 0 \tag{5.29}$$

注意括号内出现了 Hurwitz Zeta 方程.

上式中出现的对数项约正比于 $M^2 \ln M$ 对磁催化效应具有重要意义.这导致即使是很小的耦合 G_Λ,M^2 的负系数总可以“吃掉”非零的夸克凝聚项,从而使得 $M \to 0$ 的平凡解变得不稳定.因此,只要存在有限磁场 $q_f B$ 和非零耦合 G_Λ,$M \neq 0$ 的非平凡解就会在能量上得到支持.此时前述的导致对称性自发破缺的条件式(5.27)只要变为 $G_\Lambda > 0$ 就行.因此,NJL 模型清晰地展示了夸克凝聚的磁催化.

对于弱耦合的情形,上述能隙方程的严格解为

$$M^2 = \frac{|q_f B|}{\pi}\exp\left[-\frac{1}{|q_f B|}\left(\frac{4\pi^2}{G_\Lambda} - \Lambda^2\right)\right] \tag{5.30}$$

从这个表达式可以得到两点关键信息:一是这个能隙是非微扰的,即耦合参数出现在指数位置的分母上,类似于瞬子导致的非微扰效应;二是上式与 BCS 超导理论的能隙 Δ 的表达式:

$$\Delta \simeq \hbar\omega_D \exp\left(-\frac{1}{GN(0)}\right) \tag{5.31}$$

类似.该式中 G 是耦合参数,$N(0)$是费米面附近电子的态密度,ω_D 表示电子的德拜频率.比较可发现,耦合参数 G_Λ 与 G 对应,LLL 的简并因子与 $N(0)$对应,而截断 Λ 则与 ω_D 对应.这种相似性源于超导能隙的产生,也可以归因于费米面附近相空间维数由(3+1)维降至(1+1)维.上式清楚地表明粒子的有效质量受外部磁场影响,即依赖于所处的"媒介".这一点和组分夸克质量依赖于温度和密度是类似的.

以上主要讨论了强磁场下 LLL 近似的结果.更一般的计算需要考虑到更高级朗道能级的贡献,这里会涉及如何正规化的问题以及如何处理涨落的问题.比如自由能单圈近似计算,可采用最小维数正规化和 ζ 函数正规化结合的方式,感兴趣的读者可参阅文献[168].

2. 重正化群分析

前面展示了 NJL 模型在平均场近似下对磁催化效应的简明定量分析.参考文献[185,186]则给出了基于重整化群方程的关于磁催化效应的讨论.重整化群方法是研究临界现象的强有力理论工具.基于重整化群方法的判据是一种非常强大的技术,即使难以求解对称性破缺相的能隙方程,也可以利用该判据对能隙的参数依赖性做出有根据推测.下面将介绍该方法对磁催化机制的解释.

重整化群方法的核心是如下的泛函微分方程或者叫流方程:

$$\partial_t \Gamma_k[\Phi] = \frac{1}{2}\mathrm{Tr}\left(\frac{\partial_t R_k}{\Gamma_k^{(2)}(\Phi) + R_k}\right) \tag{5.32}$$

其中,Γ_k 是动量 k 相关的有效平均作用量,Φ 代表某量子场.R_k 为动量 k 以下的红外截断方程,$\Gamma_k^{(2)}(\Phi)$代表严格的有效传播子的逆,即有效平均作用量对 Φ 场的二次泛函微商

$$\Gamma_k^{(2)}(\Phi) = \frac{\delta^2 \Gamma_k}{\delta\Phi\delta\Phi} \tag{5.33}$$

其中，无量纲变量 $t=\ln(k\Lambda)$，Λ 是某能标，常取紫外区的值作为演化起点. 当 k 趋于零时的有效平均作用量趋于完全作用量，即获得了全部涨落的贡献. 上述流方程是严格的基于第一原理的非微扰方法. 但是和积分的戴森-施温格方程求解类似，要求解流方程必须要采用有效的截断才行.

利用上述的重整化群方法，文献[186]利用 NJL 模型的作用量作为有效平均作用量，通过求解流方程，探讨了零温下有、无外磁场情形的发生手征对称性自发破缺的条件并和平均场近似进行了对比. 在采用 NJL 模型的近似框架下，上述的流方程最后转化为跑动耦合参数 λ_k（这里采用惯例，用 λ_k 表示四费米子耦合参数）随能标 k 的演化方程.

无磁场情形的跑动耦合参数的演化方程即 β 方程为

$$k\partial_k\lambda_k = -\frac{\lambda_k^2 k^2}{3\pi^2} \tag{5.34}$$

可以看出，这个 β 方程和 QCD 类似，具有渐近自由的特征. 即能标变高，耦合常数变低. 该方程求解很容易（可用紫外截断 $k=\Lambda$ 处的 λ_Λ 作为初值）. 以下主要展示可通过不求解上述方程即可获得导致手征对称性自发破缺临界耦合参数的有用信息.

根据文献[186]，先将上述跑动方程做无量纲化处理. 采用无量纲耦合参数 $\hat{\lambda}_k = \lambda_k k^2$，可以得到如下的无量纲 β 方程：

$$\beta_{\hat{\lambda}} = k\partial_k\hat{\lambda}_k = 2\hat{\lambda}_k - \frac{\hat{\lambda}_k^2}{3\pi^2} \tag{5.35}$$

这个 $\beta_{\hat{\lambda}}$ 作为 $\hat{\lambda}_k$ 的函数，如图 5.1(a)所示. 很明显，该函数有两个零点：

$$\hat{\lambda}_k = 0,\quad \hat{\lambda}_k = 6\pi^2 \tag{5.36}$$

耦合参数的变化率在右侧零点左边为正，在右边则总为负. 这说明什么问题呢？就是若起始耦合参数 $\hat{\lambda}_\Lambda < 6\pi^2$，那么当 k 变小时，$\hat{\lambda}_k$ 也随之变小，如图 5.1(a)左向箭头所示.

而只有起始耦合参数 $\hat{\lambda}_\Lambda > 6\pi^2$ 时，随着 k 变小 $\hat{\lambda}_k$ 才会越来越大，如图 5.1(a)右向箭头所示. $\hat{\lambda}_k$ 随着 k 趋于零而变得无穷大或者发散意味着手征凝聚的形成. 即要想得到手征对称性自发破缺的解，NJL 模型的耦合参数必须超过某临界值 $\lambda_c = \dfrac{6\pi^2}{\Lambda^2}$. 无需求解方程就可做出和平均场近似一致的定性判断，这是重整化群方法的优点.

当有外磁场时，采用 LLL 近似的 β 方程变为

$$\partial_t\lambda_k = -\frac{|q_f B|}{2\pi^2}\lambda_k^2 \tag{5.37}$$

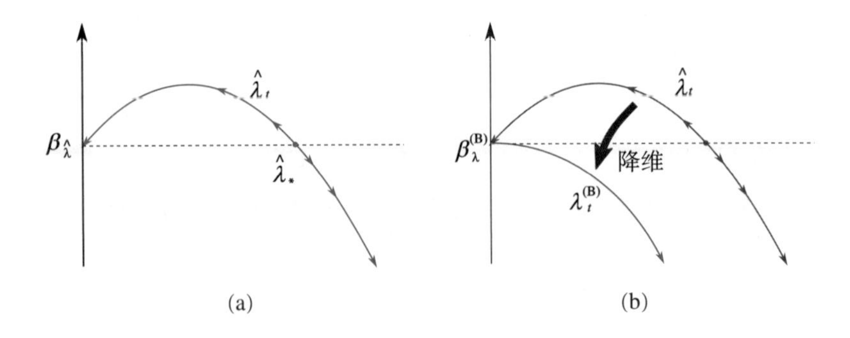

图 5.1　有、无磁场时基于重整化群的跑动、耦合函数

(a) 无磁场时基于重整化群的跑动耦合参数.(b) 有磁场时基于重整化群的跑动耦合参数.图摘自文献[186].

与式(5.34)相比,在外磁场下的 β 方程右侧少了 k^2 项,取而代之的是朗道的简并因子.

同样做无量纲化处理,令 $\lambda_k^{(B)}=(|q_f B|2\pi^2)\lambda_k$,可以得到如下磁场依赖的 β 方程:

$$\beta_{\lambda^{(B)}} = \partial_t \lambda_t^{(B)} = -(\lambda_t^{(B)})^2 \tag{5.38}$$

同无磁场情形相比,$\beta_{\lambda^{(B)}}$ 只有一个零点并且位于 $\lambda_t^{(B)}=0$ 处.因为 $\beta_{\lambda^{(B)}}$ 在零点外总小于零,那么无论起始耦合参数位于何处,都只能随 k 趋于零而变成无穷大,如图 5.1(b)的红线所示.这意味着只要微弱的作用即可导致手征凝聚.

很显然,有无磁场时跑动耦合参数的差异源于前述的维数降低,维数降低直接导致了不同的耦合跑动方程.图 5.1(b)清楚地展示了无量纲 β 函数的这种差异:无外磁场时,有两个零点,右侧零点为跑动耦合参数的红外发散设定了最低门槛;而有磁场时,只有一个零点,相应的门槛变为零.这就同样解释了磁催化的物理机制源于动力学维数的降低.

当然通过直接求解 β 方程可以得到同样的结论,读者可自行推导或参看文献[186].

5.1.3　反磁催化

与磁催化效应相反,标量凝聚在某些条件下反而会随着磁场的增强而被削弱,通常被称为反磁催化效应.对 QCD 而言,比较确认的反磁催化效应由有限温度的格点 QCD 计算模拟得到,可参见有限温度格点 QCD 的相关讨论.QCD 在高温情形的反磁催化效应目前还没有很简明的物理机制予以很好的解释.反磁催化效应很可能和非阿贝规范理论在有限温度情形的某种特殊性质相关.目前有不少基于 QCD 低能有效模型的研究,它们主要对模型参数做一些修正的尝试,并试图对高温区域的反磁催化效应给出合理的解释.另一种反磁催化可能发生在有限密度的环境,比如高化学势下夸克凝聚会减小,而外磁场的出现会加剧化学势带来的效应.

1. 有限温度

NJL 模型得到的夸克凝聚或者色超导具有 BCS 理论超导的某些特征.比如手征极限下该模型给出的手征相变临界温度 T_c 正比于零温时的能隙.如前述,零温时的磁催化会导致 $\Sigma=\langle \bar{q}\, q\rangle$能隙变大.因此,NJL 模型一般会给出手征相变的熔融温度 T_c 随外磁场的增强而升高的结论.这相当于将零温或低温情形下的磁催化适用范围延展到高温区.除了 NJL 模型,与之类似但可重整化的夸克介子模型也支持同样的结论.

但是磁催化的这种直接高温推广和格点 QCD 计算得到的反磁催化并不一致.考虑外磁场的最新格点 QCD 计算结果表明,夸克凝聚的磁催化只发生在零温和低温区域,而随着温度的升高,夸克凝聚的熔化温度随外磁场的增强非但没有升高反而呈下降趋势.另外,基于 $N_c=2$ 的类 QCD 理论的格点计算发现,外磁场下的手征相变温度并非单纯地随外磁场的增强而降低,而是先随磁场的增强逐渐降低,然后磁场达到一定强度后,其降低的趋势变缓并在更强的磁场区域又出现了升高的现象.QCD 和 $N_c=2$ 的类 QCD 格点计算表明,夸克凝聚对常数外磁场强度的依赖关系是比较复杂的.

如前所述,低温情形夸克和胶子的相互作用的非微扰特性很显著:强相互作用导致颜色禁闭并且轻夸克,因手征对称性破缺而获得相当的动力学质量.在高温条件下,强相互作用的耦合常数随能量尺度变大而趋弱,最终导致夸克退禁闭及其动力学质量的消失.退禁闭相变和手征恢复相变的物理机制很可能不同,因此一般不需要两种相变所对应的温度重合.然而有限温度的格点 QCD 计算似乎表明,上述两种相变可能在同一个临界温度附近同时发生.这似乎预示着夸克禁闭的起源和组分夸克质量产生的机制相互关联或者同源,这需要追溯到第一性原理中的某些共同的微观机制,比如一种可能是真空的双荷子-瞬子图像.

在前面关于 QCD 的低能有效理论部分曾提及 PNJL 模型可以对禁闭和手征破缺机制可能同源或者相互关联给出一种简单的解释.该模型的构造初衷是尝试将能隙 Σ 和 Polyakov 圈的期待值耦合在一个相对简单的框架内,其理论基础或许和 QCD 的双荷子-瞬子真空相关.PNJL 模型预言了退禁闭和手征恢复相变在强磁场下不再相互纠缠;原因是手征相变对磁催化比较敏感,而夸克禁闭主要取决于电中性的胶子动力学,因此外磁场效应几乎不会改变退禁闭相变的温度.这意味着由夸克和胶子组成的强相互作用物质的相图或许存在禁闭消失但费米子的质量仍很大的区域[187].但是这种观点也受到新近格点 QCD 数值模拟的部分质疑,即在无外磁场的格点 QCD 的计算中,Polyakov 圈的期待值在手征临界点温度附近仍然保持很小的取值.格点 QCD 的结果或意味着退禁闭和手征恢复的温度并不一致,或意味着 Polyakov 圈的期待值并不是描述退禁闭相变的合适序参量.这一推断对于所谓的穿衣 Polyakov 或者对偶的夸克凝聚同样适用[188,189].

事实上,第一性原理的格点 QCD 模拟并不支持这种外磁场下退禁闭和手征相变退耦或者分离的观点;外磁场仅仅使得相变的临界温度降低了[113,117,121].当然需强调的是,格点 QCD 并非根据 Polyakov 圈随温度变化的变化率或者拐点来决定退禁闭的临界温度,这和上述的 PNJL 模型给出的退禁闭临界温度在标准上存在差异.目前,格点 QCD 一般基于热力学量的突变以及对热力学自由度变化敏感的物理量作为判据给出退禁闭相变温度[91,92].这意味着,序参量 Σ 作为零磁场和非零磁场下温度 T 的函数,在 T 比较小时,Σ 变大,Σ 随着 T 的增加而更快地下降,如图 5.2 所示.

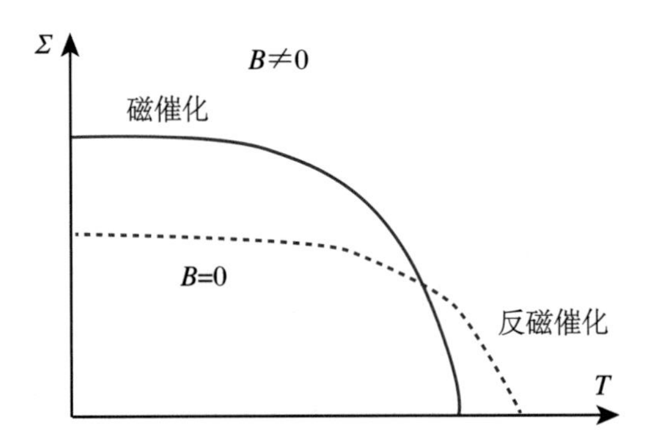

图 5.2　外磁场引起夸克凝聚的磁催化和反磁催化示意图

图中虚线是无外磁场时夸克凝聚的绝对值随温度变化的曲线,实线为常数外磁场下该凝聚的模随温度变化的曲线.可以看到,在温度 T 较低时,夸克凝聚变强,对应磁催化;当 T 变高时,夸克凝聚的强度随温度的增加而急速下降,并在更低的临界温度时变为零,对应反磁催化.

仅从前述的动力学质量产生的机制是基本难以解释 $\Sigma(T)$这种奇异的变化模式.格点 QCD 将价夸克和海夸克的贡献分离的计算尝试给出了一些反磁催化效应的启示[190].计算表明,仅考虑价夸克贡献时,即在泛函路径积分计算中保留求迹的狄拉克算符的逆中的磁场但忽略夸克行列式中的磁场时,所得到的夸克凝聚

$$\langle \bar{q} q\rangle^{价} = \frac{1}{Z(0)}\int \mathrm{d}U\, \mathrm{e}^{-S_g} \det[\not{D}(0) + m]\mathrm{Tr}[\not{D}(B) + m]^{-1} \tag{5.39}$$

仍表现为磁催化.但当仅考虑海夸克贡献时,即泛函路径积分计算中夸克行列式包含磁场但求迹的狄拉克算符的逆中不含磁场,所得到的夸克凝聚

$$\langle \bar{q} q\rangle^{海} = \frac{1}{Z(0)}\int \mathrm{d}U\, \mathrm{e}^{-S_g} \det[\not{D}(B) + m]\mathrm{Tr}[\not{D}(0) + m]^{-1} \tag{5.40}$$

在低温时虽然也表现为磁催化,但在趋近于临界温度时可观察到反磁催化效应. 这表明胶子虽为电中性,但外磁场对胶子场的极化有重要影响(夸克圈对胶子极化的贡献),并会导致反磁催化. 海夸克的贡献,定性上可以理解为胶子的屏蔽效应导致产生夸克凝聚的相互作用在临界温度附近被压低,从而导致该凝聚的反磁催化.

能否得到有限温度下的反磁催化效应是对 QCD 低能有效模型的一个严峻挑战,同时也对该类模型的提升和改进提出了新的约束. 而通常的 QCD 低能模型中往往不能或者难以体现这种来自海夸克的极化效应,因此只能得到磁催化的结果(由于相互作用很强,因而也是非平凡的). 基于上述格点计算给出的判断,唯象上可以将这种外磁场和温度的联合效应吸收到有效模型的耦合参数中,以期给出反磁催化的结论. 另一种解释就是海夸克的贡献导致 Polyakov 圈期待值的增大,从而间接压低夸克凝聚导致反磁催化. 对前者而言,QCD 的渐近自由意味着 α_s 是磁场 B 和温度 T 两者的递减函数,对于后者涉及如何有效考虑夸克对 Polyakov 势的反馈效应[190]. 这方面已有基于(P)NJL模型、(P)QM 模型等的唯象研究[191-195],比如将 PNJL 模型的 Polyakov 势中的参数 T_0 修正为

$$T_0(qB) = T_0(qB = 0) + \zeta(qB)^2 + \xi(qB)^4 \tag{5.41}$$

以及将 NJL 模型中的耦合参数 G 调整为

$$G(B) = \frac{G_0}{1 + \alpha \ln\left(1 + \beta \frac{|qB|}{\Lambda_{\mathrm{QCD}}^2}\right)} \tag{5.42}$$

或

$$G(B,T) = G(B)\left(1 - \gamma \frac{|qB|}{\Lambda_{\mathrm{QCD}}^2} \frac{T}{\Lambda_{\mathrm{QCD}}}\right) \tag{5.43}$$

这些改进虽可在定性上同时得到格点 QCD 给出的磁催化及反磁催化结果,但难以得出其背后的微妙物理机理.

一些理论计算表明可能存在一个窗口,作为磁场 B 函数的 T_c 有局部最小值,可以解释反磁催化[196]. 在退禁闭相变点附近,存在退禁闭的夸克自由度和禁闭的强子自由度之间的二象性的可能,因此,反磁催化效应也可以从强子侧着手研究. 带电的强子比如 π 介子和质子等在非零自旋和磁场的塞曼耦合作用下会变轻. 作为外磁场下强子共振气体模型研究的拓展,文献[197]表明在强磁场作用下,由热力学量的快速变化得出的过渡温度确实也可以变小. 另外,还有试图对外磁场下的某种拓扑涨落可能导致反磁催化的模型进行研究[198,199].

尽管有各种尝试,但反磁催化的物理机制目前仍是公开的问题,还没有统一的令人信服的结论.

2. 有限密度

有限密度情形也有所谓的反磁催化效应(实际上该效应的发现要早于有限温度).其原因或可归因于以下两点.首先是夸克凝聚可被有限化学势 μ 抑制;其次是外磁场会加速这一抑制趋势.

鉴于第 4 章已讨论过银焰问题,这里只考虑化学势大于夸克有效质量的情形.从定性上来讲,这种情况会出现费米海.而费米面的出现,使得狄拉克海内的反夸克被激发到费米面再和费米面附近的夸克参与手征配对的能量成本变高(至少需 2μ),即费米面的出现会致使夸克凝聚削弱乃至解体,从而使手征对称性得到恢复.可参见第 6 章的相关讨论.文献[171]的作者认为外磁场的加入会导致夸克的状态密度发生改变:连续激发谱被压缩为高简并度的离散朗道能级,使得配对难度进一步加大.该观点或许值得商榷.

费米海抑制夸克凝聚的观点可由 NJL 模型来验证.对有限化学势 μ,有效质量为 M 的夸克准粒子的费米动量为

$$p_{\mathrm{F}} = \sqrt{\mu^2 - M^2} \tag{5.44}$$

则 NJL 模型的夸克能量式(5.25)在零温下可表示为(采用三维动量截断)[171]

$$E[M;\mu] = -2\int_{p^2\leqslant p_{\mathrm{F}}^2} \frac{\mathrm{d}^3 p}{(2\pi)^3}\left(\mu - \sqrt{p^2 + M^2}\right) - 2\int_{p^2\leqslant \Lambda^2} \frac{\mathrm{d}^3 p}{(2\pi)^3}\sqrt{p^2 + M^2} + \frac{M^2}{2G_\Lambda} \tag{5.45}$$

将上式右侧第一部分对 M 做展开得到的 M^2 项为正,即和最右侧的夸克凝聚项同号,因此在能量上更支持 $M=0$ 的维格纳-外尔解[171].

当然以上判断仅基于模型得出,不排除有限化学势下因杨-米尔斯理论的复杂性导致不一致甚至相反的结论.

5.1.3 真实情形的描述

前述讨论的前提是理想化的情形,即假设系统具有无限大体积和空间均匀性,并且只考虑了常数外磁场.现实中系统的大小,即物质、磁场分布都是有限的,这需要考虑有限体积效应以及外磁场随时空的变化.比如后面讨论旋转效应时,很重要的问题是如何认真对待有限体积的问题;否则,可能会违反因果关系(即出现超光速).这种有限尺寸的效应仅仅是一种小的修正,相应的分析可以定性地得到一些新物理效应.考虑有限体积

以及边界效应的研究，在数学处理上比较困难.

5.2 外电磁场下的效应及相变

本节内容不仅涉及磁场，而且也试图考虑到一些简单场景的电场效应. 实际上考虑电场影响，因其具有时间依赖性，将使得相关研究变得非常复杂. 在只有强电场的情况下，本节将介绍著名的施温格效应(Schwinger effect，又名 Sauter-Schwinger 效应①). 因相对论重离子碰撞会产生超强电场，施温格效应甚至可能导致正反强子对的产生，这为研究强电场 QED 提供了理想的实验平台. 同时，相互平行共存的电场和磁场会破坏 P- 和 CP- 对称性，为探测量子手征反常提供了理想的场景. 本节将从 QED 和 QCD 两方面着手，进一步介绍手征磁效应的概念，以体现这一效应的普适性和学科交叉的特点. 该效应是目前探测手征反常实验信号的理论基础. 另外，本节也对强外磁场下可能出现的带电荷矢量介子凝聚导致的电磁超导给予简单介绍.

5.2.1 施温格效应

施温格(Schwinger)于 1951 年发表了一篇著名的论文[200]，完成了量子场论的微积分描述。该文发现在恒定电场的条件下，生成泛函可以获得一个虚部。这个虚部的理论解释一直比较微妙或者有些混乱[201]. 施温格还在该文中提出了同样条件下粒子对产生的施温格效应. 关于施温格效应的回顾及最新的进展可参考文献[202].

只要满足能动量守恒和量子数匹配，对应的粒子就会产生. 在真空中要产生粒子对，由于粒子和反粒子要携带能量，这就需要外场给系统注入相应的能量. 显然，均匀磁场不对带电粒子做功，所以不可用这种情形去供应能量(如果有磁单极子存在当然可以). 如果一个脉冲状电磁场来自外部干扰系统，那么来自外电场的虚光子可以衰变为一粒子和反粒子对. 在这种情况下，光子、粒子和反粒子的顶点对粒子对产生幅度的贡献是树级的. 因此，由脉冲电磁场产生粒子-反粒子对看起来很自然.

相对于脉冲电磁场，恒定的电场可提供有限的能量，因此理论上也会允许粒子对的

① 该效应由 Fritz Sauter 于 1931 年首先提出，后 Schwinger 在 1951 年给出了完整的理论表述.

产生.那么如何理解这一过程呢？恒定电场的引入可以考虑假设有一个依赖于时间的背景势.然而因为时间依赖性是无穷小的,所以具有此背景场的微扰动过程的能量传递是无穷小量.因此,单次散射不能满足能量守恒定律.那么不断重复的无限多个这样的散射的累积应该最终也可以达到一个有限的能量传递,也就是可以满足能量守恒的要求.这种在由恒定电场驱动而产生粒子对的非微扰过程,通常称为施温格效应.可进一步总结为:强恒定电场下的量子真空会失稳,将通过非微扰过程产生成对的电子和正电子(或更一般的粒子和反粒子).

施温格成功地从理论上描述了在静态均匀电场中的正、负电子对的产生过程.他用固有的方法得到了自洽协变的恒定电场下的单圈有效拉格朗日量,并进一步给出了正、负电子对的产生率,即著名的单位体积产额率的公式:

$$\Gamma = \frac{(eE)^2}{4\pi^3 c \hbar^2} \sum_{n=1}^{\infty} \frac{1}{n^2} \mathrm{e}^{-\frac{\pi m^2 c^3 n}{eE\hbar}} \tag{5.46}$$

其物理意义为:外电场强度在其对应的康普顿波长的距离上所做的功提供了克服负能电子从狄拉克海中跃迁为正能电子所需的能量.式中的负指数部分分母含有 e,表明这个结果是非微扰的(类似于瞬子效应,不能完全按耦合参数的正幂次展开).

随着激光技术的快速发展,量子真空在强场下衰变为正负电子对的问题在近年来受到了广泛关注.因对电场强度要求很高,施温格效应目前仍未被实验证实.另外,非对心相对论重离子碰撞可以产生超强的电磁场,施温格机制甚至被推广到了研究强子对的真空失稳产生.

通常认为施温格效应是量子隧穿的结果,可以把粒子对的产生表述为从狄拉克海中的反粒子(负能量态)到粒子(正能量态)的转换过程,如图 5.3 所示.粒子和反粒子的状态具有质量 m 的间隔,外电场就像温度一样给予“热”激发.这种类比导致一些理论上的推测,即施温格效应和所产生粒子的热性质之间可能存在联系.事实上,隧穿振幅的特征由玻戈留玻夫(Bogoliubov)系数表征,与黑洞的霍金辐射过程很相似[203].但施温格效应的产率是指数抑制的,即约为 $\exp[-\pi m^2/(eE)]$,并非热过程的玻尔兹曼几率约为 $\mathrm{e}^{-m/T}$.

1. 可解的含时电场实例——索特势

这里介绍一个外电场含时的可解实例,即索特(Sauter)电场:

$$\boldsymbol{E}(t) = \frac{E}{\cosh^2(\omega t)} \hat{e}_z \tag{5.47}$$

可由下面的矢量势来实现:

$$A_3(t) = \frac{E}{\omega}[\tanh(\omega t) - 1] \tag{5.48}$$

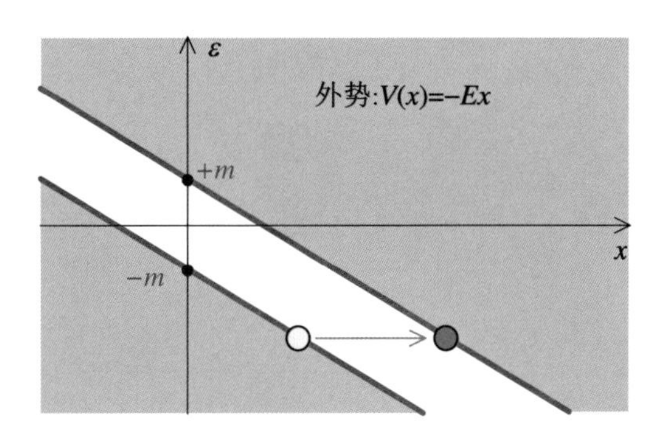

图 5.3　在沿 x 轴有外常数电场 E 情形的施温格机制对应的遂穿过程示意图

图中白色区域为电子狄拉克海的负能上限和电子正能下限间的能隙带(m 为电子质量),该能隙带因外势 $V(x) = -Ex$ 而变得倾斜.外电场将狄拉克海的电子拖到能隙的另一侧,相当于遂穿过程:外电场越强则需要穿过的距离越短,由此可知遂穿率应指数式反比于 $1/E$.此图摘自文献[202].

这是 1932 年索特在研究克莱因悖论(即 1929 年克莱因解狄拉克方程时发现的电子跨越势垒的困惑)时得到的一个解[204].注意:式(5.48)中的矢量势在时间负无穷时的输入状态和时间正无穷时的输出状态不同,即出态不同于入态,尽管两种状态电场均为零.实际上,作为背景场的规范势改变了电子入态和出态的色散关系:

$$E^{(\text{in})} = \sqrt{(p_3 - 2\lambda\omega)^2 + m_\perp^2}, \quad E^{(\text{out})} = \sqrt{p_3^2 + m_\perp^2} \tag{5.49}$$

其中,$\lambda = \frac{eE}{\omega^2}$,$m_\perp^2 = p_\perp^2 + m^2$.注意出、入态的不同,会导致赝标量凝聚可能被算错(见下节).这是 AB 效应的又一体现,规范势比电磁场更基本.

关于索特势的求解以及如何得到施温格效应,参见附录 D.

2. 世界线瞬子近似法推导 Schwinger 对产生率

现在考虑同时引入磁场.对于常量磁场,该问题可解但技术细节相当复杂[205].为方便起见,可假设 $\boldsymbol{B} \parallel \boldsymbol{E}$.理论上,在背景 $\boldsymbol{B} \cdot \boldsymbol{E} \neq 0$ 的条件下应该能够检测到与手征反常相关的实验信号.

此处忽略来自规范场涨落的反作用(反作用的模拟相关研究可参见文献[206]),即只关注固定规范背景下物质场对外电磁场的响应.则只需考虑作用量中的费米子部分,即将费米子积分得到的狄拉克算符对应的行列式确定为有效作用量,也就是说,

$$\Gamma[A] = -\mathrm{i}\ln\det[\mathrm{i}\not{D}(A) - m] = -\frac{\mathrm{i}}{2}\ln\det\left[D^2 + m^2 + \frac{\mathrm{i}e}{2}\sigma \cdot F\right] \tag{5.50}$$

其中协变导数为 $D(A) \equiv \partial + \mathrm{i}eA$. 为得到右边的表达式,这里利用了关系式 $\gamma_5[\mathrm{i}\not{D} - m]\gamma_5 = -\mathrm{i}\not{D} - m$. 需注意,这个关系式很有用,但在有限化学势情形时不再成立(即导致著名的费米子符号问题). 最后一项涉及自旋张量 $\sigma^{\mu\nu} \equiv \frac{1}{2}[\gamma^\mu, \gamma^\nu]$,代表自旋-磁场的耦合.

通过计算,特别是采用世界线瞬子近似[171,207,208],可给出 $\Gamma[A]$的近似解. 最终由 $w = 2\Gamma_{闵}|_{n=1}/V = -2\mathrm{Re}\,\Gamma_{欧}|_{n=1}/V$ 推导得出单对粒子($n=1$)产生率(即单位体积和时间产生的粒子对数目):

$$w = \frac{e^2 EB}{4\pi^2}\coth\left(\frac{\pi B}{E}\right)\exp\left(-\frac{\pi m^2}{eE}\right) \tag{5.51}$$

上述平行电磁场下粒子产生率的表达式将是分析手征反常的一个关键方程.

5.2.2 施温格效应和手征反常

本小节探讨施温格效应和手征反常的关系. 为简单起见,只考虑一种狄拉克费米子(质量为 m,电荷为 q_f)处于 $\boldsymbol{E}$ 和 $\boldsymbol{B}$ 平行的强电磁场中的特殊情况.

图 5.4 展示了手征极限情形(此时费米子手性等同于其螺旋度)在上述电磁场下的(1+1)维系统的带电粒子的色散关系. 图中电场和磁场均沿着 z 轴,第一、三象限的直线代表右手粒子,而第二、四象限的直线代表左手粒子. 图 5.4 的直观物理解释是:在强电磁场 $\boldsymbol{B}$ 和 $\boldsymbol{E}$ 联合作用下,因施温格效应导致右手粒子(图中的填充圈)和左手反粒子(图中的空白圈)成对产生,从而致使手性荷或者手性荷密度增加两倍,尽管总粒子数保持不变!

上述手性荷密度增加的速率可以由经典的方法来计算[171]. 比如右手荷密度的增长率为

$$\left.\frac{\partial n_\mathrm{R}}{\partial t}\right|_{(1+1)维} = \frac{\partial}{\partial t}\left(\frac{q_\mathrm{f} E t}{2\pi}\right) = \frac{q_\mathrm{f} E}{2\pi} \tag{5.52}$$

上式的物理解释是:在(1+1)维动力学中,右手粒子的费米动量因强电场 $\boldsymbol{E}$ 而变大,由其相空间体积的变化率可得到右手费米子数密度的增长率. 该式对应经典力学的处理,即动量变化对应电场力的冲量 $q_\mathrm{f}Et$,式中的 2π 对应一维系统. 注意左手粒子数密度减小,其速率和上式符号正好相反. 原因是左手粒子运动方向和电场力相反,或者说电场力对

左手粒子而言是阻力，导致左手粒子在电场方向动量相关的相空间缩小. 由此可以得到总的手征荷密度随时间的增长率为

$$\left.\frac{\partial n_5}{\partial t}\right|_{(1+1)\text{维}} = \left.\frac{\partial(n_{\mathrm{R}} - n_{\mathrm{L}})}{\partial t}\right|_{(1+1)\text{维}} = \frac{q_{\mathrm{f}} E}{\pi} \tag{5.53}$$

由于强磁场下 LLL 近似于把(3 + 1)维的动力学系统降为(1 + 1)维，所以图 5.4 也适于表述强场下的(3 + 1)维的动力学系统. 由于磁场和电场均沿着 z 轴，在横向方向电、磁场均不对粒子做功. 也就是不影响横向方向的相空间. 则(5.54)式只要乘以横向的朗道简并因子 $q_{\mathrm{f}}B(2\pi)$就可得到(3 + 1)维动力学系统的手征荷密度增长率

$$\left.\frac{\partial n_5}{\partial t}\right|_{(3+1)\text{维}} = \frac{q_{\mathrm{f}}^2 EB}{2\pi^2} \tag{5.54}$$

这是在手征极限下基于施温格效应得到的结论.

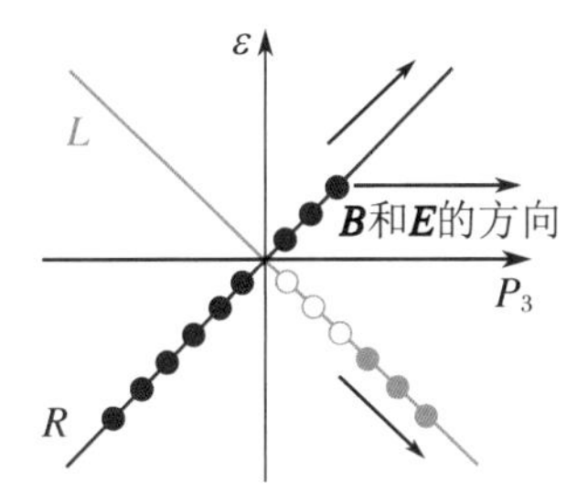

图 5.4　手征极限下，相互平行的强外电场、磁场情形在最低朗道能级近似下的费米子色散关系与粒子/反粒子在外加电场作用下的运动

外电场导致右手粒子和左手反粒子数目的增加，总粒子数虽然保持不变，但是出现净的手征荷或者手征荷密度. 图中第一、第三象限的直线对应右手粒子，二、四象限的直线对应左手粒子. 该图摘自文献[171].

增长率公式(5.54)左侧为手征荷密度随时间的变换率，右侧恰为电磁场张量和与其对偶张量的乘积(电动力学里面典型的规范不变量). 换句话说，公式(5.54)其实就是阿贝尔规范场理论对应的 Ward 恒等式量两边求其真空期待值！阿贝尔规范场理论的完整的 Ward 恒等式为

$$\partial_\mu j_5^\mu = -\frac{q_{\mathrm{f}}^2}{16\pi^2}\epsilon^{\mu\nu\alpha\beta}F_{\mu\nu}F_{\alpha\beta} + 2m\overline{\psi}\,\mathrm{i}\gamma_5\psi \tag{5.55}$$

因前面的推导基于手征极限情形，很显然式(5.54)和上面的 Ward 恒等式是一致的. 注意电磁场的全反对称张量和对称张量的爱因斯坦缩并构成的洛仑兹标量为

$$\epsilon^{\mu\nu\alpha\beta}F_{\mu\nu}F_{\alpha\beta} = -\frac{1}{8}\boldsymbol{B}\cdot\boldsymbol{E} \tag{5.56}$$

上式可以推广到 QCD，只是要把右侧的电场和磁场分别换成色电场和色磁场，而式(5.56)中的电荷的平方项要换成 QCD 耦合常数的平方.

前面已经强调过 QCD 的手征反常，因量子修正使得轴矢量流守恒与规范不变性不相容.由于不能破坏规范对称性，即使在手征极限下，经典意义的轴矢流守恒也不再成立，即量子效应打破了经典守恒定律.式(5.54)和式(5.55)的一致性，说明施温格效应和手征量子反常是彼此相容的.

以上讨论基于手征极限.很自然的想法就是把上述结论推广到有质量的情形，即

$$\frac{q_{\mathrm{f}}^2 EB}{2\pi^2}\coth\left(\frac{\pi B}{E}\right)\mathrm{e}^{-\pi m^2/(q_{\mathrm{f}}E)} = \partial_t\langle j_5^0\rangle = \frac{q_{\mathrm{f}}^2 EB}{2\pi^2} + 2m\langle\overline{\psi}\mathrm{i}\gamma_5\psi\rangle \tag{5.57}$$

上式左侧换为电、磁场平行时的两倍施温格粒子对产率，即(5.51)式.

上述推广是否成立，涉及赝标量凝聚$\langle\overline{\psi}\mathrm{i}\gamma_5\psi\rangle$计算的微妙问题. 通常真空因宇称守恒，赝标凝聚$\langle\overline{\psi}\mathrm{i}\gamma_5\psi\rangle$必须为零.这里之所以会出现非零的赝标量凝聚，是因为电场和磁场平行的缘故.电场和磁场的点积虽为洛仑兹标量，但电场和磁场在宇称变换下性质不一样(电场宇称变换为奇，磁场为偶).因宇称被破缺，赝标凝聚是允许的.上面之所以用微妙一词，是因为施温格早期算过该凝聚[200]，但是并没有得到正确的答案.施温格计算的电场和磁场平行时的赝标量凝聚为

$$\langle\overline{\psi}\mathrm{i}\gamma_5\psi\rangle = -\frac{q_{\mathrm{f}}^2 EB}{4\pi^2 m} \tag{5.58}$$

把该结果带入式(5.57)，正好和右侧前一项抵消！这意味着手征荷密度不随时间变化！施温格得到的赝标量凝聚和质量成反比，因此质量趋于零时结果也不变.

那么问题出在哪里呢？文献[209]指出，有电场情形算符 $\hat{O}$ 期望值的计算有两种：一种是$\langle\mathrm{out}|\hat{O}|\mathrm{in}\rangle$，另一种是$\langle\mathrm{in}|\hat{O}|\mathrm{in}\rangle$.相关计算方法可参看文献[209,210].因外电场会导致入、出态差异，参见式(5.48)的索特势.施温格的固有时法对应前者，是非物理的.通过修正积分路径，文献[209]得到了如下结果(积分路径的选择请参看图 5.5)：

$$\begin{aligned}\lim_{y\to x}\langle\mathrm{in}|\overline{\psi}(y)\mathrm{i}\gamma_5\psi(x)|\mathrm{in}\rangle &= -4\mathrm{i}\frac{mq_{\mathrm{f}}^2 EB}{(4\pi)^2}\int_{\Gamma_{\gtrless}}\mathrm{d}s\mathrm{e}^{-\mathrm{i}m^2 s}\\ &= -\frac{q_{\mathrm{f}}^2 EB}{4\pi^2 m}\left[1-\mathrm{e}^{-\pi m^2(q_{\mathrm{f}}E)}\right]\end{aligned} \tag{5.59}$$

其中，$\Gamma_{\gtrless}$表示 $\Gamma_{>}$或 $\Gamma_{<}$，将式(5.59)带入式(5.58)后，除因子 $\coth\left(\frac{\pi B}{E}\right)$外与两倍施温

格粒子对产率符合得很好!

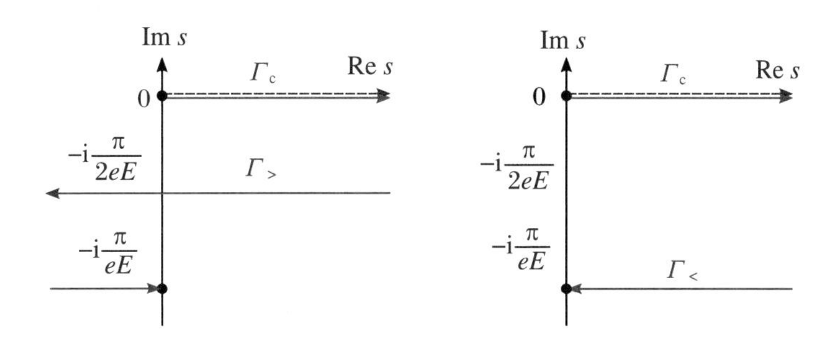

图 5.5 算符期待值固有时积分的不同路径图

图中带箭头的虚线指计算期待值$\langle \mathrm{out}|\cdots|\mathrm{in}\rangle$的路径$\Gamma_c$;带箭头的实线表示计算期待值$\langle \mathrm{in}|\psi(x)\bar{\psi}(y)|\mathrm{in}\rangle$所必需的两个变形的路径$\Gamma_>$(对$x_3>y_3$)和$\Gamma_<$(对$x_3<y_3$).图中的$e$对应书中的$q_f$.此图摘自文献[209].

5.2.3 手征磁效应

对 QCD 而言,量子反常和反映 QCD 真空拓扑结构的经典瞬子解密切关联,这会导致手征不平衡.这种不平衡如果和强外磁场相结合,可能会导致一种与手征反常相关的可观测物理效应,即手征磁效应(CME).前述的施温格效应对应的物理过程和费米子的手征特性密切相关:磁场 $\boldsymbol{B}$ 足够强的话会导致右手粒子和左手反粒子对的产生.即作为强外电场感应的产物,粒子对的产生会导致手征不平衡.这种手征不平衡如果和外磁场相耦合,也会产生手征磁效应.

1. 由轴子电动力学推导手征磁效应

大约自 2010 年以来,手征磁效应一直受到了极大的关注.定性上讲,手征磁效应由量子手征反常的拓扑特征诱导产生.手征磁效应的主要理论结果可以从诸多方法推导给出.麦克斯韦-陈-西蒙斯(Maxwell-Chern-Simons)理论,也称为轴子电动力学①,可以给出清晰的推导.轴子电动力学相当于在麦克斯韦理论中引入一个反映拓扑属性的项,即

$$L = \bar{\psi}(\mathrm{i}\not{D} - m)\psi - \frac{1}{4}F_{\mu\nu}F^{\mu\nu} - \frac{e^2}{16\pi^2}\theta F_{\mu\nu}\tilde{F}^{\mu\nu} \tag{5.60}$$

---

① 轴子(axion)是 20 世纪 70 年代为解决强相互作用中的 CP 守恒问题提出的假想粒子.1977 年的皮塞-奎恩理论(Peccei-Quinn theory)首先提到这个概念.轴子也是目前暗物质的热门候选者之一.

其中引入的涉及 θ 角的第三项通常称为陈-西蒙斯(Chern-Simons)项.假设 θ 也与时空相关,或者说也是一个场量,就会导致电磁场运动方程的改变.比如高斯定律和安培定律分别被修正为[211]

$$\nabla \cdot \boldsymbol{E} = \rho + \frac{e^2}{4\pi^2}(\nabla\theta)\cdot \boldsymbol{B} \tag{5.61}$$

$$\nabla \times \boldsymbol{B} = = \boldsymbol{j} + \frac{e^2}{4\pi^2}[\partial_t\theta\boldsymbol{B} - (\nabla\theta)\times \boldsymbol{E}] + \partial_t\boldsymbol{E} \tag{5.62}$$

可以看到电场散度表达式中多了一个和 θ 梯度相关的项 $\frac{e^2}{4\pi^2}(\nabla\theta)\cdot\boldsymbol{B}$;相应在磁场旋度的表达式中,在电流密度 $\boldsymbol{j}$ 的位置出现了一个新的和 θ 时空变化率相关的项.形式上看,后一个感应项和麦克斯韦预言的虚拟电流即位移电流类似,故其可能对应一种新的虚拟电流,但也不排除其对应真实的电流.可通过电荷守恒定律为其做定性鉴定(实际上,麦克斯韦的位移电流是由电荷守恒定律决定的,电场随时间的变化率代表的位移电流源于电荷守恒微分表达式里电荷密度对时间的导数).

注意到电场散度表达式出现的新电荷密度项 $\frac{e^2}{4\pi^2}(\nabla\theta)\cdot\boldsymbol{B}$ 与电流 $\frac{e^2}{4\pi^2}\partial_t\theta\boldsymbol{B}$ 以完全一致的方式出现,这意味着这种新的电流 $\frac{e^2}{4\pi^2}\partial_t\theta\boldsymbol{B}$ 是一种与麦克斯韦位移电流不同的真实电流(当然这里把 $\frac{e^2}{4\pi^2}(\nabla\theta)\cdot\boldsymbol{B}$ 直接当作真实电荷密度看待了;如果将其解释为虚拟电荷密度,那么对应的电流相当于虚拟的电流).若将 $\partial_t\theta/2$ 改为 μ_5,即所谓的手征化学势,则得到标准的手征磁效应的公式[212](手征磁效应相关的先期工作参考文献[213,214],也可参阅综述[169]):

$$\boldsymbol{j}_{\text{CME}} = \frac{e}{2\pi^2}\mu_5\boldsymbol{B} \tag{5.63}$$

若是多个费米子的体系,上述电流应乘以费米子自由度数.

手征磁效应是指由于费米子手征不平衡,在外磁场 $\boldsymbol{B}$ 作用下,会产生平行于 $\boldsymbol{B}$ 的感应电流.用轴子电动力学语言来表述,手征不平衡源于 $\partial_t\theta/2=\mu_5$.本质上,手征磁效应的物理驱动力来自量子手征反常,是量子反常导致的宏观量子效应.

上述手征磁效应的典型公式具有普适性,可以在 QCD 理论中得到同样形式的结果.该公式有几个特点:第一,受量子反常控制,具有非耗散的特性,这点类似于超流,和普通的遵守欧姆定律的电流不同;第二,对质量不敏感;第三,与温度无直接关系(但实际上参数 μ_5 是间接依赖于温度和环境的,可参阅下述手征磁效应在狄拉克半金属材料中的实现).第一点可以从手征磁效应电流公式左右侧的时间反演,即 T 变换解读:左侧电流和右侧磁场在 T 变换下均为“奇”,而欧姆定律两侧的电流和电场在 T 变换下为左“奇”右“偶”.手征磁效应的电流在 T 变换下的性质和二型超导绕 Abrikosov 涡旋的超导电流满足的伦敦关系 $\boldsymbol{J}=-\lambda^{-2}\boldsymbol{A}$($\boldsymbol{A}$ 为电磁场的矢量势,在 T 变换下为“奇”)类似,表明其具有非耗散性.因为和量子反常相关,手征磁下效应电流同样受拓扑保护.对该电流公式两侧做 P 变换,则左侧为“奇”,右侧为“偶”,意味着宇称被破缺.不同于传统的超导或者超流,手征磁效应并不需要对称性自发破缺.当然,手征磁效应的观测,比如在相对论重离子碰撞实验中,需伴随退禁闭和手征相变以满足该效应可能产生的条件.

图 5.6 是手征磁效应机制的示意图.根据定义,右手粒子自旋和动量方向相同,而左手粒子的自旋和动量反平行.强外磁场 $\boldsymbol{B}$ 的方向决定了粒子的自旋方向,从而左、右手粒子各自的动量方向也被确定.非零的手征化学势(这一称谓不严谨,因为手征荷并不守恒,而引入一个化学势通常对应某种守恒荷)μ_5 导致手征密度的不平衡:$n_5=n_\mathrm{R}-n_\mathrm{L}\neq 0$,而 $n_5\neq 0$ 和自旋-磁的关联会产生沿磁方向的净电流.出现这种感应电流是一种量子反常现象,在经典电动力学中是不会发生的.因为磁场对带电粒子不做功,感应电流的驱动力应该源自 μ_5.从这个视角看,μ_5 的物理意义可以理解为能量势.

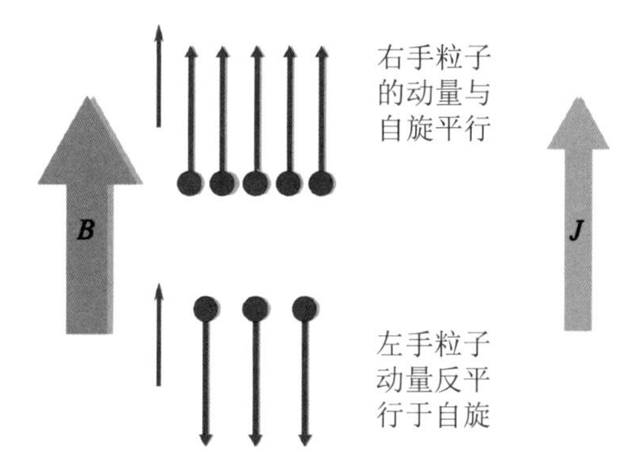

图 5.6 手征磁效应的物理图像

因自旋与外磁场 $\boldsymbol{B}$ 方向一致,带电粒子的动量方向由其手性确定.如图,右手粒子和左手粒子动量方向相反;如果右手粒子和左手粒子数目不对等,则沿着外加磁场方向表现为宏观的感应电流 j.而左、右手粒子数的不平衡源于量子手征反常.图中只以左、右手粒子为例;对于右手反粒子和左手反粒子,$\mu_5>0$ 则表现为负电荷沿着磁场方向的反向净流动,即同样生成沿磁场方向的电流.

2. 几点争议

争议一：对手征磁效应公式的物理解释是存在争议的.该电流公式最初是通过把系统当作平衡态来处理而得到的[212]，即引入手征化学势 μ_5，然后计算有背景矢势 $\boldsymbol{A}$ 情形(对应磁场 $\boldsymbol{B}$)的热力学势 $\Omega[\boldsymbol{A}]$，由公式 $\boldsymbol{j}\propto\delta\Omega/\delta\boldsymbol{A}$ 得到电流的表达式(稳恒系统电流与外场的相互作用能$\propto\int\boldsymbol{j}\cdot\boldsymbol{A}$).这种方法有两个常被诟病的问题：一是手征荷不守恒为何能引入一个“化学势”；二是即使引入化学势的问题不大，但出现永久电流的结果和热力学平衡态的前提又相互矛盾.一个有电流的状态，即使电流是恒定的，也应是一个处于非平衡的稳定态.但真正的热力学平衡态对应的 μ_5 应该是零.或许将这种基于热力学平衡态引入等效化学势 μ_5 的方法视为一种模拟非平衡稳定态的技术手段来使用比较合适.当然，可以按照弛豫过程来理解这种方法：μ_5 作为扰动导致非平衡态并出现感应电流，随着时间的推移，$\mu_5\to0$，平衡态恢复电流消失.

争议二：关于电流和 $\mu_5\boldsymbol{B}$ 的比值系数.用手征化学势 μ_5 来研究手征磁效应的方法被广泛采纳和使用，包括格点 QCD 计算和模型计算.注意在格点 QCD 的计算中，得到的电流和 $\mu_5\boldsymbol{B}$ 的比值并非上述典型公式中的 $1/(2\pi^2)$，而是有明显的压低[127].对于这一结果，著者在论文[215]里指出格点 QCD 中计算得到的这一比率压低的一种可能原因是相互吸引的作用，导致格点计算得到的感应电流和有效手征化学势 $\tilde{\mu}_5=\mu_5-2G_An_5$ 的比值为 $1/(2\pi^2)$.因为耦合常数 $G_A>0$ 导致有效化学势 $\tilde{\mu}_5<\mu_5$，从而格点计算得到的比值系数应为 $\tilde{\mu}_5/\mu_5$，即所谓的压低.文献[215]预言格点 QCD 计算得到的电流和 μ_5B 不必等于 $1/(2\pi^2)$，并且和温度相关.

5.2.4 手征分离效应(CSE)

手征磁效应是手征不平衡和外磁场联合导致产生非耗散电流(对应矢量流)，那么能否有某种条件也能感应出手征荷流(对应轴矢流)呢？无独有偶，外磁场下的正反粒子不平衡(粒子数化学势 μ 不为零)即可导致这样的感应流[216]，即手征分离效应(CSE).其对应的典型手征流公式为

$$\boldsymbol{j}_{\mathrm{CSE}}=\frac{q_{\mathrm{f}}}{2\pi^2}\mu\boldsymbol{B} \tag{5.64}$$

和手征磁效应的电流非常相似.显然，这个表达式两边的宇称变换是一致的，即宇称守恒.

产生上述轴矢流的物理机制和前述的手征磁效应中的矢量流类似，只不过前提是粒子或者反粒子数有净余. 定性的解释手征分离效应，可以参照手征磁效应的机制示意图(图 5.6)进行类似的分析. 比如对于 $\mu>0$ 的情形，即粒子数有净余，此时在外磁场下的极化与手征磁效应不同：右手粒子的动量沿着外磁场方向，左手粒子的动量沿着外磁场反方向，因此导致右手征荷向上流动，而左手征荷向下流动，从而造成手征荷的分离；同时，净余数越多，产生的流越强，电荷越大，极化程度越高，因此$\propto(q_{\mathrm{f}})\mu\boldsymbol{B}$. 与手征磁效应类似，由此产生的轴矢流也具有非耗散的特性. 对于 $\mu<0$ 的情形，即反粒子有净余，做类似的讨论可知，会形成与 $\mu>0$ 相反方向的轴矢量流.

通过对比发现，手征磁效应导致了矢量荷沿着外磁场方向的转移，而手征分离效应导致了手征荷或者轴矢量荷沿着外磁场方向的转移. 有时将矢量流和轴矢流分别用右手流和左手流表示更方便，即

$$\boldsymbol{j}_{\mathrm{R/L}}=\frac{\boldsymbol{j}\pm\boldsymbol{j}_5}{2}=\pm\frac{q_{\mathrm{f}}}{2\pi^2}\mu_{\mathrm{R/L}}\boldsymbol{B} \tag{5.65}$$

其中，$\mu_{\mathrm{R/L}}=(\mu\pm\mu_5)/2$ 分别为右手和左手粒子的化学势.

5.2.5 手征磁波

手征磁效应和手征分离效应导致的反常流会直接影响到手征物质流体的输运性质. 有趣的是，这两种效应造成的不同性质的荷流动可以相互激发，并可以波的形式传播. 设想外磁场下的 QGP 物质总体呈荷中性，局域会存在小的矢量荷密度和轴矢量荷密度的涨落. 比如某处先出现轴矢量荷密度涨落 $\delta n_5\propto\mu_5$，这意味着局部的手征不平衡，根据手征磁效应，该处会产生矢量流 $\boldsymbol{j}$；矢量流 $\boldsymbol{j}$ 的出现必然造成矢量荷沿磁场方向的流动转移，进而造成局部矢量荷密度的涨落 $\delta n\propto\mu$. 根据手征分离效应，该涨落会激发沿着磁场方向的轴矢量流 $\boldsymbol{j}_5$；而 $\boldsymbol{j}_5$ 的出现又进一步导致局部的手征不平衡，从而激发出新的轴矢量荷密度涨落 $\delta n_5\propto\mu_5$，于是又开始新一轮循环，并以波动的形式沿着外磁场方向向远处传播. 这种集体激发的波动模式，被称为手征磁波(CMW)[217].

手征磁波和流体力学中的声波很相似，后者是由能量密度涨落和压强涨落彼此激发、相互感应并向远处传播的集体激发模式. 这种集体激发模式是无能隙的. 手征磁波可通过左、右手征荷的连续性方程$\partial_t J^0_{\mathrm{R/L}}+\boldsymbol{\nabla}\cdot\boldsymbol{J}_{\mathrm{R/L}}=0$ 及手征磁效应/分离效应写出：

$$\left[\partial_0\pm\frac{q_{\mathrm{f}}}{(2\pi^2)\chi_{\mathrm{R/L}}}\boldsymbol{B}\cdot\boldsymbol{\nabla}\right]\delta J^0_{\mathrm{R/L}}=(\partial_0\pm v_B\partial_{\hat{B}})\delta J^0_{\mathrm{R/L}}=0 \tag{5.66}$$

其中，$\chi_{R/L}=\partial J^0_{R/L}/\partial\mu_{R/L}$，$v_B=\dfrac{q_f\boldsymbol{B}}{(2\pi^2)\chi_{R/L}}$. 显然 v_B 对应手征磁波的波速. 上式中的 $\pm$ 号代表左手、左手两种手征波分别沿着磁场正向和反向以共同的速率 v_B 传播. 与电磁波类似，可以给出手征磁波的频率和波矢间的关系.

手征磁波会影响到流体的输运性质，实际的情形比如相对论重离子碰撞产生的流体中也会伴有耗散现象.

5.2.6 手征磁效应的电磁实现

前文已述及强电磁场下的施温格效应就可以导致手征不平衡. 若通过施加一个外部的电场 $\boldsymbol{E}$，使得 $\boldsymbol{E}\cdot\boldsymbol{B}\neq0$，也可以造成手征不平衡从而可以替代 μ_5[218]. 以下简述在凝聚态物理领域实现上述手征磁效应的一种实验方法. 其思路是，选择 $\boldsymbol{E}\parallel\boldsymbol{B}$ 或尽量减小 $\boldsymbol{E}$ 和 $\boldsymbol{B}$ 之间的夹角来尝试探测手征磁效应的感应电流. 图 5.7(a) 给出了用负磁电阻观测手征磁效应的原理图. 首先选某种手性导体材料，对其施加一个外磁场和外电压. 因为有电压，所以会产生相应的电流：根据欧姆定律 $\boldsymbol{j}_{\rm Ohm}=\sigma_{\rm Ohm}\boldsymbol{E}$，其中，$\sigma_{\rm Ohm}$ 表示常规的欧姆电导率. 由于有电磁场背景，会出现手征不平衡而导致手征磁效应电流. 在实验的总电流中找出这种反常规电流，即可确认手征磁效应.

下面给出外电磁场下狄拉克半金属材料 $ZrTe_5$ 的相关理论和实验结果[219]. 理想狄拉克半金属材料对应的手征荷密度为

$$n_5=\frac{\mu_5^3}{3\pi^2v_F^3}+\frac{\mu_5}{3v_F^3}\left(T^2+\frac{\mu^2}{\pi^2}\right)\tag{5.67}$$

式中，v_F 代表费米速度. 从式(5.75)可以看出，当温度和化学势为零时，手征荷密度和手征化学势满足通常的三次方关系. 基于 QED 的手征反常以及左、右手费米子因散射相互转换造成的混合效应，得

$$\frac{{\rm d}n_5}{{\rm d}t}=\frac{e^2}{4\pi^2\hbar^2c}\boldsymbol{E}\cdot\boldsymbol{B}-\frac{n_5}{\tau_V}\tag{5.68}$$

其中，τ_V 表示手征变换的散射时间. 若时间足够长 $t\gg\tau_V$，可得密度的常数解为

$$n_5=\frac{e^2}{4\pi^2\hbar^2c}\boldsymbol{E}\cdot\boldsymbol{B}\tau_V\tag{5.69}$$

当 $\mu_5\ll\mu$ 时，手征化学势和电磁场的关系可简化为

$$\mu_5 = \frac{3}{4}\frac{v_F^3}{\pi^2}\frac{e^2}{\hbar^2 c}\frac{\boldsymbol{E}\cdot\boldsymbol{B}}{T^2+\frac{\mu^2}{\pi^2}}\tau_V \tag{5.70}$$

上式中手征化学势$\propto \boldsymbol{E}\cdot\boldsymbol{B}$,但同时依赖于温度与化学势.由感应电流标准表达式,可以预期 $\boldsymbol{j}_{CME}\propto(\boldsymbol{E}\cdot\boldsymbol{B})\boldsymbol{B}\propto\boldsymbol{B}^2$.从这个关系式可推断,与手征磁效应电流相关的电导率具有特殊的磁相关性:$\sigma_{CME}\propto\boldsymbol{B}^2$.而实验观测到的电流应为常规和反常电流的叠加 $\boldsymbol{j}_{Ohm}+\boldsymbol{j}_{CME}=(\sigma_{Ohm}+\sigma_{CME})\boldsymbol{E}$,其中,常规 σ_{Ohm}对 $\boldsymbol{B}$ 的依赖性很小.因此,如果电导率的异常分量随 $\boldsymbol{B}^2$ 增加,将是 σ_{CME}的一个明显实验特征,从而可作为手征反常存在的佐证.这种按照 $\boldsymbol{B}^{-2}$被抑制的电阻率被特称为"负磁电阻",可以算作磁电阻效应家族中的新成员.图5.7(a)展示了用狄拉克半金属材料检验手征磁效应的原理图.图 5.7(b)是基于狄拉克半金属材料 $ZrTe_5$ 电阻率的"负磁阻"的实验结果[219],和理论预言是一致的.

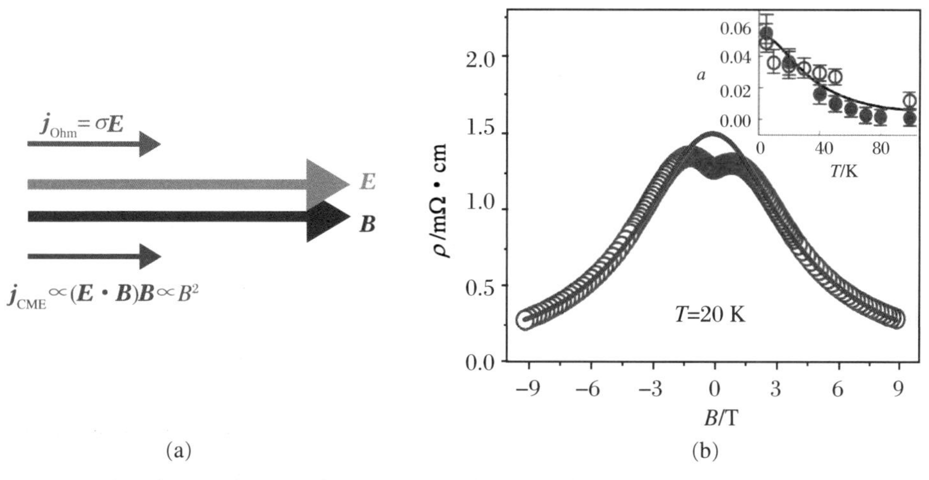

图 5.7 (a) 用负磁电阻观测手征磁效应的原理图.常规电流符合欧姆定律,手征磁效应对应的反常电流和磁场强度的平方成正比;(b) 在狄拉克半金属材料 $ZrTe_5$ 中观测到的负磁阻效应.电阻率随 $\boldsymbol{B}^{-2}$ 压低,证实了手征磁效应的预测

(b)图摘自文献[219].

在上面的讨论中,已经假设了所产生的手征不平衡的弛豫过程[219],稍早一些的文献[220]在手征动力学理论的框架下也采用了弛豫时间近似.注意上面假设弛豫时间 τ_V 与 $\boldsymbol{B}$ 无关,从而预测了电导率对 $\boldsymbol{B}$ 的二次依赖关系.一般而言,弛豫时间或微观散射过程是受磁场依赖的.包括更高的朗道能级在内的电导率的完整场理论计算表明,物理上对 $\boldsymbol{B}$ 的渐近依赖不是二次的,而是线性的[221].

5.2.7 手征磁效应、手征磁波与相对论重离子碰撞

如前所述，手征磁效应的思想源于高能核物理研究，但率先在凝聚态物理实验中被观测到．这反映了在高能核物理领域实现或者鉴别出手征磁效应难度大、复杂程度高．通过非对心的相对论重离子碰撞实验来验证或者实现手征磁效应是当前高能核物理研究领域的重要目标之一．

手征磁效应的实现需要 3 个基本要素，即手性物质、手征不平衡及外磁场．非对心的相对论重离子碰撞实验可以满足上述 3 个条件，为验证手征磁效应并进而检验非微扰 QCD 的特性尤其是其真空拓扑性及其涨落的验证提供了理想场所．手征磁效应、手征涡旋效应（见后面转动效应小节）、手征磁波等涉及手征流和相关密度的转移，即会直接影响到手性流体物质的输运特性．因此，可以通过 RHIC 以及 LHC 的非对心相对论重离子碰撞实验寻找这些反常手征效应或者集体激发存在的信号．图 5.8 为非对心相对论重离子碰撞实验产生强磁场及角动量的示意图．

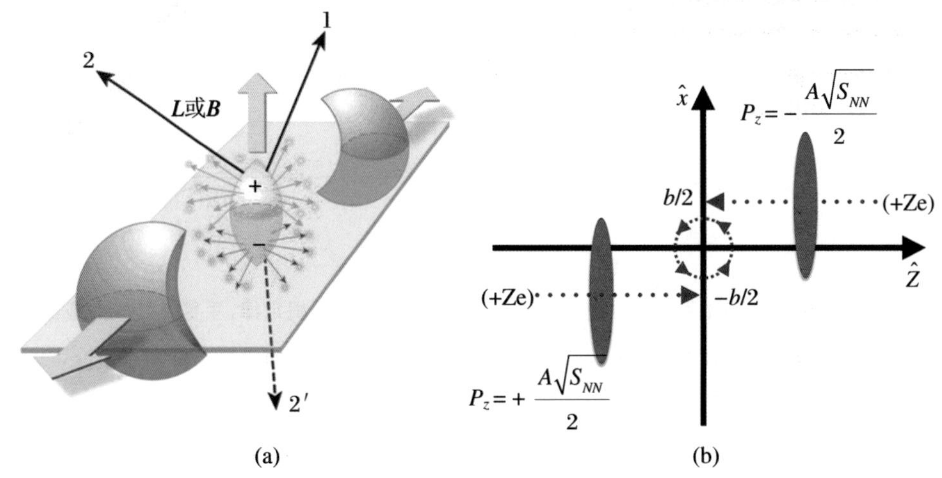

图 5.8 (a) 非对心相对论重离子碰撞产生强磁场 $\boldsymbol{B}$ 和角动量 $\boldsymbol{L}$ 的示意图；(b) 两个带正电荷 Ze 的重离子的非对心碰撞试验反应面的示意图

图(a)中灰色平面为反应面，碰撞产生的磁场和角动量的方向与反应面垂直，中间的火球沿着反应面法线方向的两端出现正负电荷的分离．图(b)中 b 为碰撞参数，中心的涡旋线代表碰撞导致旋转，从而产生强磁场和角动量．图(a)摘自文献[222]，图(b)摘自文献[172]．

1. 手征磁效应的相对论重离子碰撞实验信号

手征磁效应会造成电荷分离，即导致手性物质的电荷不对称或者表现出宏观电偶极矩. 这体现在碰撞产物中带正/负电强子在方位角分布上的不对称性，即

$$\frac{\mathrm{d}N_{\pm}}{\mathrm{d}\phi} \propto 1 \pm a_1 \sin(- \Psi_{\mathrm{RP}}) + \cdots \tag{5.71}$$

其中，ϕ 为方位角，Ψ_{RP}为反应面的方位角. 上式中参数 a_1 表征了这种不对称性和 μ_5 的符号相关. 但在相对论重离子碰撞实验中，μ_5 的正负号只有碰撞后才知道，即是一个随机涨落的物理量. 这意味着就大量的碰撞事例平均而言，$\langle a_1 \rangle$和$\langle \mu_5 \rangle$一样趋于零，因此不能用来作为手征磁效应的实验信号. 为此，表征两粒子关联的物理量 γ[223]：

$$\gamma^{\alpha\beta} \langle \cos(\phi^{\alpha} + \phi^{\beta} - 2\Psi_{\mathrm{RP}}) \rangle \tag{5.72}$$

和 δ[224]：

$$\delta^{\alpha\beta} = \langle \cos(\phi^{\alpha} - \phi^{\beta}) \rangle \tag{5.73}$$

被联合用来作为鉴别手征磁效应的信号. 其中，ϕ^{α} 和 ϕ^{β} 分别代表带电荷 α 和 β 的一对粒子的方位角，其中，$\alpha\beta$ 表示的电荷组合共计 4 种：$(++)$，$(--)$，$(+-)$，$(-+)$. 则 $\gamma<0$ 且 $\delta>0$(这里及随后把角标 $\alpha\beta$ 省略)表示一对粒子一起沿着反应平面的法向方向运动；$\gamma<0$ 且 $\delta<0$ 表示一对粒子背对背沿着反应平面的方向运动；$\gamma>0$ 且 $\delta<0$ 表示一对粒子背对背沿着反应平面的法向方向运动；$\gamma>0$ 且 $\delta>0$ 表示一对粒子一起沿着反应平面的方向运动. 对手征磁效应相关的沿着反应面法向的两粒子移动，相应的关联有 $\gamma_{\mathrm{CME}}^{++(--)} \rightarrow -\langle a_1^2 \rangle$及 $\gamma_{\mathrm{CME}}^{+-(-+)} \rightarrow +\langle a_1^2 \rangle$，这可以通过 δ 的符号来区别沿着反应面运动的两个粒子的运动.

为了区分背景噪声，上述两粒子关联进一步被分解为[225]

$$\gamma^{\alpha\beta} = \kappa v_2 F^{\alpha\beta} - H^{\alpha\beta}, \quad \delta^{\alpha\beta} = F^{\alpha\beta} + H^{\alpha\beta} \tag{5.74}$$

其中，H 代表和手征磁效应相关的关联，而 F 表示其他各种可能的背景贡献. 通过测量 γ，σ 和椭圆流参数 v_2 以及对参数 κ 给出某种合理的评估，可以抽取出关联 H 的信息.

2. 手征磁波的相对论重离子碰撞实验信号

相对于手征磁效应的偶极子，手征磁波可造成手征物质出现荷的四极矩分布. 由于相对论重离子碰撞产生的火球初态具有非零的电荷密度，因此根据手征磁波的理论，沿着反应面法线方向会形成相向而行的右手波和左手波. 这就会导致火球的初始电荷沿该

方向两端,即方位角 $\phi-\Psi_{\mathrm{RP}}=\pm\frac{\pi}{2}$处转移.又因为电荷守恒,所以必然造成火球中部相当于“赤道”部位,即 $\phi-\Psi_{\mathrm{RP}}=0$ 处的正电荷密度的减少.这种在垂直于碰撞方向的横截面上的电荷转移导致非零的电四极矩(电偶极矩为零).相应地,这会影响到后期带电强子相对于反应面的方位角分布:在反应面内和反应面外带相反电荷的强子的不均衡[226].进而导致异性电荷强子间椭圆流系数 v_2 的差异.这种差异可以量化[226]为(对 $\pi^{\pm}$ 介子而言)

$$\Delta v_2 = v_2^{\pi^-} - v_2^{\pi^+} \simeq rA_{\mathrm{ch}} + \Delta^{\mathrm{base}} \tag{5.75}$$

其中,$A_{\mathrm{ch}}=\frac{N_+-N_-}{N_++N_-}$为表征某强子电荷不对称性的可观测量,$r$ 为由手征磁波理论决定的参数,Δ^{base}项代表和手征磁波无关的贡献.

3. 已有的实验结果与展望

目前,手征磁效应、手征磁波的相关非对心相对论重离子碰撞实验已经给出了一些肯定的信息.图 5.9 给出了 RHIC 的金离子-金离子非对心碰撞(束能扫描范围为 7.7~200 GeV)和 LHC 的铅离子-铅离子非对心碰撞(束能为 2.76 TeV)在不同碰撞中心度下得到的关联函数 γ.可以看到当对撞能 $\sqrt{S_{NN}}\gtrsim 19.6$ GeV 时,关联函数有明显的电荷不对称性.另外,该图显示碰撞中心度越低,这种电荷不对称性就越高.这些都符合手征磁效应的预期.图 5.10(a)显示了 RHIC 的金离子-金离子非对心碰撞(束能为200 GeV)实验得到的 π^- 和 π^+ 介子的椭圆流参数 v_2 的差值对电荷不对称量 A_{ch}的依赖关系.图中显示椭圆流差值和 A_{ch}基本呈线性关系,这和前述的手征磁波信号的预期式(5.75)是一致的.图 5.10(b)则显示了斜率 r 对碰撞能的依赖关系.可以看到,当$\sqrt{S_{NN}}\gtrsim 20$ GeV 时,上述斜率有限且满足 $r>0$.这和存在手征磁波的信号预期一致.而低碰撞能时 r 趋于零可能预示着手征对称性破缺没有得到有效恢复.

但目前还不能完全确认在相对论重离子碰撞实验中存在手征磁效应和手征磁波,主要原因在于背景信号太强使得难以单独分离出只和上述效应或集体激发相关的确切信号.理论上的不确定性和实验上的局限性使得通过相对论重离子碰撞实验来验证手征磁效应(包括手征涡旋效应)以及手征磁波仍具有一定的挑战性.这首先需要在理论上进一步澄清产生各种噪声背景信号的物理机制,以及提出更易鉴别的物理量和实验方案.

同质异位素的非对心对撞实验有希望得到更明确的手征磁效应是否存在的信号.这一实验的方案思路是考虑选取一对具有相同质量但不同电荷的同质异位素各自进行非对心对撞并进行比较.比如 Ru 和 Zr,两者均含 96 个核子(即 $A=96$),但电荷不同:前者对应 Z = 44，后者对应 Z = 40. 那么在相同的碰撞参数下，Ru + Ru 和 Zr + Zr 对撞后产生的磁场会有约 10%的差异，但其他的背景信息基本相同（理想情况下）. 这个 10%的磁场差异会导致 γ 关联函数有 20%的差异，因为背景噪声类似，有希望在 RHIC 的束能扫描二期（BSE-Ⅱ）实验中得到手征磁效应明确存在的信号.

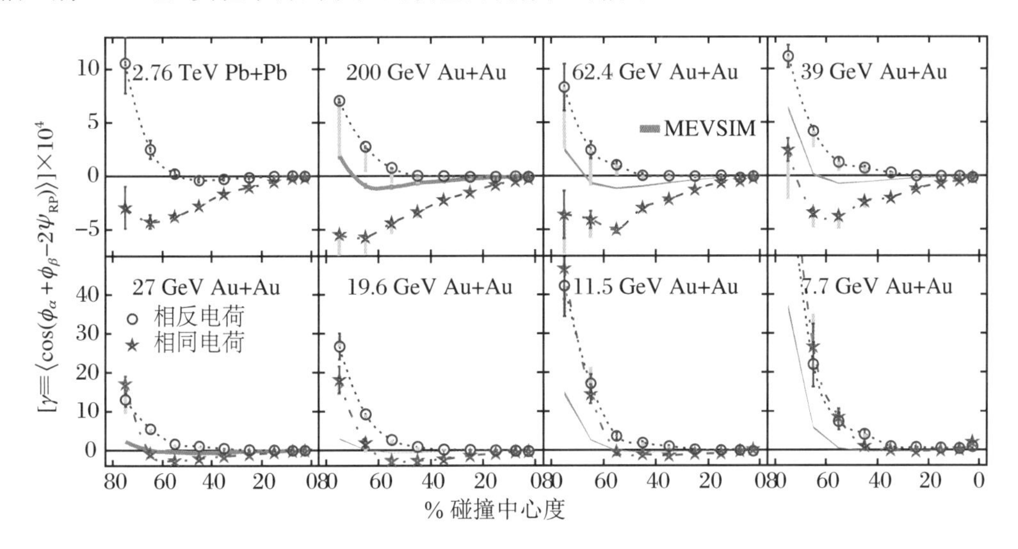

图 5.9 RHIC 的金离子-金离子非对心碰撞（束能扫描范围为 7.7～200 GeV）和 LHC 的铅离子-铅离子非对心碰撞（束能 2.76 TeV）在不同碰撞中心度下得到的关联函数 $\gamma^{\alpha\beta}$

图中星号代表相同电荷间的关联，圆圈代表相异电荷间的关联. 摘自文献[169].

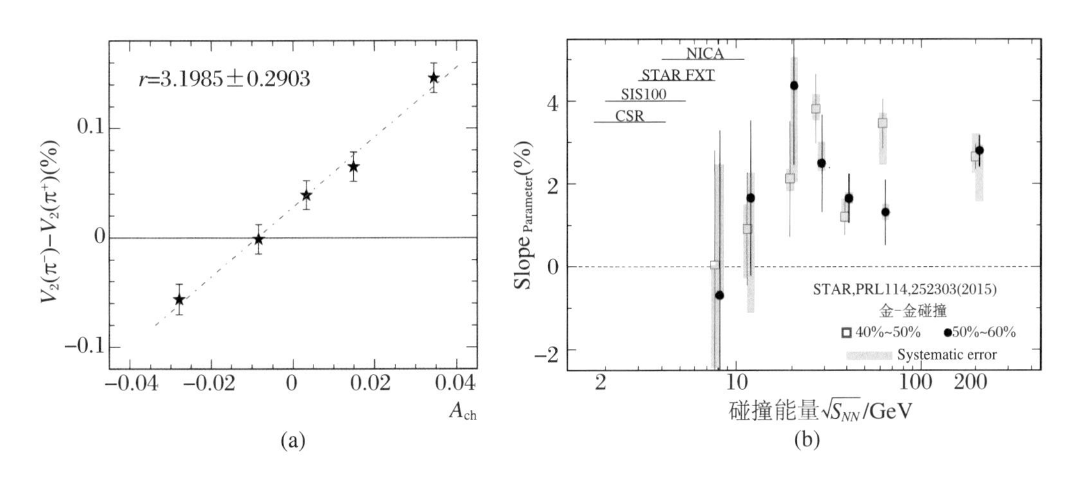

图 5.10 (a) RHIC 的金离子-金离子非对心碰撞（束能 200 GeV）得到的介子 π^- 和 π^+ 的椭圆流参数 v_2 的差值对电荷不对称量 A_{ch} 的依赖关系；(b) RHIC 的金离子-金离子非对心碰撞得到的 π 介子的电荷不对称斜率参数 r 对碰撞能的依赖关系

图(a)对应的碰撞中心度为 30%～40%. 图(b)摘自文献[227].

5.2.8 强外磁场下的超导态

超强外磁场(预期超过 10^{20} G)可能将 QCD 的真空转化成超导态,而促成这一相变的主角是带电荷的 $\rho^{\pm}$ 介子[228,229].这一可能的超导态具有非均匀、各向异性的特点,强磁场和 $\rho^{\pm}$ 介子相互作用导致无耗散的沿着外磁场的电流.

导致这一理论预言的关键是强外磁场下带电的 $\rho^{\pm}$ 介子的有效质量变为 $m_{\rho^{\pm},\mathrm{eff}}^{2}(B)=m_{\rho^{\pm}}^{2}-|eB|$.尽管在低温下磁催化作用对 $\rho^{\pm}$ 介子的质量有正面贡献,但是上式表明足够强的外磁场可以导致 $\rho^{\pm}$ 介子的质量变为零.这意味着此时的 QCD 基态会出现 $\rho^{\pm}$ 介子凝聚,即发生了相变.基于 NJL 模型的 $\rho^{\pm}$ 介子凝聚的研究可以参看文献[229].这一玻色-爱因斯坦凝聚的出现和零温时同位旋化学势超过 π 介子的质量会导致带电的 π 介子凝聚非常相似,后者因为足够大的同位旋化学势使得一个带电 π 介子的有效质量变为零.不同之处是,强磁场可以使得带正负电荷的介子 ρ^{+} 和 ρ^{-} 的有效质量都变为零.

需要指出的是,强外磁场下是否会出现矢量介子的凝聚是一个存在争议的问题.文献[230]基于 Vafa-Witten 定理①,指出在 QCD 理论(属于矢量型的规范场论)中带电荷的矢量介子凝聚是不允许的.矢量介子凝聚的提出者给出的回应[231]是矢量介子凝聚将 QCD 的相关整体对称性和电磁规范群锁定了,因而并不违反 Vafa-Witten 定理.文献[232]也指出"强版"的 Vafa-Witten 定理,即既无凝聚又无戈德斯通玻色子,不适用于强磁场下的 QCD 矢量介子凝聚;而"弱版"的 Vafa-Witten 定理仅仅证明了矢量类规范场没有戈德斯通玻色子,并不能保证真空的对称性,这和出现矢量介子凝聚并不冲突.文献[232]特别指出文献[230]计算得到零凝聚的原因在于先入为主地选择了对称性真空而忽略了对称性破缺的真空.强磁场下的 $\rho^{\pm}$ 介子凝聚恰巧没有戈德斯通玻色子,其原因是希格斯机制在起作用(即被吃掉了),所以和"弱版"的 Vafa-Witten 定理并不矛盾.强磁场下的超导态得到了一些模型计算的支持,但这些模型近似是否满足"弱版"的 Vafa-Witten 定理的要求目前并不清楚.

① Vafa-Witten 定理是指对矢量类的规范理论(比如 QCD)而言,如果 θ 角为零,那么矢量类的整体对称性自发破缺(比如重子数,同位旋等)是被禁止的.

5.3 转动效应

在许多物理问题中，角动量引起的物理效应在现象学上和磁场引起的物理效应类似. 事实上，旋转的手性物质也会产生一种电流，和手征磁效应的电流很相像. 这种由旋转诱导生成轴向电流的效应称为手征涡旋效应(CVE). 在相对论的语言中，轴向电流算符和自旋算符相对应，所以手征涡旋效应可视为一个从机械旋转到自旋或磁化的输运传送过程，相当于相对论性的巴尼特效应(Barnett effect)①. 以此类推，一个自然的想法就是爱因斯坦-德哈斯效应(Einstein-de Haas effect)②的相对论推广. 这些都是比较前沿的研究主题，相关研究尚不成熟或没有定论. 这里简要地给出一些带有推测性质的观点.

外加旋转可影响到系统基态的性质并导致一些有趣的物理效应. 比如对相图会有影响[233]，可能会导致标量凝聚[234]以及 π 介子凝聚[235]等. 以下为旋转问题的一些简要回顾.

5.3.1 旋转的手性费米子系统

旋转效应在物理学的某些研究领域已经被很好地理解，例如核物理中证实所有变形的原子核必须旋转以部分恢复被破坏的对称性. 这样的量子系统在转动坐标系可以用旋转哈密顿量来描述，即哈密顿量中添加一个转动项 $\boldsymbol{j}\cdot\boldsymbol{\omega}$(其中，$\boldsymbol{\omega}$ 是角速度矢量，$\boldsymbol{j}$ 表示总角动量). 这个能量转动项可以看作一种有效化学势. 在这个意义上，这种旋转兼具磁场和密度的双重特性. 比如，文献[236]中特别提到旋转和有限密度之间的相似性，并展示了旋转亦可诱导出反磁催化效应；文献[233]则展示了温度-旋转角速度二维相图与常规的温度-化学势相图确实具有一定的相似性.

处理旋转费米子系统可采用两种方法：一种是将其看成整体的转动(即看作刚体式

---

① 巴尼特效应：指将一个不带电物体绕某一轴旋转时，此物体就沿此轴磁化. 由美国物理学家塞缪尔·巴尼特受到欧文·理查森 1908 年预言的启发，于 1915 年发现.

② 磁化铁磁体可诱发铁磁体的力学转动，这种现象称为爱因斯坦-德哈斯效应(即和巴尼特效应相反，此效应同样于 1915 年被发现). 该效应反映了量子力学中的自旋角动量和经典力学中的转动角动量具有相同的本质，也为安培的分子电流假说提供了证据. 注：德哈斯是荷兰著名物理学家洛伦兹的女婿，师从诺贝尔奖获得者昂内斯.

转动),可用场论的方法来计算;另一种则采用局域涡旋的流体力学方法.这两种方法各有其优缺点.这里简单介绍一下第一种方法,其优点是易于考虑有限尺寸系统的轨道角动量(因中心转动和边界条件限制,该方法得到的物理量具有各向异性的特征).求解如下的自由狄拉克方程是第一种方法的基础:

$$[\mathrm{i}\gamma^{\mu}(\partial_{\mu}+\Gamma_{\mu})-m]\psi=0 \tag{5.76}$$

其中,$\Gamma_{\mu}=-\dfrac{1}{4}\omega_{\mu ij}\sigma^{ij}$.这里的旋量场关联 $\omega_{\mu ij}=g_{\alpha\beta}e_i^{\alpha}(\partial_{\mu}e_j^{\beta}+\Gamma_{\mu\nu}^{\beta}e_j^{\nu})$ 由度规张量和标架场构成.注意绕固定轴的旋转系统不再是一个惯性系:根据爱因斯坦的等效原理,引力和非惯性系是不可区分的.在广义相对论中,引力和惯性效应通过弯曲时空的度规和联络来表示.若选择沿 z 轴以角速度 ω 旋转,其对应的度规张量为

$$g_{\mu\nu}=\begin{pmatrix}1-(x^2+y^2)\omega^2 & y\omega & -x\omega & 0\\ y\omega & -1 & 0 & 0\\ -x\omega & 0 & -1 & 0\\ 0 & 0 & 0 & -1\end{pmatrix} \tag{5.77}$$

而标架场可选为(不唯一)

$$e_0^t=e_1^x=e_2^y=e_3^z=1,\quad e_0^x=y\omega,\quad e_0^y=-x\omega$$

则对应的狄拉克方程化为

$$\left\{\mathrm{i}\gamma^0\left[\partial_t+\omega\left(-x\partial_y+y\partial_x-\frac{\mathrm{i}}{2}\sigma^{12}\right)\right]-\mathrm{i}\gamma^1\partial_x-\mathrm{i}\gamma^2\partial_y-\mathrm{i}\partial^3\partial_z-m\right\}\psi=0 \tag{5.78}$$

该式清楚地表明能量部分多了一个和 ω 相关的推转项,其中括号内的部分恰为 z 轴方向的角动量.这一转速与角动量耦合的能量移动是理解各种转动物理效应的关键.

5.3.2 手征涡旋效应

对于转动的手征物质,比如非对心的相对论重离子碰撞产生的夸克胶子等离子体,可能存在类似于手征磁效应的手征涡旋效应(CVE).简单的理解,就是角动量和角速度耦合的推转项和磁矩在外磁场中的能量类似,即角速度和外磁场扮演类似的角色.因为流体的涡旋可以看成是速度场的旋度,即 $\boldsymbol{\omega}=\dfrac{1}{2}\boldsymbol{\nabla}\times\boldsymbol{v}$,而磁场是矢量势 $\boldsymbol{A}$ 的旋度,故流

体的速度场 $\boldsymbol{v}$ 和电磁学的矢量势 $\boldsymbol{A}$ 类同.因而可以预期,由于手征反常以及手征不平衡,旋转的手征物质也会产生具有非耗散特性的电流.与手征磁效应电流对应,手征涡旋效应产生的电流(只考虑一种旋转的带电荷 q_{f} 的费米子)可表示为

$$\boldsymbol{j} = \frac{q_{\mathrm{f}}}{2\pi^2}\mu_5 2\mu\boldsymbol{\omega} \tag{5.79}$$

这一结果最先由全息模型以及反常流体力学得到.

上式表示手征反常$\left(\dfrac{q_{\mathrm{f}}}{2\pi^2}\right)$、手征不平衡($\mu_5$)以及正反粒子数不平衡($\mu$)是导致手征涡旋效应的必备条件.该式的定性解释可归结为如下几点:

(1) 由于定向的旋转,使得费米子得以极化且所有粒子、反粒子的自旋均指向 $\boldsymbol{\omega}$ 的方向(这一点和外磁场不同);

(2) 若 $\mu_5>0$,但 $\mu=0$,即右手粒子和反粒子有净余但正、反粒子数相等,净余的右手粒子和反粒子动量均指向 $\boldsymbol{\omega}$ 但带相反的电荷,因而相互抵消没有净电流;

(3) 若 $\mu_5=0$,但 $\mu>0$,即粒子净余但左、右手粒子数相同,则同样右手粒子向 $\boldsymbol{\omega}$ 方向运动,左手粒子则反向运动,仍然相互抵消无净电流;

(4) 若 $\mu_5>0$,但 $\mu>0$,则右手粒子出现净余,会沿着 $\boldsymbol{\omega}$ 方向运动从而产生电流,该电流正比于净余的右手粒子密度,即应正比于 $\mu\mu_5$.这一分析亦可用于其他 $\mu_5\neq0$ 和 $\mu\neq0$ 的组合.由于必须以手征反常为前提,与手征磁效应类似,这个电流也是拓扑保护的,即具有非耗散性.

类似于手征分离效应,整体旋转的流体亦可产生轴性流[213],即有

$$\boldsymbol{j}_5 = \left[\frac{1}{6}T^2 + \frac{1}{2\pi^2}(\mu^2 + \mu_5^2)\right]\boldsymbol{\omega} \tag{5.80}$$

或者结合手征涡旋效应的矢性流表达式,可得如下的手性流:

$$\boldsymbol{j}_{\mathrm{R/L}} = \left(\frac{T^2}{12} + \frac{\mu_{\mathrm{R/L}}^2}{\pi^2}\right)\boldsymbol{\omega} \tag{5.81}$$

这一结果表明,轴(手)性流不光和手征化学势和化学势相关,亦与温度相关.上两式中的几种化学势平方项前的参数 $1/(2\pi^2)$ 表明该部分贡献源于手征反常.和温度相关的部分是否和量子反常相关仍存在争议,一种观点是其和混合的引力手征反常相关[237].

和手征磁效应类似,手征涡旋效应可能出现在不同的物理系统,并引起反常的输运效应.与手征磁效应的实验验证类似,相较于复杂的非对心的相对论重离子碰撞实验,这种和转动相关的反常效应可能会在凝聚态物理实验中的手性费米子系统中被率先直接观测到或者得到类似的效应.在实验室中验证这种效应需要精密的实验机械设计来控制

物理旋转，而一些和手征涡旋效应非常相似的现象可以通过圆偏振电磁场得到.相关的光学装置已经在量子光学和激光物理中得到了深入的研究，而基于量子场论的研究请参见文献[238].研究转动效应的一种强大理论工具是弗洛凯理论[239]，对应布洛赫定理的时间版本.这一研究方向有很多有趣的问题需进一步地探讨.

5.3.3 手征涡旋波

和外磁场下的手征磁波对应，旋转系统也存在类似的无能隙集体激发，即手征涡旋波(CVW)[240].设想整体旋转的手性物质，其具有均匀的矢量荷对应的化学势 $\mu=\mu_0\neq 0$.根据手征磁效应和手征涡旋效应典型公式的对比，$\mu\boldsymbol{\omega}$ 扮演着外磁场 $\boldsymbol{B}$ 的角色.此时若某处出现轴矢量荷密度涨落 $\delta n_5 \propto \mu_5$，即局部的手征不平衡，则根据手征涡旋效应，该处会产生矢量流 $\boldsymbol{j}$；而矢量流 $\boldsymbol{j}$ 会造成矢量荷沿旋转方向的转移，进而形成局部矢量荷密度的涨落，由式(5.80)会激发沿着旋转方向的轴矢量流 $\boldsymbol{j}_5$；而 $\boldsymbol{j}_5$ 又会导致局部的手征不平衡，于是新一轮循环开始，以波动的形式沿着旋转方向传播.即形成手征涡旋波这种集体激发的波动模式.

和手征磁波比较，手征涡旋波需要以非零的矢量荷密度背景为前提.忽略温度效应，类似手征磁波的推导，通过连续性方程 $\partial_t \boldsymbol{J}^0_{\mathrm{R/L}}+\boldsymbol{\nabla}\cdot\boldsymbol{j}_{\mathrm{R/L}}=0$ 可以得到左、右手手征荷密度涨落满足的波动方程：

$$\left(\partial_0 \pm \frac{2\mu_0}{(\pi^2)\chi_{\mathrm{R/L}}}\boldsymbol{\omega}\cdot\boldsymbol{\nabla}\right)\delta\boldsymbol{J}^0_{\mathrm{R/L}}=(\partial_0 \pm v_{\mathrm{B}}\partial\hat{\boldsymbol{\omega}})\delta\boldsymbol{J}^0_{\mathrm{R/L}}=0 \tag{5.82}$$

其中，$\chi_{\mathrm{R/L}}=\partial\boldsymbol{J}^0_{\mathrm{R/L}}/\partial\mu_{\mathrm{R/L}}\big|_{\mu_{\mathrm{R/L}}=\mu_0}$，$v_{\mathrm{w}}=\dfrac{2\mu_0 w}{(\pi^2)\chi_{\mathrm{R/L}}}$，显然 v_{w} 对应手征涡旋波的波速.

5.3.4 手征巴尼特效应

和转动相关的一个著名非相对论物理效应是巴尼特效应，即可以将与机械转动相关的角动量转化为自旋.作为手征涡旋效应的一个自然预期，就是应该存在相对论性推广的巴尼特效应，或者手征巴尼特效应.

经典巴尼特效应的表示式为

$$\boldsymbol{M}=\frac{\chi_{\mathrm{B}}}{\gamma}\boldsymbol{\omega} \tag{5.83}$$

其中，$\boldsymbol{M}$ 为磁化强度，$\gamma = g \cdot q/(2m)$为回转磁比率，χ_B 是磁化率. 该式中出现 γ 和 χ_B 的原因是把角动量和角速度间耦合得到的能量项等效于磁矩和有效磁场强度间耦合得到的能量项. 从上式可以看出，质量越大，巴尼特效应就越明显. 这也是原子核的巴尼特效应能被实验观测到的原因. 需强调的是，巴尼特效应中的旋转体是整体电中性的. 巴尼特效应表明绕固定轴的旋转体可以被旋转磁化.

将经典巴尼特效应推广到相对论情形，首先遇到的问题是角动量如何分解成轨道角动量和自旋角动量. 对轻费米子而言，从拉氏量出发由角动量守恒可以得到如下的诺特守恒流：

$$J^k = \epsilon^{ijk} \mathrm{i}\bar{\psi} \left\{ \gamma^0 x^i \partial^j - \gamma^0 x^j \partial^i + \frac{1}{4} \gamma^0 [\gamma^i, \gamma^j] \right\} \psi \tag{5.84}$$

从形式上看，上式括弧内的前两项对应轨道角动量，则第三项$\frac{1}{4}\gamma^0[\gamma^i, \gamma^j]$应对应自旋角动量. 由狄拉克矩阵的特性，可得到这个自旋角动量对应轴矢流，即 $S^k = j_5^k/2$. 以此假设为依据，文献[241]基于运动学理论，研究发现相对论旋转系统的自旋期待值不但有纵向分量(即沿着 $\boldsymbol{\omega}$ 方向)，而且有横向的分量：

$$\begin{aligned} \langle \boldsymbol{S} \rangle_{\perp} &= \sum_{\pm} \mp \hbar \frac{\boldsymbol{\omega} \times \boldsymbol{x}}{6} \int \frac{\mathrm{d}^3 p}{(2\pi)^3} p f'_{\mathrm{R/L}}(p) \\ &= \frac{\hbar}{2} (\boldsymbol{\omega} \times \boldsymbol{x}) n_5 \end{aligned} \tag{5.85}$$

这个似乎有点类似于相对论横向多普勒效应. 上式表明，这个旋转造成的横向自旋流的非平凡巴尼特效应和手征不平衡及横向速度相关. 自然的解释是由手性费米子自旋和动量关联造成的：因为旋转，手征物质获得了垂直于转轴的横向动量，从而亦出现自旋的横向极化. 这一效应如果成立，就意味着因旋转而出现自旋的净横向分量可以产生绕轴的横向环形磁场. 这种涡旋磁化或许与既有磁场又有旋转的中子星有关.

实际上，文献[242]在研究电子系统自旋和转动耦合时，基于自旋-轨道耦合得到了类似的结论，即出现了非平凡的横向自旋流. 但两者的机制不同，前者源自手性粒子的自旋与动量的“捆绑”，后者归因于自旋-轨道的相互作用. 另外需强调的是，如何分解角动量是一个微妙的问题(即在相对论情形下这种分解并不唯一). 所以上述的横向手征巴尼特效应仍是一个理论假设.

5.3.5 手征爱因斯坦-德哈斯效应

爱因斯坦-德哈斯效应和巴尼特效应是一个相反的过程.实际上,巴尼特受爱因斯坦-德哈斯效应的启发进而提出了巴尼特效应.爱因斯坦-德哈斯效应是因角动量守恒导致源自自旋的磁化可以部分转化为轨道角动量相关的磁化,从而引起宏观的机械转动.经典的爱因斯坦-德哈斯效应可以在铁磁材料中得以实现.该效应进一步佐证了经典物理的角动量概念和量子物理的角动量概念两者在本质上是密切关联的.

与上述的手性巴尼特效应对应,就是经典爱因斯坦-德哈斯效应的相对论推广,或可称为手征爱因斯坦-德哈斯效应.但理论上这一推广是非平庸的,存在不少难以处理的微妙问题,亟待后期的深入研究.注意,文献[241]中将上述旋转导致出现横向的自旋效应(轨道角动量必须做相应的调整以保证总角动量守恒)比对为手征爱因斯坦-德哈斯效应.

图 5.11 展示了转动、磁化和自旋流间的角动量转移关系.而将图中的相互转化关系拓展到相对论情形的手性物质系统,尝试挖掘和寻找新的物理效应特别是和量子反常相关的效应,无疑是后期非常值得关注的研究方向.

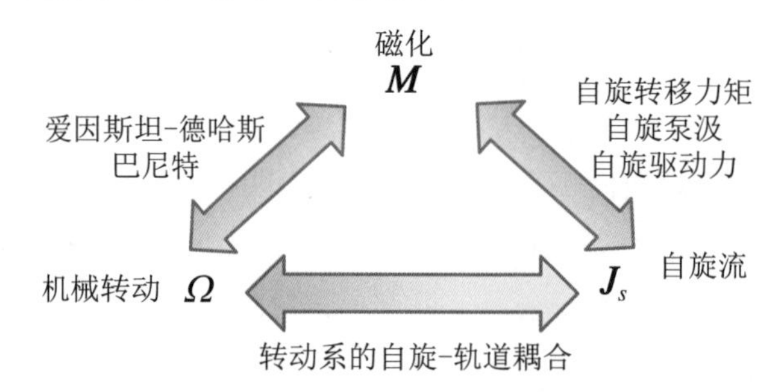

图 5.11 相互作用与角动量转移:转动(Ω)、磁化(M)和自旋流(J_s)间的相互转化关系图
摘自文献[242].

5.4 一些公开的问题

非对心的相对论重离子碰撞实验为研究 QED + QCD 的物理提供了绝好的平台.实

验产生的超强电磁场与涡旋、手征物质和量子反常相结合，可以导致诸多的物理效应，为研究强场下的 QED + QCD 物理带来了良好的机遇.

以下列出目前存在的关于通过相对论重离子碰撞产生强外电磁场来研究 QCD 乃至 QED 物理的几个公开问题：

(1) 对撞产生的磁场如何随时间演化尚不清楚，但目前大量的研究均基于常数外磁场的背景. 理论如何更真实地再现碰撞过程中的外磁场对时间的依赖性，从定量上更准确地描述和手征磁效应等相关的物理过程，是今后相关研究的关注重点和挑战.

(2) 通过相对论重离子实验寻找手征磁效应、手征涡旋效应及手征磁波存在的信号的难点在于和这些效应无关的物理背景及其机制目前尚不完全清楚. 这使得要在实验上得到明确的手征磁效应存在的信号变得很困难. 全面地、定量化地理解这些背景，提出更好地抽取上述手征反常效应实验信号的新方法，是今后相关研究的另一个关注重点和挑战.

(3) 如何定量地研究外电场存在时的相关物理现象. 考虑外电场情形比单纯考虑磁场要复杂很多. 单就计算技术而言，其难度系数徒增，有点类似于从研究虚时温度场论转向研究实时温度场论[171]. 但是强外电场下的物理应该非常丰富，不但可以更完整地研究电磁场下 QCD 的物理，也可以研究强电场下的 QED：施温格机制不仅可能导致真空中激发出正负电子对，足够超强的电场也可能从真空中激发出正负强子对.

6

第6章

高密度区域QCD相变

6.1 色超导

6.1.1 夸克间形成库珀对的机制

对电磁相互作用而言，要形成超导相，需要费米面上费米子之间具有足够的吸引力.而要在金属中实现这样的要求，看起来是一件不可思议的事情，因为电子间显然总是互相排斥的.后来人们发现在晶格中，库仑力可以在足够大的距离上被有效屏蔽，最终电子之间可通过声子交换来实现弱的吸引作用，从而导致电子库珀对，即著名的BCS理论.

在 QCD 中，夸克之间可直接具有吸引作用，即要比电子间通过 BCS 机制形成库珀对简单. 对 QCD 而言，至少有以下 3 种机制可导致夸克-夸克间的吸引相互作用：

(1) 色电库仑作用；

(2) 瞬子感应的夸克-夸克间的相互作用；

(3) 色磁作用.

其中库仑机制是最显然也是最早被用来讨论夸克间的配对的[243-245].

与两个电子不同，两个夸克可以有两种颜色的表示：即 $SU(3)$ 群对应的对称表示 6 和反对称表示 $\bar{3}$，后者对应的相对颜色向量的标量积有一个负号. 这意味着它们带的色荷相反，因此它们相互吸引，就像电子和正电子一样.

$$[3]_c \times [3]_c = [\bar{3}]_c^a + [6]_c^s \tag{6.1}$$

$$(T_a)_{ki}(T_a)_{lj} = -\frac{N_c+1}{4N_c}(\delta_{jk}\delta_{il} - \delta_{ik}\delta_{jl}) + \frac{N_c-1}{4N_c}(\delta_{jk}\delta_{il} + \delta_{ik}\delta_{jl}) \tag{6.2}$$

$$\langle q_f^i \Gamma q_g^j \rangle \sim \Phi_{fg}^{ij} \equiv \epsilon_k^{ij} \Phi_{k,fg} \tag{6.3}$$

如果重子密度足够高(远高于原子核密度)且温度不太高(远低于 10^{12} K)，那么预计夸克物质处于色超导相. 色超导相与普通的夸克物质相(相当于一种弱相互作用的费米液体)明显不同. 从理论上讲，色超导相是指在费米表面附近的夸克以库珀对的形式相互关联、凝聚的状态. 色超导相使得 QCD 基本理论中一些对称性自发破缺，与正常相相比具有非常不同的激发态谱和输运特性.

1. 双色色超导(2CS)

双色色超导(2CS)是指只有两种颜色参与配对，另一种颜色不参加库珀配对，即有一个“正常”色的色超导. 因为奇异夸克较重，所以这种配对模式更支持两个轻夸克间的库珀配对. 在中等密度区域，这种色超导有可能比色味锁定相(见下面)更稳定. 事实上，来自 NJL 模型的计算也确认了这一点.

2. 色味锁定色超导(CFL)

色味锁定色超导相是 MIT 合作组[246]提出的一种组合非常新颖的夸克间的库珀对，其配对模式为

$$\langle q_i^\alpha C\gamma_5 q_j^\beta \rangle \propto \delta_i^\alpha \delta_j^\beta - \delta_j^\alpha \delta_i^\beta = \epsilon^{\alpha\beta A}\epsilon_{ijA} \tag{6.4}$$

其中，夸克场 q_i^α 的上标代表颜色，下标代表味道，可各取 1,2,3 代表 3 种颜色和 3 种味道. 上式中的两个全反对称张量都有 A，意味着颜色和味道必须关联，故名为色味锁定

相.这一配对模式的巧妙之处在于自然界恰有 3 种味道的轻夸克,并且恰有 3 种颜色. CFL 相在非常高的密度(微扰论可用)区域为物理的稳定态.

CFL 相有几个显著的特性:

(1) 它破坏手征对称性;

(2) 它是超流体;

(3) 它是一种色的电磁绝缘体,其中有一个"旋转"光子,包含与一个胶子的混合;

(4) 它具有与禁闭相相同的对称性.

考虑到奇异夸克的质量和上、下夸克的质量之间的差异,CFL 相有几种变体,并可能在中高密度区域和两味道参与的色超导相竞争.第 4 个特性,即两种物态具有相同的对称性,使得维尔切克和舍费尔提出核物质和夸克物质在高密度区的过渡并非真正的相变的观点[33].当然,真实的情况是奇异夸克较重,两相并非具有完全的对称性.这种观点也支持夸克间库珀对的 BCS-BEC 的过渡.

图 6.1 为上述两种类型色超导配对的示意图.

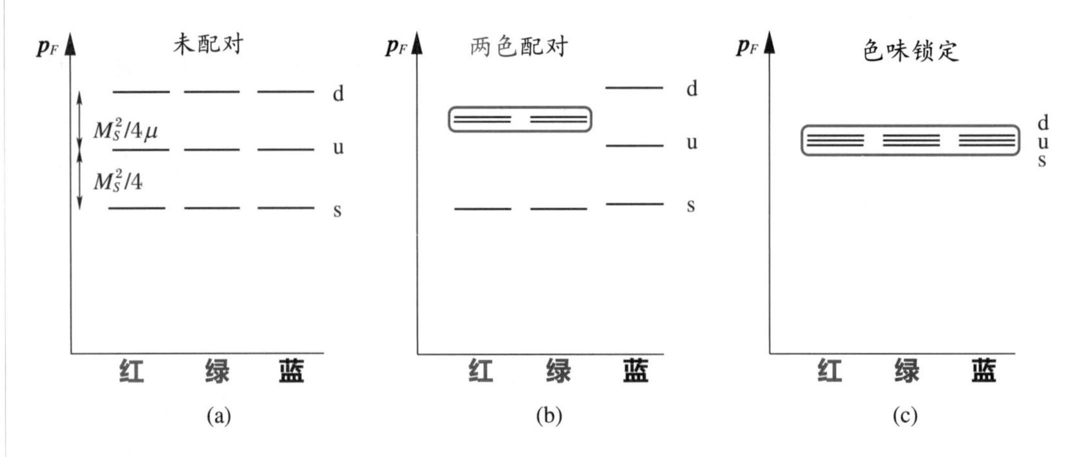

图 6.1 双色色超导和色味锁定色配对的示意图

(a) 因荷中性条件及弱作用平衡要求导致 3 种味道夸克间的费米动量出现劈裂,从而没有形成夸克间的库珀对;化学势越低,奇异夸克质量越大,费米动量劈裂越明显;(b) 只有上、下夸克及红、绿颜色参与的双色夸克间的库珀对(2SC),上、下夸克的费米动量相互锁定;奇异夸克因为质量偏大,不参与色超导配对;(c) 化学势较高情形,3 种颜色、3 种味道的夸克接近,因而均参与库珀配对形成色味锁定色超导(CFL).图中纵轴为费米动量.此图摘自文献[33].

6.1.2 与金属超导态的类比及色超导的复杂多样性

众所周知，许多金属在低温时变成超导体．金属可以被视为一个电子的费米液体，低于临界温度，一个由声子激发费密面附近的电子形成的吸引作用导致它们配对，形成了库珀对的凝聚，它通过 Anderson-Higgs 机制使光子获得质量，导致超导体的行为特征：无限大的电导率与磁场排斥（麦斯纳效应）．发生这种情况的关键因素是带电荷的费米子之间的吸引作用（低于临界温度）．这些要素也存在于密度足够大的夸克物质中，这使得物理学家们预计在这种情况下也会发生类似的配对．

夸克同时携带电荷和色荷，两个夸克之间的强相互作用是强吸引力，临界温度预计将由量子色动力学标度给出．大爆炸后几微秒宇宙的温度大约是 100 MeV，或 10^{12} K，所以，我们可以观察到在致密星体或其他自然环境下夸克物质将会低于这个温度．形成库珀对的夸克整体表现为具有净色荷和净电荷，意味着一些胶子在夸克-库珀对凝聚的相即色超导相中质量变大．实际上，在许多色超导相中，光子本身并不会变得有质量，而是与其中一个胶子混合产生一个新的无质量的“旋转光子”．

与电子超导体不同，色超导夸克物质有许多种类．这是因为夸克不同于电子，有多种种类或者自由度．一般物理上关心的是 3 种轻味道的夸克加上颜色对称性，总共有 9 种．因此，在形成库珀对的时侯存在多种配对模式．这些模式之间的差异在物理上有重大意义：不同的模式打破了基础理论不同的对称性，导致不同的激发光谱和不同的输运性质．比如上面提到的能量较低的两色色超导和色味锁定色超导．能量更高的可能配对可参考文献[33]．

很难预测哪种色超导配对模式在自然界中会得到青睐．原则上，这个问题可以通过量子色动力学计算来决定．在高密度极限下，强相互作用因渐近自由而减弱，可进行可控计算，3 种味道夸克物质的有利相是色味锁定的 CFL．但在自然界中可能存在夸克物质的致密天体比如中子星的内部，由于涉及非微扰问题和格点 QCD 的符号问题，目前并没有可靠的计算可以对它们做出合理的预判．

通常采用的研究方法是：在高密度极限下进行计算，以了解相图边界处的行为；并且使用高度简化的 QCD 模型，即 NJL 模型，对中密度的相结构进行计算．该模型虽不是一个可控的对低能 QCD 的近似，但有望得到半定性、半定量的一些见解．还有一种方法是写出给定相对应激发自由度的有效理论，并用以研究该相的物理性质．使用 NJL 模型或有效理论研究致密天体内部可能存在的夸克物质相，可以对各种特定的色超导模式是否在自然界中存在给出一些有道理的判断或筛查．值得强调的是，基于 BCS 超导理论构造的 NJL 模型为进一步揭示各种可能的 QCD 色超导配对模式做出了重要贡献.

6.1.3 致密星和色超导

一个致密天体的核心,比如中子星内核,是宇宙中唯一已知的重子数密度可能高到足以产生夸克物质和温度足够低以产生色超导的场所.对致密天体来讲,需要附加整体的色电中性条件来研究可能的物态.特别是这里的电中性条件,使得质量最轻的两种味道之间的密度出现差异,即 d 夸克的密度高于 u 夸克,或者说同位旋化学势不为零(当然原因主要是奇异夸克的质量较大,且奇异夸克和两个轻夸克间的质量差异要有显著的物理效应才有意义).这种外加条件使得两个轻味夸克的费米面不再匹配.色电中性条件下可以存在无能隙(gapless)的色超导(这里强调一下,国内的黄梅是用 NJL 模型最先得到无能隙色超导的两位作者之一.).后来黄梅和合作者进一步指出无能隙色超导存在色磁不稳定性.因此,在色电中性约束下,有可能使得其他本来在无电中性约束的情形能量不占优的物相和色超导相之间出现竞争关系,并取而代之.比如可能的晶体型色超导.这里有许多悬而未决的问题,特别是考虑晶体色超导后使相关研究变得非常复杂.

事实上,目前尚不清楚从核物质到某种形式的夸克物质相变的临界密度,因此致密天体是否有夸克物质核也没有定论.在另一个极端,可以想象核物质实际上是亚稳态并可衰变为夸克物质的,即所谓的“稳定奇异物质”假说.在这种情况下,致密星体将完全由夸克物质组成(由内核到表层).假设致密星包含夸克物质,当前的研究也难以确定其是否处于色超导相.在大密度极限下的计算支持色超导占主导地位和夸克间的强吸引力的本质让人期望在低密度下它也许会存在,但可能会有一些强耦合过渡相.关于色超导的相关研究可参阅文献[33].

6.2 中高等密度区域的各向异性手征破缺相及相变

如前所述,因为基于第一原理的格点 QCD 存在符号问题,使得中高等密度区域(介于真空和高密度区域之间)的 QCD 相结构存在很大的不确定性.目前对这一区域可能相结构的认识基于一些 QCD 的有效模型,特别是被广泛采用的 NJL 模型.关于有限密度情形的 QCD 相变的综述文献有[131,247].目前即今后相当的一段时间,将不断有低能重离子碰撞实验(相应的重子数密度大)涉及这一区域的物理研究. 特别是正在运行的RHIC束能量扫描项目[248],以及未来即将运行的德国FAIR项目[249]和俄罗斯杜布纳的NICA项目[250]. 因此,对中高等密度区域的QCD相图的研究将日益受到重视;相应的理论研究应该首当其冲,为相关的实验指明可能的标的.

在低温中高等密度区域,可能的夸克物质的相结构比较复杂. 除了被广泛研究的色超导相,另一个有较好模型支撑的是各向异性的手征对称性破缺相,或者可以称为晶体型的手征对称性破缺相. 事实上,致密物质体系中存在各向异性相早在凝聚态物理中已被证实. 典型的实例是电荷和自旋密度波(参阅文献[251]). 还有一个被广泛研究的各向异性物相是20世纪60年代在超导研究中提出的具有晶体特征的LOFF相[252,253]. 在强相互作用领域,LOFF相的费米子配对模式也被推广至色电中性条件约束下的色超导研究中[33]. 关于各向异性凝聚在非平衡冷原子气体领域的研究可参考文献[254,255].

实际上,强相互作用各向异性凝聚的研究最早出现在1960年Overhauser的文章里[256],他也首次探讨了核物质中可能的密度波. 随后受Migdal先驱性工作[257,258]的引领,20世纪70年代和80年代早期晶体型π介子凝聚的研究受到了广泛的关注[259,260]. 另外,核子作为手征孤子解的Skyrme图像被推广应用到核物质的研究,并由此给出三维晶体型凝聚的预言[261,262].

各向异性手征凝聚的研究近年来受到了较大的关注. 其特点是手征凝聚是空间位置的函数,从而破坏了空间平移不变性. 这一想法最早出现在文献[263]中,Deryagin,Grigoriev和Rubakov三位研究了大N_c极限下夸克物质可能的各向异性手征凝聚. 随后,Shuster和Son[264],Park等[265]以及Rapp,Shuryak和Zahed[266]3个合作小组分别研究了这种手征晶体型凝聚相和色超导之间的竞争关系. 基于模型的研究有较早的Kutschera等[267],以及后来京都大学Nakano和Tatsumi[268]和Nickel[269,270]的比较系统的研究. 近期Buballa等的研究主要针对模型的一些技术细节处理[300],比如截断方案或重整化方案的影响. 以上关于反常手征凝聚的回顾部分借鉴了综述文献[300].

以下主要从定性层面上来探讨导致出现晶体型手征凝聚的物理机制. 相对于色超导,手征凝聚是正、反夸克间的配对,参与配对的一般都是同一种味道的夸克. 因此理论上其配对模式应没有色超导复杂. 那么为什么会出现晶体型手征凝聚呢?

这里先讨论一下出现晶体型色超导原因. 在BCS理论中,库珀对由动量相反的粒子组成,所以配对的总动量为零,相应凝聚呈现出空间均匀的特征. 而总动量不为零的配对通常不稳定. 前已述及,色超导对应的配对涉及不同味道和颜色的夸克,因质量差异及电中性的要求会导致不同夸克具有各异的费米面. 费米面的差异是造成总动量不为零的晶体型凝聚可能比传统BCS配对更稳定的主因. 这里以δp_F表示两不同费米子费米动量的差值. 在弱吸引力的情形下,有著名的Chandrasekhar-Clogston标准[271,272]:当$\delta p_F>$

$\Delta_{BCS}\sqrt{2}$ 成立时，BCS 配对不再占优势（Δ_{BCS}为 BCS 配对能隙）．因此，当 δp_F足够大时，可能会出现晶体型的超导或者强相互作用的色超导．晶体型的（色）超导的特点配对的总动量不为零．

各向同性的传统手征凝聚也对应 BCS 型配对．即参与配对的正、反夸克总动量为零，通常情况下这种配对没有能量消耗因而自由能最低．但是在有限密度情形，或者说费米海的出现会导致传统的 BCS 配对难度增加，要么配对崩盘，要么转为其他类型的凝聚比如晶体型手征凝聚．也就是说，和色超导情况类似，出现反常手征配对的前提是 BCS 型配对已不具有能量上的优势．在低温下，费米子化学势若跨越其银焰区域就可能会导致出现晶体型手征凝聚．

图 6.2 给出了有费米海情形不同手性夸克间的几种可能配对模式．图中参与配对的夸克与反夸克属同一味道，即正反夸克具有相同的质量．

第一种即 BCS 型配对，如图 6.2(a)所示．不同于库珀对，这里的 BCS 配对是粒子-反粒子配对．比如费米面附近的右手夸克，必须要和狄拉克海内的左手反夸克配对．因费米海的出现，要达到总动量为零，这种配对至少需要付出 2μ 的能量代价．这意味着当化学势超过某临界值后，BCS 配对的凝聚能将不足以维持原来的手征凝聚，从而促使手征对称性恢复．这也是为什么手征相变被认为会出现在高密度情形的原因．当然，BCS 型配对的难以为继也为其他反常配对的出现提供了可能．

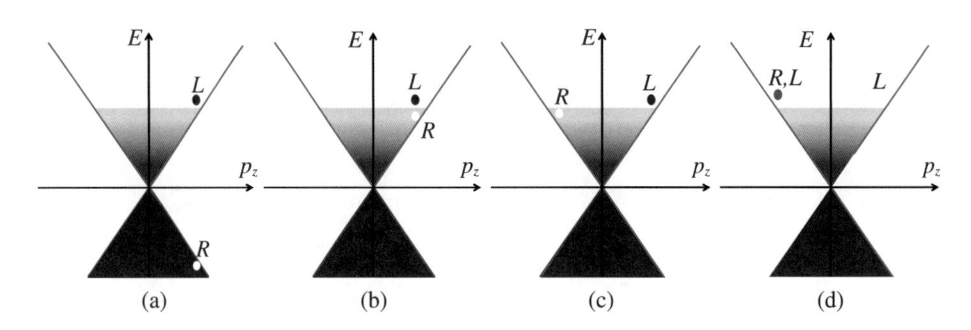

图 6.2　有费米海时费米子的几种不同配对模

(a) 夸克-反夸克配对，总动量为零；(b) 夸克-空穴配对，总动量为零（“激子”）；(c) 夸克-空穴配对，总动量不为零；(d) 夸克-夸克配对，总动量为零，色超导．摘自文献[273]．

第二种是激子型配对，如图 6.2(b)所示．费米海不利于狄拉克海的费米子参与配对，却为粒子-空穴配对提供了机会．激子对应总动量为零的粒子-空穴配对．比如动量为 $\boldsymbol{p}$ 的左手夸克，可以和动量为 $-\boldsymbol{p}$ 的右手空穴配对（该空穴对应移走费米面下动量为 $\boldsymbol{p}$ 的左手夸克）．如果凝聚态里的激子容易被激发，那么这种配对不稳定．当化学势较大时，配对双方的相对动量的模可达 2μ，不易形成稳定态.

第三种也是粒子-空穴配对，不过配对总动量不为零，如图 6.2(b)所示. 因为粒子、空穴都在费米面附近，所以图 6.2(b)中的配对总动量的模也在 2μ 附近. 因总动量不为零，这种配对具有各向异性的特点，并呈现出晶体的特征. 又因必须有费米海，这种配对模式又称手征密度波，波数约为 2μ. 密度波配对双方的相对动量为零，与凝聚态物理的自旋密度波相似.

图 6.2(d)实际对应的是色超导配对，和上述的手征配对可共存或者相互竞争.

图 6.2 涉及的几种配对模式的详细讨论可参阅文献[273]. 上述分析的主要结论是费米海削弱了狄拉克海的影响，使得反常的各向异性手征凝聚可能出现在中等密度区域. 下面主要讨论一种典型的晶体型手征凝聚，即手征双密度波. 从 QCD 手征模型出发，可以比较容易理解这种晶体型的手征凝聚. 在 NJL 模型中，通常只考虑手征凝聚而忽略 π 凝聚. 双密度波则在有限化学势情形同时兼顾两种凝聚，即

$$\varphi_S \equiv \langle \bar{q} q \rangle, \quad \varphi_P^a \equiv \langle \bar{q} \mathrm{i} \gamma^5 \tau^a q \rangle \tag{6.5}$$

或者换种说法，NJL 的四夸克相互作用会导致出现各向异性的复数质量，即

$$M(x) = -G(\varphi_S(x) + \mathrm{i}\varphi_P(x)) = \Delta\, \mathrm{e}^{\mathrm{i}q\cdot x} \tag{6.6}$$

上式相当于

$$\begin{aligned} \langle \sigma(x) \rangle &= \frac{\Delta}{G}\cos(q \cdot x) \\ \langle \pi^3(x) \rangle &= \frac{\Delta}{G}\sin(q \cdot x) \\ \langle \pi^{1(2)}(x) \rangle &= 0 \end{aligned} \tag{6.7}$$

这一模式最早是 Dautry 和 Nyman[274] 于 1979 年研究核物质中的 π 凝聚时提出的(这种解也称为手征螺旋). 这里波数 $\boldsymbol{q}$ 是一个常矢量，Δ 相应于各向同性手征破缺相的组分夸克质量. 波数 $\boldsymbol{q}$ 的出现导致夸克色散关系分裂为两支，即

$$E_{\pm(p)} = \sqrt{\boldsymbol{p}^2 + \Delta^2 + \frac{\boldsymbol{q}^2}{4} \pm \sqrt{\Delta^2 \boldsymbol{q}^2 + (\boldsymbol{q} \cdot \boldsymbol{p})^2}} \tag{6.8}$$

如图 6.3 所示.

在中等密度区域，双密度波形式的解在 NJL 模型以及线性 σ 模型中都有其存在的参数空间. 单就这种模式的晶体型手征凝聚而言，模型研究显示其已经可以和传统的各向同性的手征凝聚竞争(原因如前所述，因为密度效应使得维持传统的零动量的手征凝聚的能量成本变大)，如图 6.4 所示. NJL 模型或者夸克介子模型的典型研究结果是可能

“挤掉”通常认为存在的 QCD 临界点,而代之为“Lifshitz Point”,如图 6.5 所示.该图同时比较了两种晶体型手征破缺模式,即除了上面提到的双密度波,还有一种称为“孤子型”的单模式各向异性解.因为晶体型手征破缺相比较复杂,这里选用比较简单的晶体模式主要是为了考察晶体型的手征破缺相在中等密度区域在能量上是否可以和各向同性的手征凝聚相“叫板”.至于到底哪种晶体型手征破缺相对应物理上的解,这个只能等待格点 QCD 在有限化学势方面的计算有实质性的突破以后才有可能知道.当然,也有考察很复杂情形的晶体型手征凝聚计算,比如 Kojo 等人的工作[273].

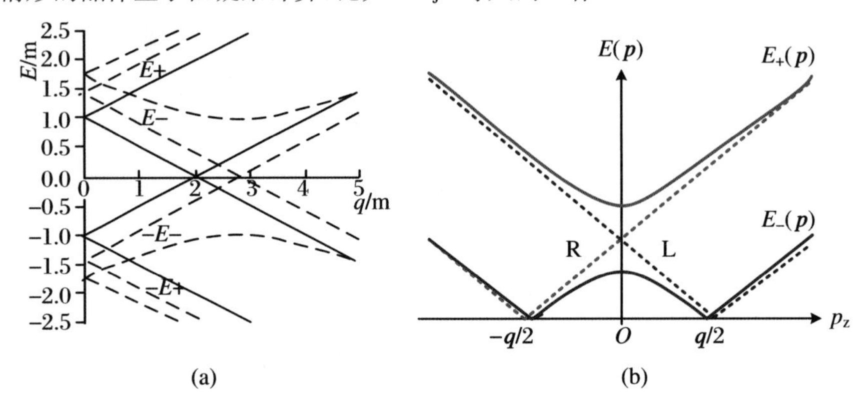

图 6.3 (a) 双密度波(手征螺旋)式(6.7)的单粒子谱式(6.8),夸克动量 q 随波数 q 的变化;(b) 固定波数 q 的能谱对 p_z 的依赖关系($p_x = p_y = 0$)

正能谱出现两个分支:随着波数的增加,一支能量增加,一支能量减弱.因低能分支填满致使费米海的能量降低.这里 m 相当于公式(6.8)中的凝聚 Δ.虚(实)线对应 $\Delta = 0(\Delta \neq 0)$.图(a)摘自文献[275],图(b)摘自文献[268].

用 NJL 模型也可以研究晶体型手征破缺相和色超导相之间的竞争关系.模型计算可能出现的情况比较复杂,对模型的参数依赖性比较强,因为基于第一原理方法的缺失很难给出物理上的判断.NJL 模型的研究表明,晶体型手征凝聚和色超导相都是中高等密度区 QCD 可能相结构的候选者.

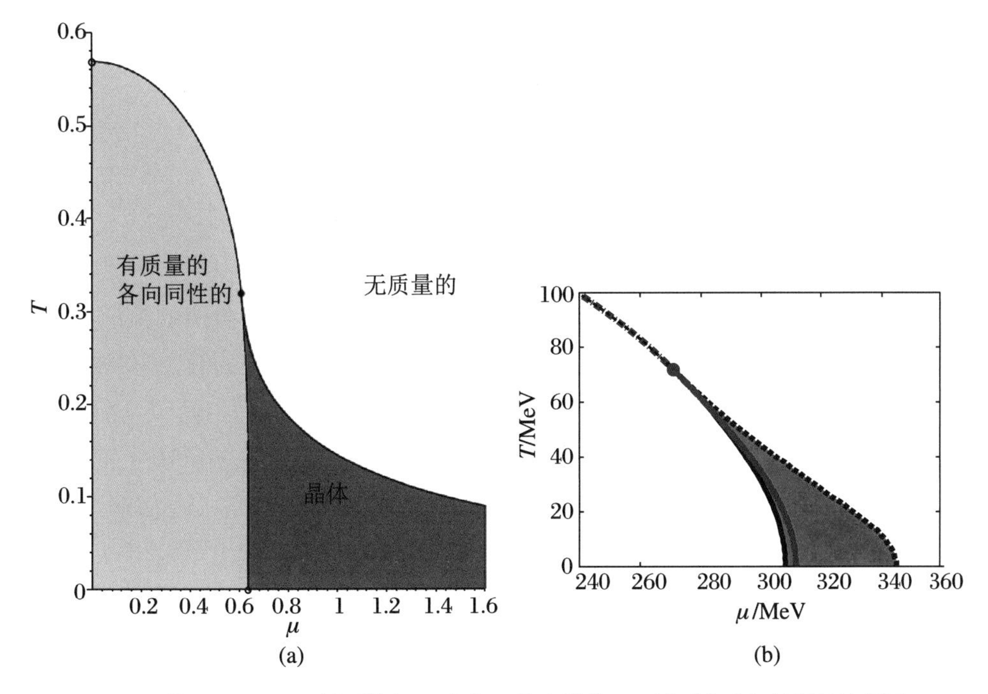

图 6.4 (a) 1+1 维 Gross-Neveu 模型的相图；(b) 两种味道的 NJL 模型在手征极限下的相图

图(a)中在低密度区域是各向同性的凝聚相，而在低温高密度区域是晶体型(类似密度波的螺旋型凝聚)的凝聚相[276]；图(b)中阴影区对应手征密度波型手征对称性破缺相，相图中本来的 QCD 临界点(手征极限下为三临界点 Tricritical Point)被"Lifshitz Point"(即三条二级相变线的交点)代替[269].

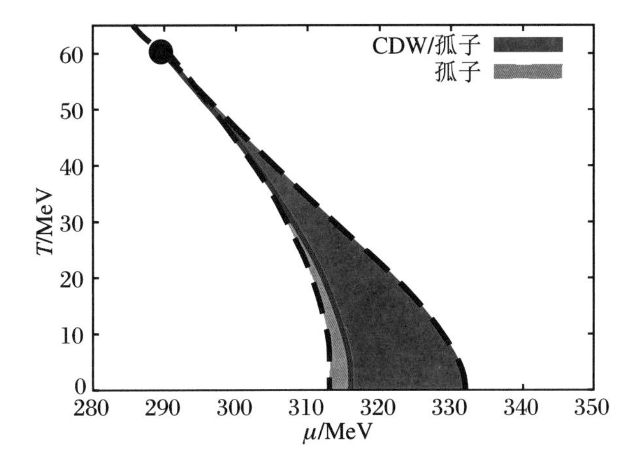

图 6.5 线性 σ 模型给出的中高密度区域可以出现的晶体型手征对称性破缺相

图中比较了两种晶体模式，即手征密度波和一维模式的孤子型晶体手征破缺相；相对而言，一维孤子型相对能量上更占优势(NJL 模型给出类似结论，但是后期研究表明强的矢量相互作用会更支持手征密度波). 摘自文献[277].

6.3 大 N_c 及 Quarkyonic 相

大 N_c 极限曾为理解 QCD 真空或者有限温度的性质提供过有价值的结论. 大 N_c 近似可以定性甚至半定量地再现 QCD 的某些特征. 如果固定费米子的数量,但取 N_c 趋于无穷大,那么在此极限下 QCD 真空是禁闭的,这时体系由无相互作用的颜色禁闭的介子和胶球组成. 在有限温度下,将发生一阶相变,即由禁闭的胶球和介子系统变成退禁闭的胶子世界. 热力学量比如能量密度、压强和熵在低温的禁闭相对参数 N_c 而言是零阶的,即$\sim O(N_c^0)$①,原因是禁闭相处于无色的状态;但退禁闭后,这些热力学量将是$\sim O(N_c^2)$阶的,因为胶子数目正比于 N_c^2. 该一级相变的潜热正比于 N_c^2. 但是对于 $N_c=3$ 的情形,轻夸克的存在导致大 N_c 极限下的一级相变转为快速的过渡. 热力学量的转变大体上遵循$\sim O(N_c^2)$的关系. 大 N_c 极限下得到上述结论的原因在于胶子属于伴随表示,因而$\sim N_c^2$;夸克则属于基础表示,因而$\sim N_c$;禁闭是无色的,因而$\sim(N_c^0)=1$.

将大 N_c 极限应用于有限密度情形,并将相应结论推广至 $N_c=3$, McLerran 和 Pisarski 提出了所谓的 Quarkyonic 相[278]. Quarkyonic 相是兼具夸克物质和重子物质性质的一种假想物态:热力学量比如压强和能量密度相当于夸克气体的体系,即正比于参数 N_c,但是夸克是禁闭的;从统计物理的角度看,该相具有类似于夸克气体的性质,但是夸克仍然禁闭于重子之内或者说费米面附近的激发对应无色的重子. 这从 McLerran 和 Pisarski 发明的"Quarkyonic"一词可以看出其为兼具夸克物质和重子物质双重性质的物相. 图 6.6(a)显示的是大 N_c 极限下的相图:左下方的矩形区对应禁闭的强子相,重子化学势超过核子质量后变为 Quarkyonic 相,而温度 T_d 以上的区域对应退禁闭相. 这里临界温度 T_d 和化学势无关. 强子相和 Quarkyonic 相除了压强和 N_c 的关系明显不同外,重子数密度一侧为零一侧不为零,可以作为序参量. 图 6.6(b)是 $N_c=3$ 情形的猜测相图.

Quarkyonic 相兼具夸克物质和重子物质的特性不易理解. 按照压强和 N_c 的关系,将其理解为夸克物质比较自然,但是失去了禁闭;如果按照重子物质系统来理解,禁闭看起来就很自然,但是压强$\sim O(N_c)$阶很难解释. 一种基于费米面图像的解读如图 6.7 所示,具体含义参见图中的解释. Quarkyonic 相在大 N_c 极限下容易理解,但是推至 $N_c=3$ 的物理情形,就会有不少问题需要澄清. 比如如何理解手征相变和 Quarkyonic 相变的关

① 本节中"～"表示自由度对应.

系？到底应该怎样理解 Quarkyonic 相的费米面？前面讲到中高密度区域可能有晶体型的手征破缺相，另外文献中还有 Skyrmion 型的晶体，它们和 Quarkyonic 相的关系是什么？低温下核物质的气液相变和 Quarkyonic 相是否有关联？Quarkyonic 相和色超导相是否水火不容？等等. 用大 N_c 极限近似的方法外推 QCD 的相图，至少为理解高密度区域的 QCD 相图和变提供了一个不同的视角.

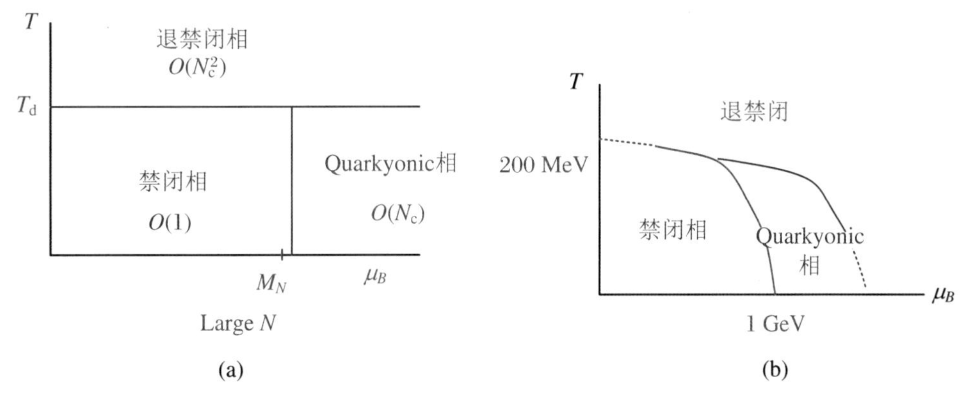

图 6.6 (a) 大 N_c 极限下的 QCD 相图；(b) 基于大 N_c 极限下的相图结论，推测得到的 $N_c=3$ 情形的一种可能 QCD 相图(含有 Quarkyonic 相)

图(a)中左下角矩形方块对应禁闭的强子相，温度大于 T_d 区域为退禁闭相，而剩下的区域名为 Quarkyonic 相. 摘自文献[278].

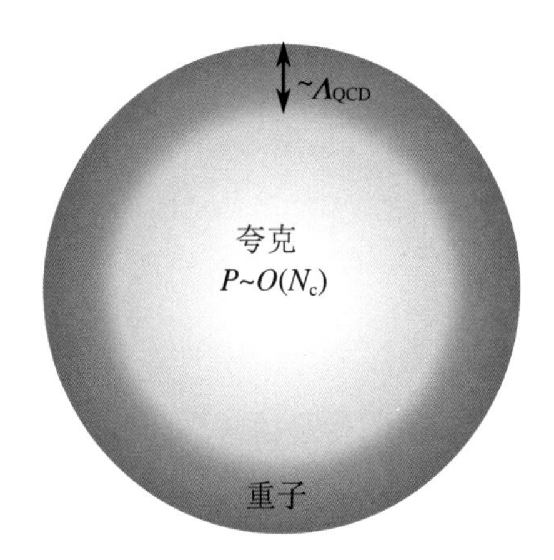

图 6.7 基于费米面图像对 Quarkyonic 相的一种理解

球内的夸克作用很弱，它们决定了体系的压强，但因泡利阻塞效应，不能被激发；在球面附近层厚约 Λ_{QCD} 内的夸克，不受泡利阻塞效应影响，可以和红外奇异的胶子进行较强的相互作用. 因此在费米面表面，实际的激发只能是色中性的介子和重子，即表现为夸克禁闭. 摘自文献[131].

第 7 章

虚化学势情形的相变

7.1 虚化学势

虚化学势情形下的格点 QCD 没有符号问题，通过解析延拓可以获得实化学势情形的一些有效信息. 虚化学势下的 QCD 也具有较复杂的相结构，是一个内容很丰富的研究课题. 研究虚化学势情形 QCD 的相变可以更好地帮助我们理解 QCD 的相结构.

虚化学情形的热相变的特点有：对轻夸克的质量很敏感；虚化学势和 $Z(3)$变换之间的相似性会导致 Roberge-Weiss 相变（真正意义的相变）；特殊的虚化学势依赖于味道的理论，具有新的对称性，比如 $Z(3)$-QCD.

这一部分将介绍 Roberge-Weiss 相变、推广的（包括化学势）三维哥伦比亚图以及 $Z(3)$-QCD 理论. 相关的参考文献可参阅[138，142，152，159，279-283]，特别是文献[284，299].

7.1.1 中心对称的格点规范场论表述

如前所述，$SU(N)$纯规范理论中具有严格的整体 $Z(N)$对称性.低温时系统保持这种对称性，高温时则自发破缺.此处改用格点规范场论的语言来表述这种对称性.目的是更容易看出虚化学势和 $Z(N)$对称性间的密切关系.在格点规范理论中，可以把固定时间片的每个时间方向的链变量乘以一个中心群的群元素定义为中心变换：

$$U_4(\tau,\boldsymbol{x}) \to z^n U_4(\tau,\boldsymbol{x}), \quad z^n = e^{2\pi i n N} \quad (n = 1,2,\cdots,N-1) \tag{7.1}$$

很显然，在上述变换下纯规范格点理论的作用量和路径积分的测度均不变，因而中心对称性在严格意义上成立.需强调中性对称变换并不是局域的规范变化.另外一个方便的选择是把固定的时间片选在边界处.

前面已多次提到 Polyakov 圈，其期待值是中性对称性的序参量.这一点在格点规范理论中可以很容易理解.在格点规范理论中，Polyakov 圈的定义是刚好绕时间轴正向一周的链变量.即对于某空间固定位置，Polyakov 圈定义为如下的求迹：

$$P(\boldsymbol{x}) = \frac{1}{N}\mathrm{Tr}\prod_{\tau=0}^{N_\tau-1} U_4(\tau,\boldsymbol{x}) \tag{7.2}$$

基于上述定义，可以将 Polyakov 圈理解为一个静态重夸克的世界线[285,286].而反时间轴方向一周的链变量乘积的求迹则对应 Polyakov 圈的共轭，即有

$$P^+(\boldsymbol{x}) = \frac{1}{N}\mathrm{Tr}\prod_{N_\tau-1}^{\tau=0} U_4^+(\tau,\boldsymbol{x}) \tag{7.3}$$

与 Polyakov 圈对应，这种逆时间轴方向一周的链变量的乘积可以看作是一个静态反重夸克的世界线.

根据上述定义，可以直接得到 Polyakov 圈在中心对称变换行为：

$$P(\boldsymbol{x}) \to z^n P(\boldsymbol{x}) \tag{7.4}$$

与之对应，共轭 Polyakov 圈在中心对称变换下需与该中心群元素的逆相乘：

$$P^+(\boldsymbol{x}) \to z^{-n} P^+(x) \tag{7.5}$$

如果中心对称性没有自发破缺，则 Polyakov 圈的期待值必须为零，对应一个平庸的不简并的真空.如果中心对称性自发破缺，则有

$$\langle P\rangle \neq z^n \langle P\rangle \neq 0 \quad (z^n \neq 1) \tag{7.6}$$

表明此时的真空具有 N 偶性，或者具有 N 重简并度. 图 7.1 显示了 $SU(3)$ 纯规范理论在高温下中心对称性自发破缺后，真空具有的三偶性或者三重简并度. 图中三个方向对应的角度为 Polyakov 圈的相因子取值. 由于微扰真空对应零规范场，Polyakov 圈定义式中的链变量都对应单位矩阵，故其期待值为 1，即中心对称性是自发破缺的. 这也是我们为什么期待高温下（因渐近自由，高温将趋于微扰真空）中心对称性也是自发破缺的原因（前已提及，这一点根据连续场论中的 Polyakov 圈的定义可以很容易看出）.

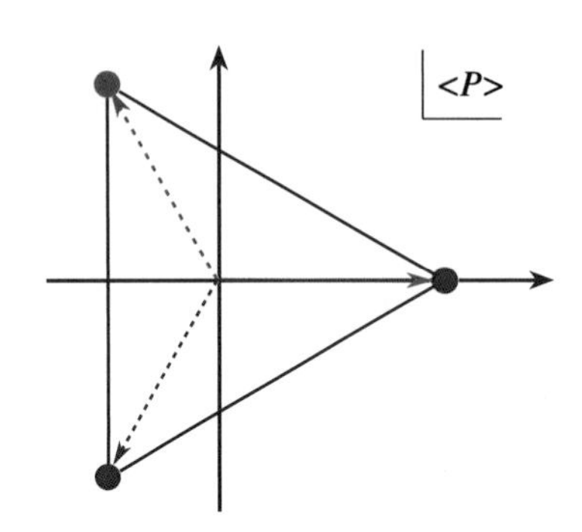

图 7.1　$Z(3)$ 中心对称性的三偶简并关系

3 个元素分别对应 Ployakov 圈热期待值的相因子. 可观测量和该相因子没有关系.

将 Polyakov 圈及其共轭联合起来，可以揭示其和禁闭的关系. 下式是两距离趋于无穷远时的静态重夸克和静态重反夸克间的自由能：

$$F_{\bar{q}q}(T) = -T \lim_{|x-y|\to\infty} \ln\langle P_x P_y^{+} \rangle = -T \lim_{|x-y|\to\infty} \ln |\langle P \rangle|^2 \tag{7.6}$$

由上式易知若中心对称性自发破缺，因

$$0 < \langle P \rangle < 1 \tag{7.7}$$

故 $F_{\bar{q}q}(T)$ 为有限值，表示退禁闭；反之，$\langle P \rangle = 0$，则 $F_{\bar{q}q}(T)$ 为无穷大，表示禁闭.

故 Polyakov 圈可作为禁闭和中心对称性的序参数. 事实上，前面从连续规范场论已经给出这样的结论，这里用格点规范场论的语言重新进行了表述.

7.1.2　动力学夸克和中心对称性明显破缺

前已述及，动力学夸克使中心对称性明显破缺. 由上节知格点规范理论中的中心变换只对针对时间方向的链变量，那么怎么理解动力学夸克造成的这种明显破缺呢？事实上，作用量中和夸克相关的跳跃项就含有一个链变量（参见第 4 章化学势的引入部分）.

该链变量若沿时间轴，就会和 Polyakov 圈一样获得一个中心变换下的一个相因子，从而使中心对称性明显破缺. 出现动力学夸克后，一般情况下 Polyakov 圈期待值相因子取零的平凡真空成为优选基态，纯规范对应的 N 重简并度不复存在.

以下将讨论夸克的虚化学势和中心对称变换之间的非平凡关系. 在格点 QCD 理论中，当引入夸克的虚化学势时，相当于所有在时间轴边界处沿时间方向的链变量乘以常数因子 $e^{i\mu_I/T}$（参见前面第 4 章格点规范理论中费米子化学势的引入），即虚化学势对应阿贝尔规范势第四分量的虚部. 和上节给出的中心变换定义相比较，我们会发现中心变换的效果可以被虚化学势抵消或者增强!

为了阐明这一点，可把中心变换的固定时间片也选在时间轴的最后一片或时间轴的边界处，那么将会出现虚化学势和中心变换的如下组合：

$$z^n e^{i\mu_I/T} = e^{i(\mu_I/T+2n\pi/N)} \tag{7.8}$$

这就导致了所谓的 Roberge-Weiss 周期性或者对称性[142]，即对配分函数 Z 而言有

$$Z\left(\frac{\mu_I}{T}\right) = Z\left(\frac{\mu_I}{T} + \frac{2\pi}{N}\right) \tag{7.9}$$

上式成立是因为作用量在中心变换下不变. 这说明对虚化学势而言，因为其具有 $2\pi/N$ 的周期性，只需关注其在 $0<\mu_I/T\leqslant\pi/N$ 区间的物理即可! 这里只关注上述半个周期，是因为配分函数是化学势的偶函数.

对 QCD 而言，Roberge-Weiss 周期性其实从密度矩阵和配分函数的关系很容易理解：夸克化学势必须和重子数相乘，虚化学势对应一个相因子. 由于夸克数是重子数的 N_c 倍，又因禁闭重子数必须是整数，因此，夸克数必然是 N_c 的整数倍. 即虚化学势的周期是 $2\pi/N_c$.

Roberge-Weiss 周期性的特殊意义在于对于高温情形，虚化学势会影响真空的选择. 若虚化学势为零，则在高温情形的平庸真空即 Polyakov 圈的相因子为零的真空自由能更小因而被首选为基态（其他准简并态算亚稳态）. 而当引入虚化学势以后，由于 Roberge-Weiss 周期性，虚化学势将促使真空的优选方向发生变化. 即原先的平庸真空可能不再具备首选资格，而其他原储备真空可能会受到虚化学势的"青睐". 这种新一轮的真空选拔依赖于虚化学势的大小，并且随虚化学势单调增加或者减小会体现出轮换的特征.

对 QCD 而言，若 $0<\mu_I/T<\pi/3$，那么平庸真空仍然为首选；但是热力学势随着虚化学势靠近 $\pi/3$ 而递增. 当 μ_I/T 达到 $\pi/3$ 并稍微超过一点时，平庸真空的热力学势会进一步升高，相因子为 $2\pi/3$ 的真空被选中. 随着 μ_I/T 逐步增加并达到 $2\pi/3$，热力学势一直下降并达到极小；随后热力学势随 μ_I/T 的增加一直上升到 $\mu_I/T=\pi$，相因子为 $4\pi/3$ 的

真空开始接棒.如此反复循环.注意在虚化学势 $\mu_{\mathrm{I}}/T=(2n+1)\pi/3$ 处,实际上发生了一级相变,即著名的 Roberge-Weiss 相变,如图 7.2 所示.

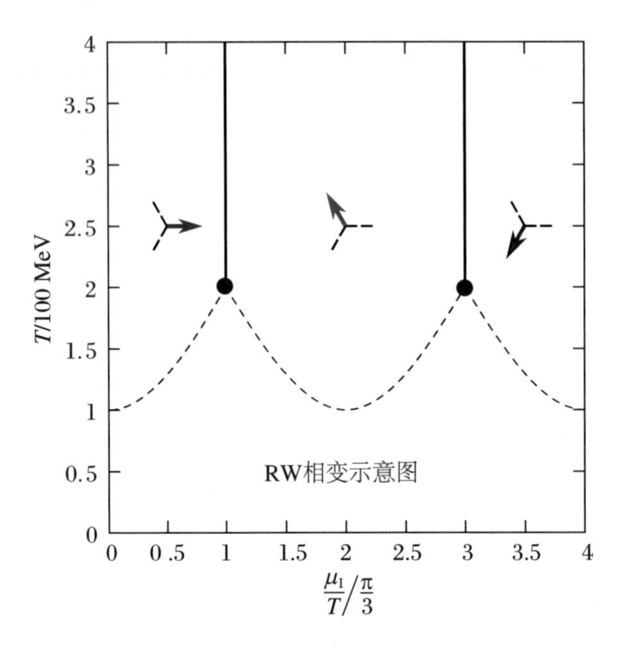

图 7.2　Roberge-Weiss 相变的示意图

图中横坐标是虚化学势,纵坐标是温度.竖直的实线代表一级 Roberge-Weiss 相变线,虚线是退禁闭相变的过渡线(零化学势处对应 QCD 的转变温度).过渡线和一级相变线的交点称为 RW 端点.图中显示 Roberge-Weiss 相变具有周期性,即所谓的 Roberge-Weiss 周期 $2\pi/N_{\mathrm{c}}(N_{\mathrm{c}}=3)$.图中箭头为对应的 Polyakov 圈期待值的相因子,其随着化学势的变化而在中心对称群的 3 个元素间循环.需注意,格点计算对物理质量情形的 RW 端点的性质目前尚有争议.摘自文献[284].

根据 QCD 临界温度的实化学势泰勒展开式:

$$\frac{T_{\mathrm{c}}(\mu)}{T_{\mathrm{c}}}=1-k_2\left(\frac{\mu}{T_{\mathrm{c}}}\right)^2+\cdots\quad(k_2>0)\tag{7.10}$$

可以把相边界拓展到虚化学势.简单的方法就是把虚化学势直接带入式(7.10)中,则可将实化学势对应的 QCD 相变线延拓至虚化学势.这时,如图 7.2 中的虚线所示,这条线随着虚化学势沿着 μ^2 的负方向增大呈二次方增长.把这个延长的热相变线与垂直的 Roberge-Weiss 线在 $\mu_{\mathrm{I}}/T=\pi/3$ 连接起来是很自然的事情.两条线的交点通常称为 Roberge-Weiss 端点.在物理质量情形,这个端点的性质目前在格点计算中还没有给出定论,或为临界点(critical point),或为三相点(triple point).对于更大的虚化学势,相位结构由 Roberge-Weiss 周期决定,因而呈现周期性变化.为了把实化学势和虚化学势的结果结合在一个图中,可以将相图上的化学势 μ 轴换成 μ^2,由此得到 μ^2-T 平面的相图如

图 7.3 所示.相图用化学势的平方作为轴的原因是临界温度是化学势的偶函数.图 7.3 显示热相变线在 $\mu^2 \sim 0$ 附近随 μ^2 的减小而逐渐上升,并和左边的 Roberge-Weiss 端点相连.

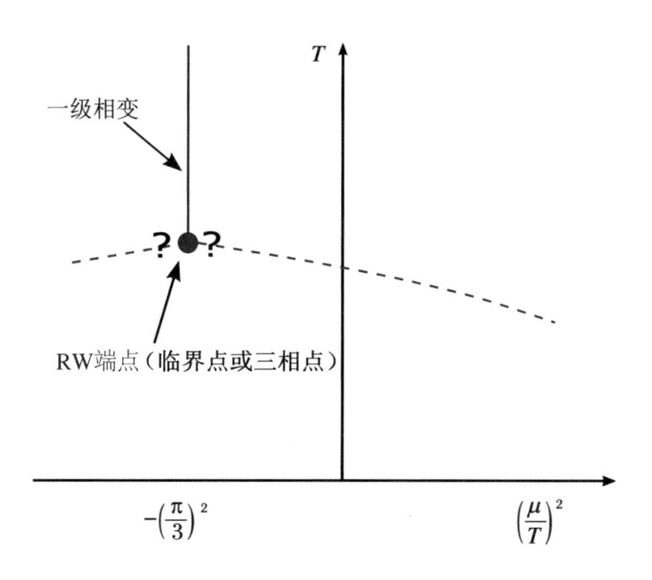

图 7.3 QCD 热相变线对化学势的解析延拓

图中横轴为化学势的平方(除以温度的平方),纵轴是温度.左侧圆点为 Roberge-Weiss 临界点(或三相点),垂线为一级的 Roberge-Weiss 相变线.

从传统的哥伦比亚图可以看到,相结构的细节很大程度上取决于 3 种味道夸克质量的取值.对于非常轻或非常重的夸克,在 $\mu = 0$ 时相变是一级,中间夸克质量区域对应过渡.倘若把这种结构延伸到非零化学势,对 $N_f = 3$ 的 3 种味道质量简并的情形,则可能得到如图 7.4 所示的几种情况[298],具体细节可参看图中注释.

这里针对图 7.4 做几点说明:

(1) 图 7.4(a)所示的从实化学势处延伸来的一级相变线,在重夸克区由 $Z(3)$对称性控制,在轻夸克区则由手征对称性控制.

(2) 图 7.4(b)所示的化学势零轴两侧的临界点对应的质量也分别和大质量区及小质量区相邻.特别是对小质量区而言,目前的格点 QCD 计算结果预示零化学势情形的一级相变区可能非常窄,甚至不存在.所以所谓的中等质量也可能是非常小的质量,或者不存在.相对而言,大质量一侧的临界点必然存在.但是其具体质量临界值(即使对零化学势)尚不确定.

(3) 图 7.4(c)所示的 Roberge-Weiss 端点可为临界点的论断总是成立的.

因此,Roberge-Weiss 端点或者是一个 3 条一级相变线汇聚的三相点(对于重夸克和轻夸克)，或者一个二阶临界点(对于中间质量). 注意 Roberge-Weiss 端点的温度也取决于夸克的质量，就像在 $\mu=0$ 时的临界温度一样，随着夸克质量的增加而增加. 发生 RW 相变的前提是温度足够高，也就是中心对称性必须达到足够程度的破缺(且自发与明显破缺兼备才行). 故定性上说，夸克越重，RW 临界温度越高. 图 7.5 定性上展示了 $N_f=3$ 时，临界温度 T_{RW} 对夸克质量的依赖关系. 因为 Roberge-Weiss 端点在中等夸克质量时是二级相变点，在大质量和小质量情形时是一级相变，因此，图 7.5 上有两个三重临界点(即一级相变线和二级相变线的交点).

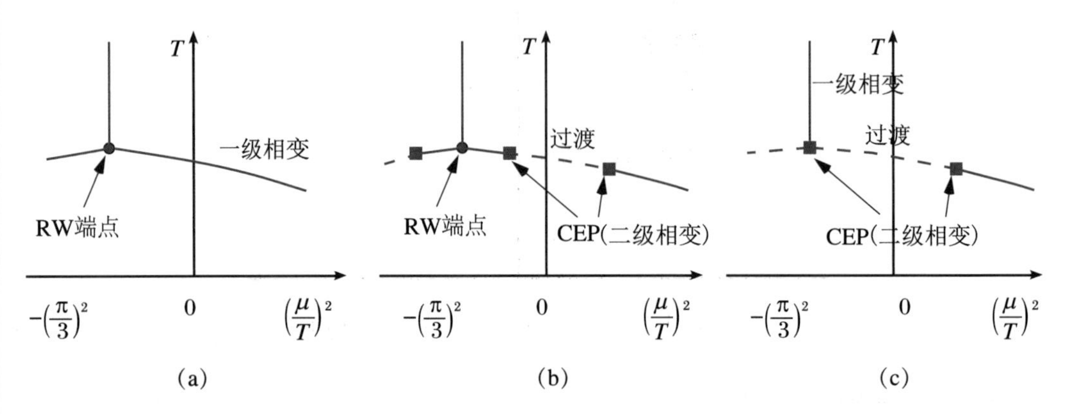

图 7.4　3 种味道质量相同时的可能 μ^2-T 相图

摘自文献[298].

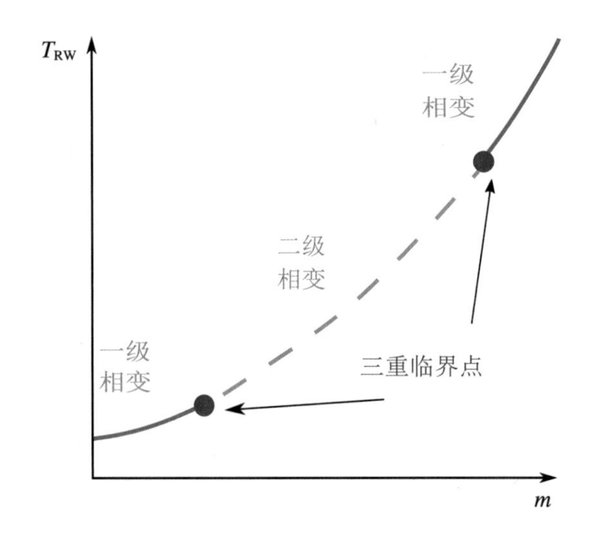

图 7.5　$N_f=3$ 时，Roberge-Weiss 端点临界温度 T_{RW} 对质量的依赖关系

示意图中两个临界点的位置需要格点 QCD 来确认，但目前不同合作组给出的偏差非常大. 实线是一级相变线，虚线是二级相变线，两线交接点是三重临界点.

7.1.3 三维哥伦比亚图

以化学势为第三轴可以适当地扩展哥伦比亚图，即将质量相图扩展为质量-化学势相图. 第三轴的方便选择是 μ^2/T^2 而非 μ，其对应的变化范围为

$$-\left(\frac{\pi}{3}\right)^2 \leqslant \left(\frac{\mu}{T}\right)^2 \tag{7.11}$$

因为 Roberge-Weiss 周期性的缘故，左侧的下边界始于 Roberge-Weiss 相变点的化学势. 这里用化学势和温度比值为轴的原因也是因为 Roberge-Weiss 周期性.

图 7.6(a)为一种三维哥伦比亚图的立体展示[299]. 图中两片连续的红色网面为二级相变面，两红色面中间是过渡区区域. 邻近零夸克质量轴和无穷大夸克质量轴为一级相变区域. 这里 $\mu=0$ 对应经典的哥伦比亚图，已在第 3 章详细介绍过(注意，该图仍有定性上的不确定性，特别是沿着奇异夸克质量轴的区域). 这里重点介绍一下该图的底面，即 Roberge-Weiss 相变端点面. 该面显示了 Roberge-Weiss 相变线端点性质对质量的依赖关系. 因为 Roberge-Weiss 相变端点要么是三临界点，要么是临界点，所以整个底面都是临界区域. 其中一级相变区和二级相变区的蓝色交汇线为三重临界线. 而传统 $\mu=0$ 处的哥伦比亚图的中心部分是过渡区，其和两个一级相变区的边界为二级相变线. 三重临界线可以通过改变夸克质量的格点 QCD 来确定. 因为没有符号问题，所以可以对 Roberge-Weiss 端点的性质进行详细研究[280,287-291]. 目前一个很有趣的研究点是在小夸克质量区，三临界点性质和手征对称性的关系[290].

以下探讨三维哥伦比亚图中的三临界点意义. 图 7.6 显示似乎两块一级相变区域会随着$(\mu/T)^2$ 的增加而缩小，对近零质量轴区域，这种趋势仅代表一种可能(见后面临界点的讨论). 对于重夸克，可以非常精确地验证这种收缩趋势[292,293]. 图 7.7 是上述三维哥伦比亚图在重夸克质量简并情形的部分平面截图. 图中的红色线表示过渡区域与一级相变区域交界的二级相变线. 该线对应的临界质量用 m_c 表示. 这条线始于$(\mu/T)^2=-(\pi/3)^2$处的三重临界点. 随着 μ^2 的增加，一级相变区域缩小，即临界夸克质量随之增加.

那么研究 Roberge-Weiss 相变的三重临界点对实化学势情形有何意义? 实际上，通过先确定重夸克区域的三重临界点，再利用三重临界标度律可以给出实化学势区域二级相变线的曲率[284]. 三重临界标度律可表为下式:

$$\frac{m_c}{T}(\mu^2) = \frac{m_{tric}}{T} + K\left[\left(\frac{\pi}{3}\right)^2 + \left(\frac{\mu}{T}\right)^2\right]^{2/5} \tag{7.12}$$

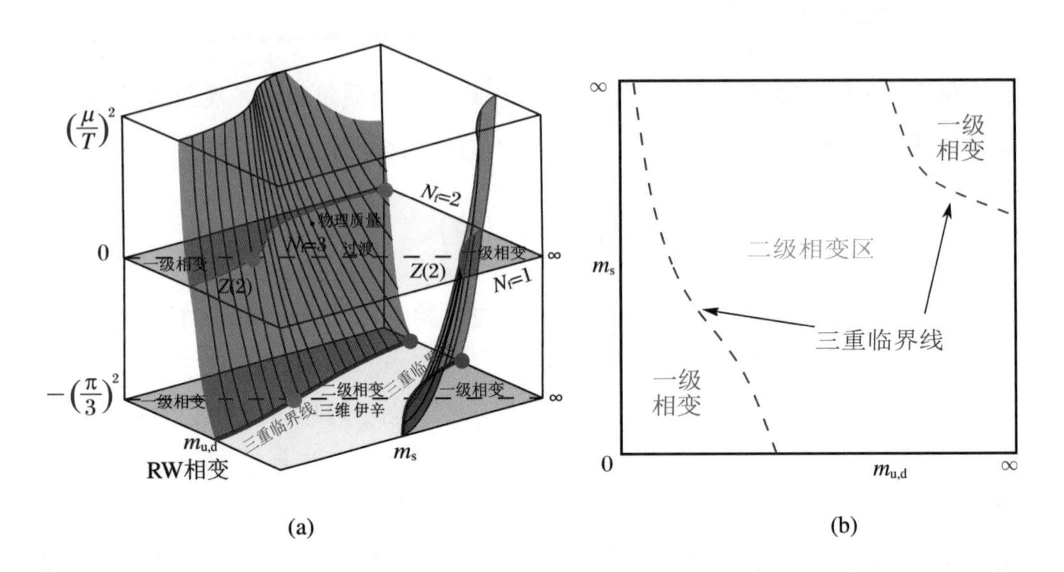

图 7.6 (a) 化学势方向扩展的三维哥伦比亚图,该图以$(\mu/T)^2$ 为新增的第三个坐标轴[299];(b) 图(a)底平面对应的 RW 相变端点的质量相图(蓝色线成为三层临界线)

其中,m_{tric}为 Roberge-Weiss 端点为三重临界点对应的临界质量,K 为一待定常数,2/5为对应的普适性标度参数,$-\left(\frac{\pi}{3}\right)^2$ 为临界化学势的平方.左侧的 m_c 为图 7.7 中所示的二级相变线对应的临界质量.这个标度律被两个符号问题足够温和模型计算,即三态波茨模型计算[292]及强耦合和跳变参数结合法的计算[293]证实可以相当有效地拓展到实化学势.

综上所述,对重夸克而言,三重临界标度律可以获得可靠的有价值的实化学势的相图信息.这个重夸克情形的大标度区域是否也会出现于轻夸克系统,是一个值得深入探讨的课题.

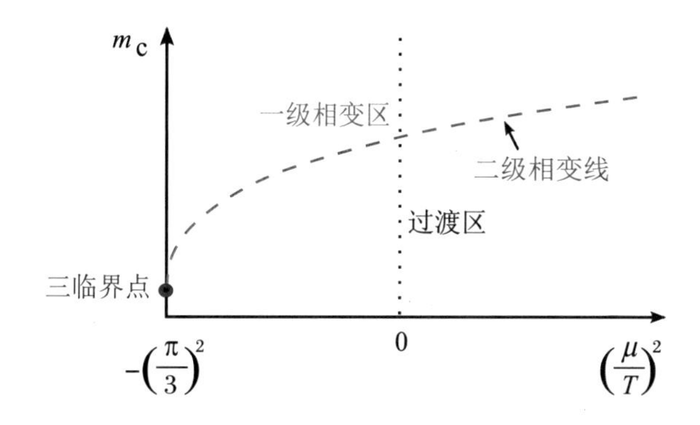

图 7.7　临界夸克质量(即一级相变和快速过渡交汇点对应的质量)对化学势的依赖关系

图中虚线为二级相变线,始于左侧的三重临界点.对重夸克情形,可以用三重临界点的标度行为成功预测实化学势处的相变线.

7.1.4　QCD 临界点的判断

在三维哥伦比亚图(图 7.6)中,从虚化学势向实化学势区域过渡,可以看到一阶相变的区域随着$(\mu/T)^2$ 的增加而缩小.该三维图对 QCD 临界点对实化学势依赖性有何启示?实际上,前面已经从别的角度探讨过这个问题了.仅从图 7.6 似乎也很难给出 QCD 临界点是否存在的判断,因为不能保证一级相变区随着化学势的进一步增加还会继续萎缩.或者说图 7.6 只是一种可能的三维哥伦比亚图.这里演示了 3 种可能的图景,如图 7.8所示(物理的夸克质量的位置是用垂直的蓝色线表示).

(1) 图 7.8(a):标准的曲面示意图:二级相变曲面从 $m_q=0$ 轴向大质量方向弯曲,QCD 临界点位于网格表面和蓝色垂线的交点处.

(2) 图 7.8(b):一阶区域收缩,就像重夸克那样,二级曲面侧向低质量方向,意味着没有 QCD 临界点.实际上,图 7.6(a)就属于这种图.

(3) 图 7.8(c):二级相变面可能以更复杂的方式依赖于化学势和夸克质量.比如 μ 增加,二级相变曲面会前后弯曲[294].如果这样,从零或虚化学势开始的二级相变曲面的曲度很难去预测 QCD 临界点是否存在.

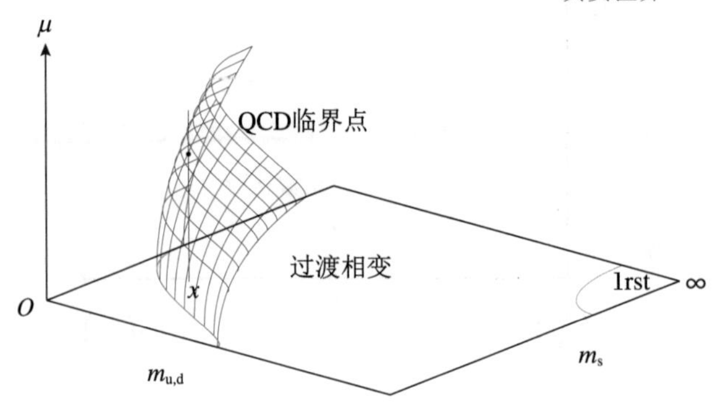

(a) 二级相变曲面随着化学势的增大向大质量一侧弯曲

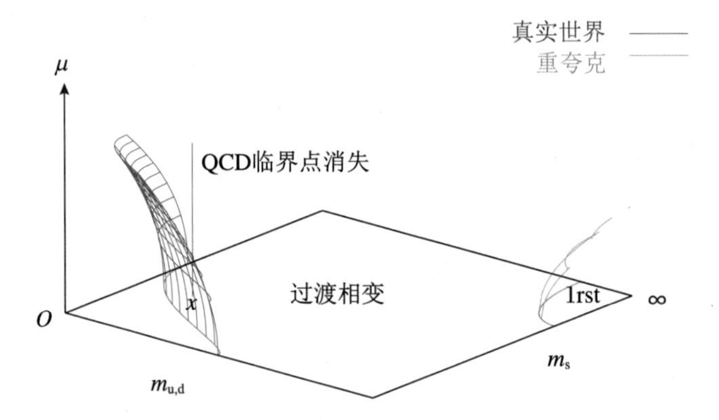

(b) 二级相变曲面随着化学势的增大向低质量方向弯曲

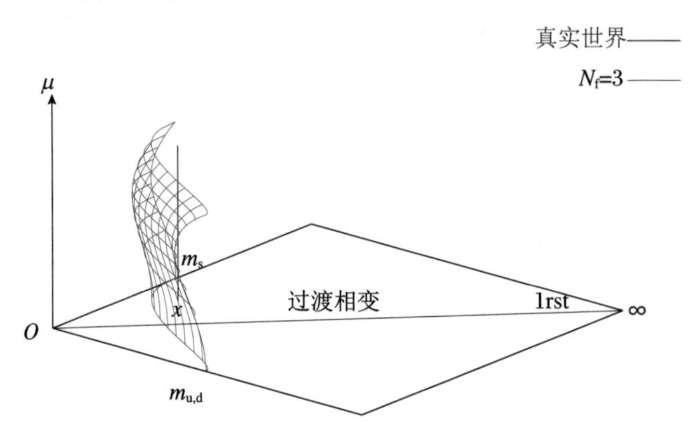

(c) 二级相变曲面对化学势和质量依赖较复杂

图 7.8　轻夸克系统可能的二级相变面(红色的网格面)的曲度以及取物理质量时(蓝色线,垂直于零化学势的哥伦比亚图)的 QCD 临界点

(a) 红色二级相变曲面和蓝色垂线有一个交点,即 QCD 临界点;(b) 红色二级相变曲面和蓝色垂线没有交点,即不支持 QCD 有临界点;(c) 情况比较复杂,很难做出 QCD 临界点是否存在的直接判断.图摘自文献[295].

这个长期存在的问题目前仍然没有解决.而要想有实质性的进展,必须期待对有限实化学势情形的 QCD 模拟计算有新的突破.它将需要大量的计算资源,但更重要的是,如何解决费米子的符号问题.

7.2 Roberge-Weiss 相变的模型研究

最开始 Roberge 和 Weiss 从微扰论的角度研究了 RW 相变.一般的 QCD 低能有效模型没有 Polyakov 圈自由度,所以不能用以研究 RW 相变.但是引入 Polyakov 圈自由度的 PNJL 或者 PQM 模型可以给出定性上正确的 RW 相变.这也从一个方面体现了这类模型的优点和合理性.

引入虚夸克化学势 $\mu = \mathrm{i}T\theta$ 后的 QCD 热力学势满足 $\Omega_{\mathrm{QCD}}(\theta) = \Omega_{\mathrm{QCD}}(\theta + 2\pi/3)$,即所谓的 Roberge-Weiss 周期性[142].因动力学夸克使得 $Z(3)$ 对称性明显破缺,当温度高于某临界值 T_{RW}时,3 个原本简并的 $Z(3)$ 真空有效热力学势 $\Omega_{\phi}(\phi = 0, \pm 2\pi/3)$ 不再简并.作为 θ 的函数,这 3 个解的周期均为 2π,且其中任一个可通过左右平移 $2\pi/3$ 得到另外两个;而确定 θ 下的物理热力学势则对应这 3 个解的最小值.这就导致热力学势在 $\theta = \pi/3(\mathrm{mod}\, 2\pi/3)$ 处有尖峰,即 $\Omega_{\mathrm{QCD}}/\mathrm{d}\theta$ 不连续,相应的相变为前述的 Roberge-Weiss 相变.需要强调的是,Roberge-Weiss 相变是和 Z_2 对称性相对应的真实相变[289],夸克虚密度及 Polyakov 圈的相因子均可作为序参量.这里顺便提一下新近的格点 QCD[289] 给出的物理质量情形的 Roberge-Weiss 相变的温度为 $T_{\mathrm{RW}} = 1.34(7)\, T_{\mathrm{c}} = 208(5)$ MeV.

格点 QCD 研究发现,Roberge-Weiss 端点的性质与夸克质量关系非常密切[288-291]:当夸克质量取值较大或者较小时,Roberge-Weiss 端点是三相点(3 个一级相变线交汇);而中间质量区域的 RW 端点为临界点(CEP).最新的格点 QCD 模拟显示取物理质量时的 Roberge-Weiss 端点是二级相变点[290].研究 Roberge-Weiss 端点的性质和质量的关系有助于理解手征对称性(轻夸克域)和中心对称性(重夸克域)对 QCD 相变的影响.但目前格点 QCD 的计算结果对算法及格距都比较敏感.除格点 QCD 外,QCD 的有效模型也可用以研究 Roberge-Weiss 相变.要得到正确的 Roberge-Weiss 周期,低能有效模型除具有手征对称性外,还需满足所谓扩展的 $Z(3)$ 对称性[282].Polyakov 圈拓展的 NJL(PNJL)模型和夸克介子(PQM)模型就满足该条件,是该类模型的优点之一.相应地,可以用 PNJL/PQM 模型来研究 Roberge-Weiss 相变,特别是关注 Roberge-Weiss 端点的性质,以期和格点 QCD 的计算结果进行相互比对.研究虚化学势下的 PNJL/PQM 模型也可从另一个层面对该类模型给出约束和限制.

7.3 Z(3)-QCD 及退禁闭相变

新近研究发现,若味道质量简并且 $N_f = N_c$,味道编号为 f 的夸克场满足扭曲边界条件:

$$q_f(x, \beta = 1/T) = -e^{-i\theta_f} q_f(x, 0) \tag{7.13}$$

其中

$$\theta_f = 2f\pi/N_c \quad (f = 1, \cdots, N_c) \tag{7.14}$$

则相应的 $SU(N_c)$规范理论亦具有严格的 $Z(N_c)$对称性[282,296].这里味道依赖的扭曲边界条件式(7.13)等效于引入虚化学势 $\mu_f = iT\theta_f$,但保持物理的反对称边界条件不变.满足上述扭曲边界条件的 $N_c = 3$ 的类 QCD 理论被称为 Z(3)-QCD[294,295].不同于 QCD,在Z(3)-QCD中 Polyakov 圈是中心对称性的严格序参量.研究 Z(3)-QCD 的热力学性质及相变性质有助于揭示 QCD 退禁闭相变和中心对称性间的微妙关系.

Z(3)-QCD 理论的一个优点是可用于研究 RW 及退禁闭相变①对中心对称性破缺模式及破缺程度的依赖关系.如前所述,RW 相变的前提是中心对称性必须明显破缺.而味道和颜色数的差异、质量非简并以及味道相关的虚化学势对公差为 $2\pi/N_c$ 的等差数列的偏离均可导致 Z(3)-QCD 的中心对称性明显破缺.最近,笔者及合作者选取味道依赖的虚化学势$(\mu_u, \mu_d, \mu_s) = iT(\theta - 2C\pi/3, \theta, \theta + 2C\pi/3)$ $(0 \leqslant C \leqslant 1)$②,采用 3 个味道的 PNJL 作为 Z(3)-QCD 的有效模型,分别研究了几种不同中心对称性破缺模式下的 RW 及退禁闭相变[295].研究发现,当味道质量简并但 $C \neq 1$ 时,在 $\theta = \pi/3 (\mathrm{mod}\ 2\pi/3)$处存在 RW 相变,其强度随着 C 减小而增强;当 $C = 1$, $N_f = 2 + 1$(两轻一重)时,RW 相变发生在 $\theta = 2\pi/3 (\mathrm{mod}\ 2\pi/3)$处,而 $N_f = 1 + 2$(一轻两重)时,RW 相变点又回到 $\theta = \pi/3 (\mathrm{mod}\ 2\pi/3)$处.上述几种情形,RW 相变端点均保持为三相点.

该研究采用了两种 Polyakov 圈势均给出如下结论:① 当 $N_f = 3$, $C \neq 1$ 时,RW 相变出现在 $\theta = \pi/3 (\mathrm{mod}\ 2\pi/3)$处,相变强度随 C 值的减小而加强;② 当 $N_f = 2 + 1$, $C = 1$ 时,在 $\theta = 2\pi/3 (\mathrm{mod}\ 2\pi/3)$处发生 RW 相变;③ 当 $N_f = 2 + 1$, $C = 1$ 时,RW 相变点又返

---

① 这里把 Polyakov 圈当作退禁闭相变的序参量.

② 这将确保配分函数满足 $Z(\theta) = Z(\theta + 2k\pi/3)$($k$ 为整数).

回 $\theta=\pi/3(\mathrm{mod}\,2\pi/3)$；④ 若保持 $C=1$，在 $N_f=2+1$ 和 $N_f=1+2$ 两种情形中，退禁闭相变在整个 θ 区域内均为一级相变，即 RW 相变端点均为三相点. 表明上述情形 RW 相变点沿 θ 轴的位置主要由夸克质量的简并情况决定，而和胶子势的细节关联不大.

考虑夸克的反馈作用后，几种中心对称破缺模式下的 RW 相变强度都有不同程度的减弱，且退禁闭相变的温度也相应降低. 表明 RW 相变点沿温度轴的位置及相变强度和胶子势的细节相关. 但定性上来讲，上述几种情形的 RW 端点均保持为三相点，不因夸克的反馈效应而改变.

因模型局限性，文献[283]得到的结果仅适用于轻夸克系统. 有重夸克参与且和 $Z(3)$-QCD 相关的不同中心对称破缺模式下的 RW 相变及退禁闭相变的研究需应用 LQCD 或者微扰 QCD.

图 7.9～图 7.11 分别展示了采用 Polyakov 圈加强的夸克介子模型(PQM)对 RW 相变的类似研究，图中的细节可参看各图的图标文字部分的说明. 定性上来讲，和文献[283]得到的结论基本一致，特别是进一步确定了考虑夸克反馈效应后的胶子势后 RW 端点的性质并无定性上的影响，即仍然是三相点.

7.4 $Z(3)$-QCD 和瞬子-双荷子

不同于 QCD，$Z(3)$-QCD 的特点是 3 种味道的费米子的虚化学势 μ_f/T 成差值为 $2\pi/3$的等差数列，这相当于零化学势情形 3 种味道夸克的边界条件相应的相因子等间距地分布在绕异性参数环上. 而对 QCD 而言，所有费米子的边界条件对应的相因子是 π. 依照瞬子在有限温度下分解为 N_c 个双荷子的图像，QCD 和 $Z(3)$-QCD 的差异可以用图 7.12 来形象地展示. QCD 中的所有颜色味道的夸克都具有同一个边界相因子，正如图 7.12(a)所示，这些费米子均落在绕异性参数环上，属于某个双荷子的某个区间 $\mu_i<\theta_f(=\pi)<\mu_i+1$，因而所有费米子只和对应的一个双荷子有作用. 对 $Z(N_c)$-QCD 而言，不同味道夸克的相因子 θ_f 均匀地散落在绕异性参数环上，因而每个区间的双荷子均分配到一个味道的夸克并与之有相互作用，如图 7.12(b)所示.

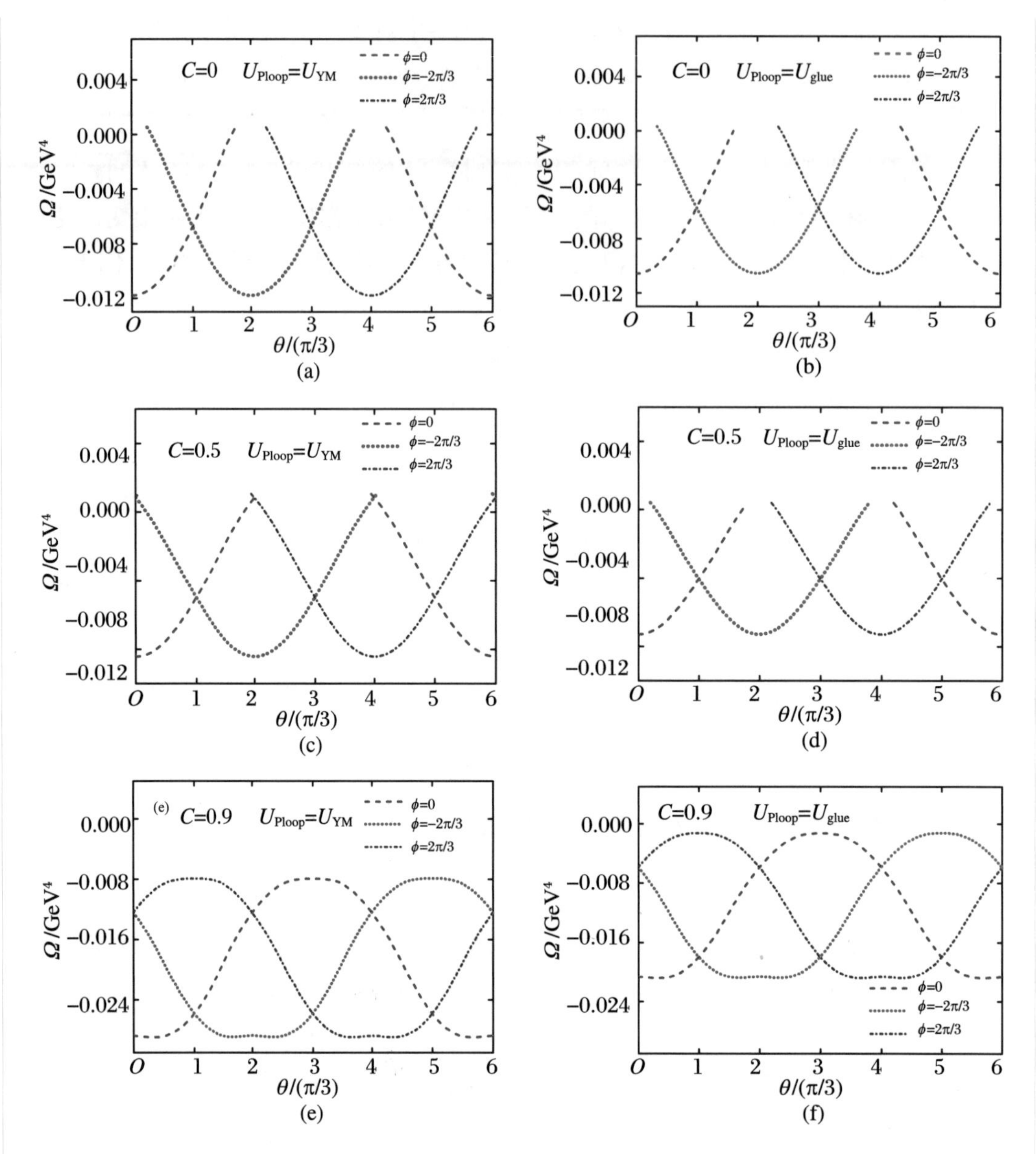

图 7.9　$N_f=3$, $C\neq1$ 时,平均场近似下 PQM 的热力学势解 Ω_ϕ ($\phi=0,\pm2\pi/3$)随 θ 的变化

左侧图表示采用传统 Polyakov 圈势计算的结果;右侧图是采用改进的 Polyakov 圈势计算的结果.所有图对应 $T=250$ MeV 的解.

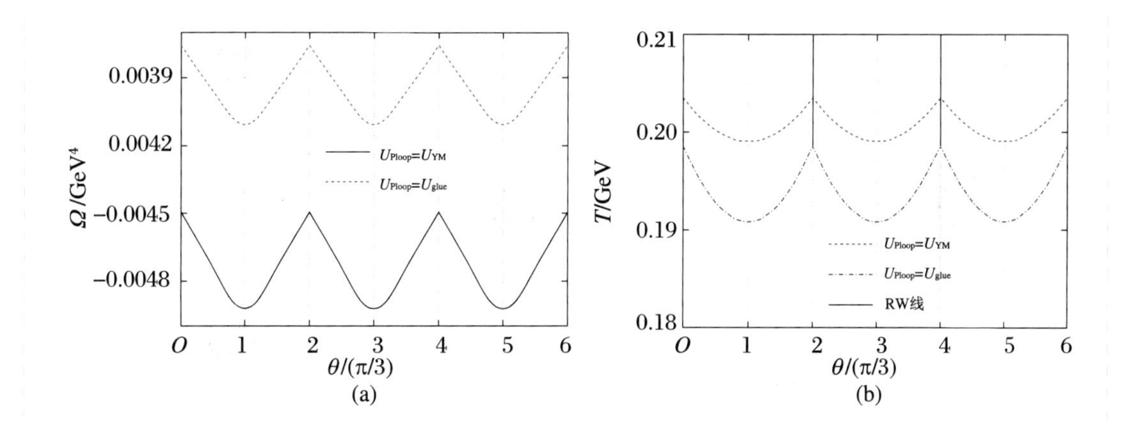

图 7.10　(a) $N_f=2+1$, $C=1$ 情形 PQM 模型在 $T=250$ MeV 时的热力学势 Ω 随 θ 变化的曲线(此时 RW 相变点出现在 $2k\pi/3$(k 为整数));(b) $N_f=2+1$, $C=1$ 情形 PQM 模型给出的 θ-T 平面相图

图中实线表示 RW 相变线,点线和短-点结合线分别表示不同 Polyakov 圈势给出的一级退禁闭相变线.

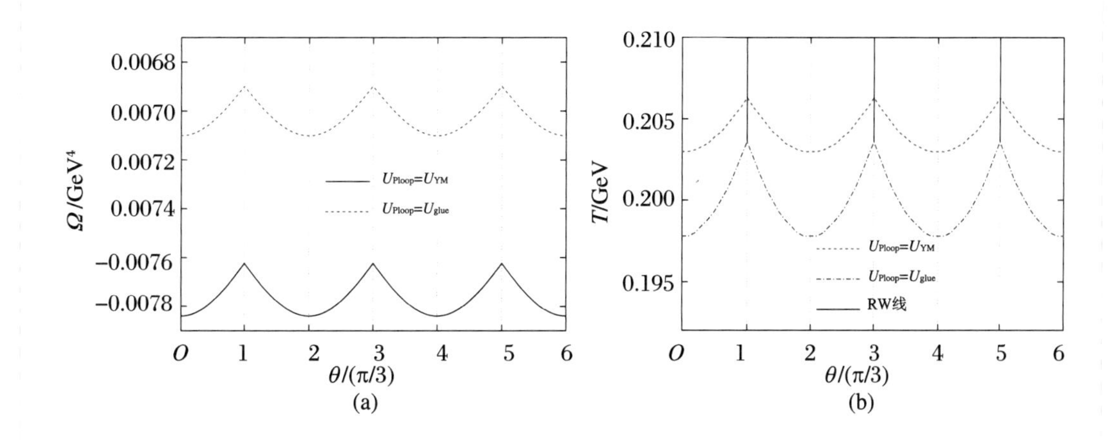

图 7.11　(a) $N_f=1+2$, $C=1$ 情形 PQM 模型在 $T=250$ MeV 时的热力学势 Ω 随 θ 变化的曲线(此时 RW 相变点出现在 $(2k+1)\pi/3$(k 为整数));(b) $N_f=1+2$, $C=1$ 情形 PQM 模型给出的 θ-T 平面相图

图中实线表示 RW 相变线,点线和短-点结合线分别表示不同 Polyakov 圈势给出的一级退禁闭相变线.

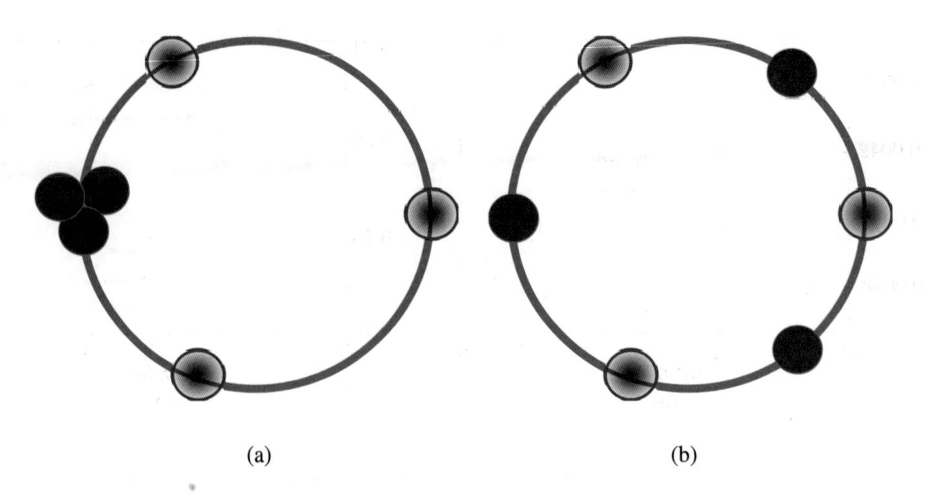

图 7.12 $SU(3)$-QCD(a)和 $Z(3)$-QCD(b)的区别示意图

(a)表示所有味道的费米子的边界相因子落在某一个双荷子对应的绕异性参数环上的一段;(b)显示不同味道的费米子的边界相因子均匀落在绕异性参数环上,每一个双荷子都"分配到"一个费米子.

7.5 Roberge-Weiss 相变和瞬子-双荷子

这里讨论一下 Roberge-Weiss 相变和 QCD 真空的瞬子-双荷子系综图像的可能关系.这两者之间具有密切关联的原因在于虚化学势 $\theta = \mathrm{i}\mu/T$ 本质上是个一相因子,或者说是在表征绕异性量的环上.而绕异性量和 Polyakov 圈的相因子密切关联,后者可以作为 Roberge-Weiss 相变的序参量,即 QCD 中的 Roberge-Weiss 相变对应 Polyakov 圈的相因子的跳变.这一跳变背后的可能物理图像是瞬子-双荷子间费米子零模的转移.

按照瞬子-双荷子理论,当味道和颜色的绕异性参数恰好叠合时,费米子的零模会从一种瞬子-双荷子跳跃到另一种.因此,瞬子-双荷子应该对 Roberge-Weiss 相变具有重要的影响.这一点在格点计算中被观测到,即格点计算的结果完全符合瞬子-双荷子系综理论对于手征对称性破缺机制的预期[297].该格点计算观察到的主要结论是当扫过 Roberge-Weiss 相变点时,狄拉克本征谱有一个剧烈的改变.

附录 A　$SU(N)$群

$SU(N)$群，即 $N\times N$ 的幺模幺正矩阵群是一种典型李群. 令 T^a ($a=1,\cdots,N^2-1$)为 $SU(N)$群的厄米生成元，则其满足如下的群代数关系：

$$[T^a, T^b] = \mathrm{i} f_{abc} T^c \tag{A.1}$$

其中，f_{abc}是指标反对称的群结构常数.

对 $SU(2)$群而言，其结构常数对应反对称张量ϵ_{ijk}，满足$\epsilon_{123}=1$. $SU(3)$群的非零结构常数如下：

$$\begin{aligned} f_{123} &= 1 \\ f_{147} &= -f_{156} = f_{246} = f_{257} = f_{345} = -f_{367} = 1/2 \\ f_{458} &= f_{678} = \sqrt{3/2} \end{aligned} \tag{A.2}$$

对基础表示而言，生成元 T^a 对应 $N\times N$ 的无迹厄米矩阵 t^a，其定义如下：

$$t^a = \frac{1}{2}\lambda_a \tag{A.3}$$

其中，λ_a 在 $N=2$ 时为泡利矩阵 σ_i，而在 $N=3$ 时为盖尔曼矩阵，即

$$\lambda_1 = \begin{pmatrix} 0 & 1 & 0 \\ 1 & 0 & 0 \\ 0 & 0 & 0 \end{pmatrix}, \quad \lambda_2 = \begin{pmatrix} 0 & -i & 0 \\ i & 0 & 0 \\ 0 & 0 & 0 \end{pmatrix}, \quad \lambda_3 = \begin{pmatrix} 1 & 0 & 0 \\ 0 & -1 & 0 \\ 0 & 0 & 0 \end{pmatrix}$$

$$\lambda_4 = \begin{pmatrix} 0 & 0 & 1 \\ 0 & 0 & 0 \\ 1 & 0 & 0 \end{pmatrix}, \quad \lambda_5 = \begin{pmatrix} 0 & 0 & -i \\ i & 0 & 0 \\ 0 & 0 & 0 \end{pmatrix}, \quad \lambda_6 = \begin{pmatrix} 0 & 0 & 0 \\ 0 & 0 & 1 \\ 0 & 1 & 0 \end{pmatrix} \tag{A.4}$$

$$\lambda_7 = \begin{pmatrix} 0 & 0 & 0 \\ 0 & 0 & -i \\ 0 & i & 0 \end{pmatrix}, \quad \lambda_8 = \frac{1}{\sqrt{3}}\begin{pmatrix} 1 & 0 & 0 \\ 0 & 1 & 0 \\ 0 & 0 & -2 \end{pmatrix}$$

与 $SU(N)$群的基础表示生成元 t^a 相关的一些有用关系式：

$$\begin{aligned} \mathrm{Tr}(t^a t^b) &= \frac{1}{2}\delta_{ab} \\ t^a_{ij} t^b_{kl} &= \frac{1}{2}\left(\delta_{il}\delta_{jk} - \frac{1}{N}\delta_{ij}\delta_{kl}\right) \\ (t^a t^a)_{ij} &= C_F \delta_{ij} \end{aligned} \tag{A.5}$$

其中，$C_{\mathrm{F}} = \dfrac{N^2-1}{2N}$. 对伴随表示而言，生成元 T^a 对应$(N^2-1)\times(N^2-1)$的厄米矩阵 T^a，其矩阵元由结构常数决定：

$$(T^a)_{bc} = -\mathrm{i} f_{abc} \tag{A.6}$$

以下是几个与之相关的关系式：

$$\begin{aligned} \mathrm{Tr}(T^a T^b) &= N\delta_{ab} \\ (T^a T^a)_{bc} &= C_{\mathrm{A}} \delta_{bc} \end{aligned} \tag{A.7}$$

其中，$C_{\mathrm{A}} = N$.

附录 B　虚时温度场论

B.1　算符框架

热量子场论(thermal quantum field theory)或有限温度场论(finite temperature field theory)是计算有限温度下量子场论中物理可观察量期望值的理论方法. 传统量子场论是建立在零温基础上的,如果体系处于热环境中则需要运用有限温度场论. 有限温度场论可视为量子场论与统计力学的天然结合.

在平衡态统计力学中,微正则系综用来描述一个能量、粒子数和体积均固定的孤立系统;正则系综用于描述与大热源接触的系统,即该系统可与热源自由交换能量,但粒子数和体积固定;巨正则系综指可与大热源及粒子源交换能量和粒子的系统,体系有固定的温度、体积和化学势. 对一个相对论性量子系统,粒子可以产生和湮灭,其平衡态适于用巨正则系综来描述.下面将基于巨正则系综引出虚时有限温度场论的基本原理.

对哈密顿算符为 $\hat{H}$ 的开放体系,若与某守恒数算符 $\hat{N}_{\mathrm{I}}$(如 QCD 中的重子数)对应的化学势为 μ,则该体系处于平衡态时的密度算符为

$$\hat{\rho} = \exp\{-\beta(\hat{H} - \mu_{\mathrm{I}}\hat{N}_{\mathrm{I}}\} \tag{B.1}$$

式中,$\beta=1/T$,T 代表体系的温度(方便起见,这里玻尔兹曼常数及普朗克常数取 1).相应体系的巨正则配分函数为

$$Z = \mathrm{Tr}\,\hat{\rho} \tag{B.2}$$

可得巨热力学势为

$$\Omega(T,\mu,V) = -T\ln Z \tag{B.3}$$

统计力学中,巨热力学势与压强 p 和熵 S 的关系为

$$\Omega = -pV = E - \mu_{\mathrm{I}}N_{\mathrm{I}} - TS \tag{B.4}$$

则体系的热力学性质均可通过巨正则配分函数表示,如压强 p、熵 S 与守恒荷数目 N_{I} 分别为

$$p = -\frac{\partial\Omega}{\partial V} = \frac{\partial T\ln Z}{\partial V} \tag{B.5}$$

$$S = -\frac{\partial\Omega}{\partial T} = \frac{\partial T\ln Z}{\partial T} \tag{B.6}$$

$$N_{\mathrm{I}} = \langle\hat{N}_{\mathrm{I}}\rangle = -\frac{\partial\Omega}{\partial\mu_{\mathrm{I}}} = \frac{\partial T\ln Z}{\partial\mu_{\mathrm{I}}} \tag{B.7}$$

在有限温度情况下,算符 $\hat{A}$ 的热期望值需通过对密度矩阵加权求迹来实现,即

$$\langle\hat{A}\rangle = \frac{\mathrm{Tr}[\hat{A}\hat{\rho}]}{\mathrm{Tr}[\hat{\rho}]} = \frac{1}{Z}\mathrm{Tr}[\mathrm{e}^{-\beta(\hat{H}-\mu_{\mathrm{I}}\hat{N}_{\mathrm{I}})}\hat{A}] \tag{B.8}$$

对时间做维克转动 $t\to-\mathrm{i}\tau$,从闵氏空间转为欧氏空间。考虑场算符 $\hat{\varphi}$ 的两点格林函数

$$G(x,y;\tau_1,\tau_2) = \mathrm{Tr}\{\hat{\rho}T_\tau[\hat{\varphi}(x,\tau_1)\hat{\varphi}(y,\tau_2)]\}/Z \tag{B.9}$$

其中,T_τ 为采用虚时情形的编时乘积,即有

$$T_\tau[\hat{\varphi}(x,\tau_1)\hat{\varphi}(y,\tau_2)] = \hat{\varphi}(\tau_1)\hat{\varphi}(\tau_2)\theta(\tau_1-\tau_2) \pm \hat{\varphi}(\tau_2)\hat{\varphi}(\tau_1)\theta(\tau_2-\tau_1) \tag{B.10}$$

其中，± 号分别对应玻色场和费米场算符. 注意密度矩阵 $\hat{\rho}$ 和 T_τ 可以对易，则

$$
\begin{aligned}
G(x,y;\tau,0) &= \mathrm{Tr}[\mathrm{e}^{-\beta(\hat{H}-\mu_1\hat{N}_1)}\hat{\varphi}(x,\tau)\hat{\varphi}(y,0)]/Z \\
&= \mathrm{Tr}[\hat{\varphi}(y,0)\mathrm{e}^{-\beta(\hat{H}-\mu_1\hat{N}_1)}\hat{\varphi}(x,\tau)]/Z \\
&= \mathrm{Tr}[\mathrm{e}^{-\beta(\hat{H}-\mu_1\hat{N}_1)}\mathrm{e}^{\beta(\hat{H}-\mu_1\hat{N}_1)}\hat{\varphi}(y,0)\mathrm{e}^{-\beta(\hat{H}-\mu_1\hat{N}_1)}\hat{\varphi}(x,\tau)]/Z \\
&= \mathrm{Tr}[\mathrm{e}^{-\beta(\hat{H}-\mu_1\hat{N}_1)}\hat{\varphi}(y,\beta)\hat{\varphi}(x,\tau)]/Z \\
&= \pm\,\mathrm{Tr}[\mathrm{e}^{-\beta(\hat{H}-\mu_1\hat{N}_1)}\hat{\varphi}(x,\tau)\hat{\varphi}(y,\beta)]/Z \\
&= \pm\, G(x,y;\tau,\beta)
\end{aligned}
\tag{B.11}
$$

此即 Kubo-Martin-Schwinger(KMS)关系式[①]，表明两点格林函数或具有 β 周期性(玻色场)，或具有 β 反周期性(费米场). 上述 KMS 关系式推导的关键环节是将 $\mathrm{i}\beta$ 看作虚时来处理. 式(B.11)意味着如下更一般的关系

$$
\hat{\varphi}(x,\tau) = \pm\,\hat{\varphi}(x,\tau+\beta) \tag{B.12}
$$

即玻色场和费米场分别满足 β 周期和 β 反周期条件.

与上述(反)周期性对应，场算符只能按照离散的频率进行展开

$$
\varphi(x,\tau) = \sum_n \varphi(x,\omega_n)\mathrm{e}^{\mathrm{i}\omega_n\tau} \tag{B.13}
$$

其中，ω_n 为受 KMS 关系约束的本征频率，被称为松原(Matsubara)频率[②]. 很显然，对于玻色场算符，周期性条件要求其松原频率为

$$
\omega_n = 2n\pi T \tag{B.14}
$$

而对费米场算符，反周期性条件要求其松原频率为

$$
\omega_n = (2n+1)\pi T \tag{B.15}
$$

式中，n 为全体整数. 这样，在零温度时对连续频率的积分就转化成对有限温度情形对离散松原频率的求和.

上述算符框架下的虚时温度场论，可以通过将 $\mathrm{i}\beta$ 看作虚时的方式，将对密度矩阵求迹的配分函数转化为费曼路径积分的形式.

---

① 此条件式最早由久保亮五(Kubo)于 1957 年得到，后来马丁(Martin)和施温格(Schwinger)(1959)将其用于定义热场格林函数.

② 由松原武生(Takeo Matsubara)于 1955 年给出.

B.2 路径积分框架

在欧氏空间,前述的配分函数 Z 可用路径积分的形式表示如下:

$$Z = \int D\phi \langle \phi \mid e^{-\beta(H-\mu N)} \mid \phi \rangle = \int D\phi \exp\left[-\int_0^\beta d\tau L(\tau, \mu) \right] \tag{B.16}$$

这里,$L(\tau,\mu)$是体系在欧氏空间的拉格朗日量,场 ϕ 必须满足式(B.12)所示的边界条件.以下以 QCD 为例给出配分函数及各基本热力学量的路径积分计算模式.

QCD 的配分函数 $Z(T,V,\hat{\mu})$可由对胶子场(A_ν)和夸克场($\bar{q}$,q)的路径积分得到.这里 $\hat{\mu}\equiv(\mu_u,\mu_d,\mu_s)$表示轻夸克即上、下、奇异夸克的化学势.同时配分函数也依赖于不同味道的夸克的质量 $\hat{m}\equiv(m_u,m_d,m_s)$.由闵氏空间做维克转动 $t \to -i\tau(\tau\in\mathbb{R})$,可得欧氏空间 QCD 的拉氏密度(不含化学势)

$$\begin{aligned} L_{QCD} &= L_g + L_q \\ &= -\frac{1}{4} F_{\mu\nu}^a(x) F_{\mu\nu}^a(x) - \sum_{f=u,d,s} \bar{q}_f(x)(\not{D} + m_f) q_f(x) \end{aligned} \tag{B.17}$$

其中,$a=1,\cdots,8$ 是生成元或者 8 个胶子指标.m_f 是味道为 f 的夸克的质量.欧氏空间的协变导数 $\not{D}$ 和场强张量 $F_{\mu\nu}^a$ 具体可表示为

$$\not{D} = \gamma_\mu D_\mu = \left(\partial_\mu + ig\frac{\lambda^a}{2}A_\mu^a\right)\gamma_\mu \tag{B.18}$$

$$F_{\mu\nu}^a = \partial_\mu A_\nu^a - \partial_\nu A_\mu^a - gf^{abc}A_\mu^b A_\nu^c \tag{B.19}$$

这里,$\lambda^a/2$ 是 $SU(3)$群的生成元,f_{abc} 为该群的结构常数.γ_μ 是欧氏空间的 γ 矩阵,满足 $\{\gamma_\mu,\gamma_\nu\}=2\delta_{\mu\nu}$.

对 QCD 而言,格林函数的 KMS 条件对应下述胶子场和夸克场的边界条件:

$$\begin{aligned} A_\mu(x,\beta) &= A_\mu(x,0) \\ q_f(x,\beta) &= -q_f(x,0) \end{aligned} \tag{B.20}$$

则在欧氏空间 QCD 配分函数的路径积分形式为

$$Z(T,V,\hat{\mu}) = \int \prod_\mu DA_\mu \prod_f Dq_f D\bar{q}_f e^{-S(T,V,\hat{\mu})} \tag{B.21}$$

相应某个物理观测量 A 的热平均期待值可表示为

$$\langle A \rangle = \frac{1}{Z(T, V, \hat{\mu})} \int \prod_{\mu} \mathrm{D} A_{\mu} \prod_{f} \mathrm{D} q_f \mathrm{D} \bar{q}_f A \mathrm{e}^{-S(T, V, \hat{\mu})} \tag{B.22}$$

其中,$S(T, V, \hat{\mu})$是欧氏空间的作用量,对应如下积分:

$$S(T, V, \hat{\mu}) \equiv \int_0^{\beta} \mathrm{d} t \int_V \mathrm{d}^3 \boldsymbol{x} L(\hat{\mu}) \tag{B.23}$$

此处 $L(\hat{\mu})$为包含化学势贡献的欧氏空间的拉格朗日密度

$$L(\hat{\mu}) = L_{\mathrm{QCD}} + \sum_{f} \mu_f \bar{q}_f \gamma_0 q_f \tag{B.24}$$

有了 QCD 配分函数,就可以得到各种基本热力学量. 如压强 p、能量密度ϵ 和净夸克数密度 n_f 可由配分函数表为

$$\begin{aligned} p &= \frac{T}{V} \ln Z(T, V, \hat{\mu}) \\ \epsilon &= -\frac{1}{V} \frac{\partial \ln Z(T, V, \hat{\mu})}{\partial \frac{1}{T}} \bigg|_{\hat{\mu}/T} \\ n_f &= \frac{T}{V} \frac{\partial \ln Z(T, V, \hat{\mu})}{\partial \mu_f} \end{aligned} \tag{B.25}$$

附录 C　规范场拓扑荷公式的推导

这里给出规范场 $A_\mu(x)$的拓扑荷定义式

$$Q_T = \frac{1}{16\pi^2}\int d^4 x \operatorname{Tr} F_{\mu\nu}\widetilde{F}_{\mu\nu} \tag{C.1}$$

的一些推导(推导过程参阅了 M. Lopez-Ruiz 的博士毕业论文).其中对偶场强张量

$$\widetilde{F}_{\mu\nu} \equiv \frac{1}{2}\varepsilon_{\mu\nu\alpha\beta}F_{\alpha\beta} = \varepsilon_{\mu\nu\alpha\beta}(\partial_\alpha A_\beta - iA_\alpha A_\beta) \tag{C.2}$$

满足运动方程:

$$D_\mu\widetilde{F}_{\mu\nu} = \partial_\mu\widetilde{F}_{\mu\nu} - i[A_\mu, \widetilde{F}_{\mu\nu}] = 0 \tag{C.3}$$

由运动方程,可以得到

$$\partial_\mu\widetilde{F}_{\mu\nu} = i[A_\mu, \widetilde{F}_{\mu\nu}] \tag{C.4}$$

利用求迹的循环特性和 $\varepsilon_{\mu\nu\alpha\beta}$张量的反对称特性,可以得到

$$
\begin{aligned}
\operatorname{Tr} F_{\mu\nu}\widetilde{F}_{\mu\nu} &= \operatorname{Tr}\{(\partial_\mu A_\nu - \partial_\nu A_\mu)\widetilde{F}_{\mu\nu} - \mathrm{i}(A_\mu A_\nu - A_\nu A_\mu)\widetilde{F}_{\mu\nu}\} \\
&= \operatorname{Tr}\{(\partial_\mu A_\nu - \partial_\nu A_\mu)\widetilde{F}_{\mu\nu} - \mathrm{i}A_\mu[A_\mu, \widetilde{F}_{\mu\nu}]\} \\
&= \operatorname{Tr}\{(\partial_\mu A_\nu - \partial_\nu A_\mu)\widetilde{F}_{\mu\nu} - A_\mu \partial_\nu \widetilde{F}_{\mu\nu}\} \\
&= \operatorname{Tr}\{(\partial_\mu A_\nu)\widetilde{F}_{\mu\nu} - \partial_\nu(A_\mu \widetilde{F}_{\mu\nu})\}
\end{aligned}
\tag{C.5}
$$

以及

$$
\begin{aligned}
\operatorname{Tr}\{\varepsilon_{\mu\nu\alpha\beta}\partial_\mu(A_\nu A_\alpha A_\beta)\} = \operatorname{Tr}\{\varepsilon_{\mu\nu\alpha\beta}[&(\partial_\mu A_\nu)A_\alpha A_\beta + (\partial_\mu A_\alpha)A_\beta A_\nu \\
&+ (\partial_\mu A_\beta)A_\nu A_\alpha]\} \\
= 3\operatorname{Tr}\{&\varepsilon_{\mu\nu\alpha\beta}(\partial_\mu A_\nu)A_\alpha A_\beta\}
\end{aligned}
\tag{C.6}
$$

可以将积分写成全散度积分的形式：

$$
\begin{aligned}
\operatorname{Tr} F_{\mu\nu}\widetilde{F}_{\mu\nu} &= \operatorname{Tr}\{\varepsilon_{\mu\nu\alpha\beta}[(\partial_\mu A_\nu)(\partial_\alpha A_\beta - \mathrm{i}A_\alpha A_\beta) - \partial_\nu(A_\mu\partial_\alpha A_\beta - \mathrm{i}A_\mu A_\alpha A_\beta)\} \\
&= \operatorname{Tr}\{\varepsilon_{\mu\nu\alpha\beta}[\partial_\mu(A_\nu\partial_\alpha A_\beta) - \mathrm{i}(\partial_\mu A_\nu)A_\alpha A_\beta \\
&\quad + \partial_\mu(A_\nu\partial_\alpha A_\beta - \mathrm{i}A_\nu A_\alpha A_\beta)]\} \\
&= \operatorname{Tr}\left\{\varepsilon_{\mu\nu\alpha\beta}\left[\partial_\mu(A_\nu\partial_\alpha A_\beta) - \frac{\mathrm{i}}{3}\partial_\mu(A_\nu A_\alpha A_\beta)\right.\right. \\
&\quad \left.\left. + \partial_\mu(A_\nu\partial_\alpha A_\beta - \mathrm{i}A_\nu A_\alpha A_\beta)\right]\right\} \\
&= \partial_\mu \operatorname{Tr}\left\{2\varepsilon_{\mu\nu\alpha\beta}\left(A_\nu\partial_\alpha A_\beta - \frac{2}{3}\mathrm{i}A_\nu A_\alpha A_\beta\right)\right\}
\end{aligned}
\tag{C.7}
$$

则拓扑荷可写为

$$
Q_{\mathrm{T}} = \frac{1}{16\pi^2}\int \mathrm{d}^4 x \operatorname{Tr} F_{\mu\nu}\widetilde{F}_{\mu\nu} = \int \mathrm{d}^4 x\, \partial_\mu K_\mu \tag{C.8}
$$

其中

$$
K_\mu \equiv \frac{1}{8\pi^2}\varepsilon_{\mu\nu\alpha\beta}\operatorname{Tr}\left\{A_\nu\partial_\alpha A_\beta - \frac{2}{3}\mathrm{i}A_\nu A_\alpha A_\beta\right\} \tag{C.9}
$$

被称为陈-西蒙斯流.根据高斯定理,四维欧氏空间的全散度积分等于陈-西蒙斯流在 S_{E}^3 边界面上的面积分,即

$$
Q_{\mathrm{T}} = \oint_{S_{\mathrm{E}}^3} \mathrm{d}s_\mu K_\mu \tag{C.10}
$$

规范场的边界条件要求 $G_{\mu\nu}$ 在边界上为零,则有

$$
Q_{\mathrm{T}} = \frac{\mathrm{i}}{24\pi^2}\oint_{S_{\mathrm{E}}^3} \mathrm{d}s_\mu \varepsilon_{\mu\nu\alpha\beta}\operatorname{Tr}\{A_\nu A_\alpha A_\beta\}
$$

$$= \frac{1}{24\pi^2}\oint_{S_E^3} ds_\mu \varepsilon_{\mu\nu\alpha\beta}\mathrm{Tr}\{(U\partial_\nu U^\dagger)(U\partial_\alpha U^\dagger)(U\partial_\beta U^\dagger)\}$$

$$= -\frac{1}{24\pi^2}\oint_{S_E^3} ds_\mu \varepsilon_{\mu\nu\alpha\beta}\mathrm{Tr}\{U^\dagger(\partial_\nu U)U^\dagger(\partial_\alpha U)U^\dagger(\partial_\beta U)\} \tag{C.11}$$

因此拓扑荷 Q_T 只依赖于三维欧氏平面 S_E^3 上对应的规范群元素 U.式(C.11)的被积函数完全是群元素,可以把对空间的积分转化为对群空间的积分.群空间的积分必须找到对应群的流形测度,即 Haar 测度.

下面以 $SU(2)$ 群为例来讨论.$SU(2)$ 群共有 3 个群参数 $\theta_1,\theta_2,\theta_3$,比如可以选择 3 个欧拉角.则上述拓扑荷的积分可表示为

$$Q_T = -\frac{1}{24\pi^2}\oint_{S_E^3} ds_\mu \varepsilon_{\mu\nu\alpha\beta}\mathrm{Tr}\left\{U^+\frac{\partial U}{\partial\theta_i}U^+\frac{\partial U}{\partial\theta_j}U^+\frac{\partial U}{\partial\theta_k}\right\}\frac{\partial\theta_i}{\partial x_\nu}\frac{\partial\theta_j}{\partial x_\alpha}\frac{\partial\theta_k}{\partial x_\beta} \tag{C.12}$$

上式是对笛卡儿坐标的积分.如果把无穷大的欧氏球面看成超级立方体,则上述面积分对应立方体的 8 个外侧面(每个坐标分量对应两个面).按照对称性,这 8 个外侧面的积分结果应该是一样的.为此,可以选定其中一个面来积分,比如选 x_4 为正无穷大的那个面,则相应的面积分对应如下的三维积分:

$$-\frac{1}{24\pi^2}\int dx_1 dx_2 dx_3 \varepsilon_{lmn}\mathrm{Tr}\left\{U^+\frac{\partial U}{\partial\theta_i}U^+\frac{\partial U}{\partial\theta_j}U^+\frac{\partial U}{\partial\theta_k}\right\}\frac{\partial\theta_i}{\partial x_l}\frac{\partial\theta_j}{\partial x_m}\frac{\partial\theta_k}{\partial x_n}$$

$$= -\frac{1}{24\pi^2}\int d\theta_1 d\theta_2 d\theta_3 \varepsilon_{ijk}\mathrm{Tr}\left\{U^+\frac{\partial U}{\partial\theta_i}U^+\frac{\partial U}{\partial\theta_j}U^+\frac{\partial U}{\partial\theta_k}\right\}$$

$$= -\frac{1}{24\pi^2}\int d\theta_1 d\theta_2 d\theta_3 w(\theta_1,\theta_2,\theta_3)$$

$$= -\frac{1}{24\pi^2}\int du(U) \tag{C.13}$$

最后的结果非常简明,表明上式的积分实际上完全是群空间的积分.

将所有面的积分求和,则得到拓扑荷的取值正比于群空间的积分

$$Q_T \propto \int du(U) \tag{C.14}$$

根据同伦群理论,拓扑荷必须对应整数,其意义为无穷远三维欧氏球面到 $SU(2)$ 群参数球面映射的绕数.由拓扑荷的定义式可知,该绕数满足规范不变性.不同的绕数对应不同的映射类,不同类在拓扑上不等价.

下面对式(C.13)的积分给出补充说明.式(C.13)在做积分变量转换时,由对外从侧面上的 3 个坐标的积分变量转化为群参数的积分.最后积分中出现的函数

$$w(\theta_1,\theta_2,\theta_3)=\varepsilon_{ijk}\mathrm{Tr}\left\{U^+\frac{\partial U}{\partial\theta_i}U^+\frac{\partial U}{\partial\theta_j}U^+\frac{\partial U}{\partial\theta_k}\right\}\tag{C.15}$$

恰为群空间积分的权函数.下面证明该函数确实满足测度不变性的要求.为此用任一群元素 V 与 U 的乘积

$$U'(\theta_1',\theta_2',\theta_3')=VU(\theta_1,\theta_2,\theta_3)\tag{C.16}$$

来替换式(C.15)中的 $U(\theta_1,\theta_2,\theta_3)$,则有

$$\begin{aligned}w(\theta_1,\theta_2,\theta_3)&=\varepsilon_{ijk}\mathrm{Tr}\left\{U'^+\ VV^+\frac{\partial U'}{\partial\theta_l'}\frac{\partial\theta_l'}{\partial\theta_i}U'^+\ VV^+\frac{\partial U'}{\partial\theta_m'}\frac{\partial\theta_m'}{\partial\theta_j}U'^+\ VV^+\frac{\partial U'}{\partial\theta_n'}\frac{\partial\theta_n'}{\partial\theta_k}\right\}\\&=\varepsilon_{ijk}\frac{\partial\theta_l'}{\partial\theta_i}\frac{\partial\theta_m'}{\partial\theta_j}\frac{\partial\theta_n'}{\partial\theta_k}\mathrm{Tr}\left\{U'^+\frac{\partial U'}{\partial\theta_l'}U'^+\frac{\partial U'}{\partial\theta_m'}U'^+\frac{\partial U'}{\partial\theta_n'}\right\}\end{aligned}\tag{C.17}$$

把如下的雅可比行列式关系:

$$\mathrm{d}\theta_1\mathrm{d}\theta_2\mathrm{d}\theta_3=\det\left|\frac{\partial\boldsymbol{\theta}}{\partial\boldsymbol{\theta}'}\right|\mathrm{d}\theta_1'\mathrm{d}\theta'_2\mathrm{d}\theta_3'\tag{C.18}$$

$$\varepsilon_{lmn}\det\left|\frac{\partial\boldsymbol{\theta}'}{\partial\boldsymbol{\theta}}\right|=\varepsilon_{ijk}\frac{\partial\theta_l'}{\partial\theta_i}\frac{\partial\theta_m'}{\partial\theta_j}\frac{\partial\theta_n'}{\partial\theta_k}\tag{C.19}$$

代入式(C.17),得

$$w(\theta_1,\theta_2,\theta_3)\mathrm{d}\theta_1\mathrm{d}\theta_2\mathrm{d}\theta_3=w(\theta_1',\theta_2',\theta_3')\mathrm{d}\theta_1'\mathrm{d}\theta_2'\mathrm{d}\theta_3'\equiv\mathrm{d}u(U)\tag{C.20}$$

即满足测度要求.

附录 D　施温格粒子对产率的索特势求解

通过计算博戈留波夫系数可以量化粒子对的产生.这里先给出索特势下博戈留波夫系数的值，然后利用索特势的解析通过求极限的方式得到施温格粒子对产率.

对索特势,可从粒子态或反粒子态的初始条件出发求解其运动方程.对于粒子,从初始态到末态对应如下演化：

$$u(p)\mathrm{e}^{-\mathrm{i}E^{(\mathrm{in})}t} \rightarrow A_p u(p)\mathrm{e}^{-\mathrm{i}E^{(\mathrm{out})}t} - C_{-p}^{*} v(-p)\mathrm{e}^{\mathrm{i}E^{(\mathrm{out})}t} \tag{D.1}$$

对于反粒子,初始态到末态对应的演化为

$$v(p)\mathrm{e}^{\mathrm{i}E^{(\mathrm{in})}t} \rightarrow A_p^{*} v(p)\mathrm{e}^{\mathrm{i}E^{(\mathrm{out})}t} + C_{-p} u(-p)\mathrm{e}^{-\mathrm{i}E^{(\mathrm{out})}t} \tag{D.2}$$

上式中的系数 C 表示因外电场的影响,反粒子和粒子之间可以进行邃穿转换. 如果没有电场的影响,正反粒子初、末态均不受影响,则总有 $A=1$ 及 $C=0$.也就是非零的参数 C 反映了受电场影响导致粒子对产生的信息.根据定义,可以得到相应的玻戈留玻夫系数

$$B_p = \sqrt{\frac{E^{(\mathrm{out})}}{E^{(\mathrm{in})}}} C_p \tag{D.3}$$

外电场下产生的粒子分布 f_p 由末态的粒子数算符确定

$$f_p = \langle \text{in} \mid a^{+}_{\text{out},p} a_{\text{out},p} \mid \text{in} \rangle / V \tag{D.4}$$

则可得

$$f_p = \mid B_p \mid^2 \tag{D.5}$$

将索特势的解析解代入上式,可得如下的产生粒子分布:

$$f_p = \frac{\sinh\left[\pi\left(\lambda - \frac{E^{(\text{in})}}{2\omega} + \frac{E^{(\text{out})}}{2\omega}\right)\right]\sinh\left[\pi\left(\lambda + \frac{E^{(\text{in})}}{2\omega} - \frac{E^{(\text{out})}}{2\omega}\right)\right]}{\sinh\left(2\pi\frac{E^{(\text{in})}}{2\omega}\right)\sinh\left(2\pi\frac{E^{(\text{out})}}{2\omega}\right)} \tag{D.6}$$

该粒子分布的极值在 $p_3 = eE/\omega$ 处,且该点正好对应 $E^{(\text{in})} = E^{(\text{out})}$.则该极值作为 λ 的函数具有如下的简单形式:

$$f_{p_3 = eE/\omega} = \frac{\sinh^2[\pi\lambda]}{\sinh^2(\pi\sqrt{\lambda^2 + m_\perp^2/\omega^2})} \tag{D.7}$$

在该峰值处让 ω 趋于零,可以模拟外电场为常数时的情形.这个求极限比较容易,可得

$$f_{p_3 = eE/\omega} \xrightarrow{\omega \to 0} \exp\left(-\frac{\pi m_\perp^2}{eE}\right) \tag{D.8}$$

上式即对应有横动量时的施温格效应的粒子产率.对箭头右侧指数函数做横向动量的积分,可以获得一个因子 eE,同时指数上的分子部分只剩下 πm^2.这样就得到大家熟悉的施温格粒子产率的指数形式

$$\sim \exp\left(-\frac{\pi m^2}{eE}\right) \tag{D.9}$$

一般将 $eE = \pi m^2$ 称为临界电场.

参考文献

[1] Gell-Mann M. The Eightfold Way：A Theory of strong interaction symmetry [R]. No. TID-12608；CTSL-20. California Inst. of Tech.，Pasadena. Synchrotron Lab.1961.

[2] Greenberg O W. Spin and unitary-spin independence in a paraquark model of baryons and mesons[J]. Physical Review Letters，1964，13(20)：598-602.

[3] Han M Y，Nambu Y. Three-triplet model with double *SU*(3) symmetry[J]. Physical Review，1965，139(4B)：1006-1010.

[4] Politzer H D. Reliable perturbative results for strong interactions [J]. Physical Review Letters，1973，30(26)：1346-1349.

[5] Gross D，Wilczek F. Ultraviolet behavior of non-abelian gauge theories[J]. Physical Review Letters，1973，30(26)：1343-1346.

[6] Peskin M E，Schroeder D V. An introduction to quantum field theory[M]. Cambridge，MA：Perseus，1995：50-53.

[7] Kapusta J I，Gale C. Finite-Temperature field theory：Principles and applications [M]. Cambridge：Cambridge University Press，2006：64-83.

[8] Bellac M L. Thermal Field Theory [M]. Cambridge：Cambridge University Press，1996.

[9] 八木浩辅，初田哲男，三明康郎. 夸克胶子等离子体：从大爆炸到小爆炸[M]. 王群，马余刚，庄

鹏飞，等译.合肥：中国科学技术大学出版社，2016.

[10] Nambu Y, Jona-Lasinio G. Dynamical model of elementary particles based on an analogy with superconductivity. I[J]. Physical Review, 1961, 122(1):345-358.

[11] Savvidy G K. Infrared instability of the vacuum state of gauge theories and asymptotic freedom [J]. Physics Letters B, 1977, 71(1):133-134.

[12] Nielsen N K, Olesen P. An unstable Yang-Mills field mode[J]. Nuclear Physics B, 1978, 144 (2-3): 376-396.

[13] Belavin A A, Polyakov A M, Schwartz A S, et al. Pseudoparticle solutions of the yang-mills equations[J]. Phys. Lett. B, 1975, 75 (1): 85-87.

[14] Kraan T C, van Baal P. Monopole constituents inside $SU(n)$ calorons[J]. Physics Letters B, 1998, 435(3-4):389-395.

[15] Lee K, Lu C. $SU(2)$ calorons and magnetic monopoles[J]. Physical Review D,1998, 58:025011.

[16] Wilson K. Confinement of quarks[J]. Physical Review D, 1974, 10 (8): 2445.

[17] Fischer C S. QCD at finite temperature and chemical potential from Dyson-Schwinger equations [EB/OL]. arXiv:1810.12938 [hep-ph].

[18] Pawlowski J M. Aspects of the functional renormalisation group[J]. Annals of Physics, 2007, 322(12):2831-2915.

[19] Gies H. Introduction to the functional RG and applications to gauge the-ories[EB/OL]. http://arxiv.org/abs/hep-ph/0611146.

[20] Biró T S, Lévai P, Müller B. Strangeness production with massive gluons[J]. Physical Review D, 1990, 42(9):3078-3087.

[21] Pisarski R D. Renormalized fermion propagator in hot gauge theories[J]. Nuclear Physics A, 1989. 218.

[22] Peshier A, Kampfer B, Pavlenko O P, et al. Massive quasiparticle model of the $SU(3)$ gluon plasma[J]. Physic Review D, 1996, 54:2399-2402.

[23] Peshier A, Kampfer B, Soff G. Equation of state of deconfined matter at finite chemical potential in a quasiparticle description[J]. Physical Review C, 2000, 61(4): 045203.

[24] Peshier A, Kampfer B, Soff G. From QCD lattice calculations to the equation of state of quark matter[J]. Physical Review D, 2002, 66(9): 309-311.

[25] Chodos A, Jaffe R L, Johnson K. et al. New extended model of hadrons[J]. Physical Review D, 1974, 9:3471.

[26] Pisarski R D. Quark-gluon plasma as a condensate of $Z(3)$ wilson lines[J]. Physical Review D, 2000, 62(11)111501; Dumitru A, Pisarski R D. Degrees of freedom and the deconfining phase transition[J]. Physics Letters B, 2002, 525: 95-100.

[27] Yaffe L G, Svetitsky B. First-order phase transition in the $SU(3)$ gauge theory at finite tem-

perature[J]. Physical Review D, 1982, 26: 4(4): 963-965.

[28] Nambu Y, Jona-Lasinio G. Dynamical model of elementary particles based on an analogy with superconductivity. I [J]. Physical Review, 1961, 122(1): 345-358.

[29] Vaks V G, Larkin A I. On the application of the methods of superconductivity theory to the problem of the masses of elementary particles[J]. Soviet Physics Jetp Ussr, 1961, 40(40): 192-193.

[30] Polyakov A. The rise of the standard model: a history of particle physics from 1964 to 1979 [M]. Cambridge : Cambridge University Press,1997:244.

[31] Klevansky S P. The Nambu-Jona-Lasinio model of quantum chromodynam-ics[J]. Review of Modern Physics, 1992, 64(3): 649-708.

[32] Hatsuda T, Kunihiro T. QCD phenomenology based on a chiral effective lagrangian[J]. Physics Reports,1994: 247,221-367.

[33] Alford M G, Rajagopal K, Schaefer T, et al. Color superconductivity in dense quark matter [J]. Reviews of Modern Physics, 2008, 80 (4): 1455-1515.

[34] Fukushima K. Chiral effective model with the Polyakov loop[J]. Physics Letters B,2004,591: 277-284.

[35] Ratti C, Thaler M A, Weise W. Phases of QCD: Lattice thermodynamics and a field theoretical model[J]. Romanian Reports in Physics, 2006,58(1): 13-17.

[36] Roessner S, Ratti C, Weise W. Polyakov loop, diquarks, and the two-flavor phase diagram [J]. Physical Review D, 2007, 75(3): 034007.

[37] Fu W J, Zhang Z, Liu Y X. 2+1 flavor Polyakov-Nambu-Jona-Lasinio model at finite temperature and nonzero chemical potential [J]. Physical Review D, 2008, 77: 014006.

[38] Luzum M, Romatschke P. Conformal relativistic viscous hydrodynamics: applications to RHIC results at $\sqrt{S_{NN}}$ = 200 GeV[J]. Physical Review C, 2008, 78(3): 034915.

[39] Merali Z. Collaborative physics: string theory finds a bench mate[J]. Nature, 2011, 478 (7369): 302-304.

[40] Hooft G'. A planar diagram theory for strong interactions[J]. Nuclear Physics B, 1974, 72 (3): 461-473.

[41] Zwiebach B. A first course in string theory. [M]. 2nd ed. Cambridge: Cambridge University Press, 2009.

[42] Sakai T, Sugimoto S. Low energy hadron physics in holographic QCD [J]. Progress Theoretical Physics, 2005, 113: 843.

[43] Sakai T, Sugimoto S. More on a holographic dual of QCD [J]. Progress Theoretical Physics, 2005, 114: 1083.

[44] Erlich J, Katz E, Son D T, et al. QCD and a holographic model of hadrons[J]. Physical

Review Lett, 2005,95: 261602.

[45] Karsh A, Katz E, Son D T, et al. Linear confinement and AdS/QCD[J]. Physical Review D, 2006, 74: 015005.

[46] Gupta S D, Mekjian A Z, Tsang M B. Liquid-gas phase transition in nuclear multifragmentation[J]. Advances in Nuclear Physics, 2001, 26: 89-166.

[47] Serot B D, Walecka J. The relativistic nuclear many-body problem [J]. Advances in Nuclear Physics, 1986,16: 1-50.

[48] Mclerran L D, Svetitsky B. A Monte Carlo study of *SU*(2) Yang-mills theory at finite temperature[J]. Physics Letters B, 1981, 98(3): 195-198.

[49] Kuti J, Polonyi J, Szlachanyi K. Monte carlo study of *SU*(2) gauge theory at finite temperature [J]. Physics Letters B, 1981,98: 199.

[50] Mclerran L D, Svetitsky B. Quark liberation at high temperature: A monte carlo study of *SU*(2) gauge theory[J]. Physical Review D, 1981,24(2): 450-460.

[51] Yaffe L G, Svetitsky B. First-order phase transition in the *SU*(3) gauge theory at finite temperature[J]. Physical Review D, 1982, 26(4): 963-965.

[52] Jensen S J K, Mouritsen O G. Is the phase transition of the three-state potts model continuous in three dimensions? [J]. Physical Review Letters, 1979, 43(23): 1736-1739.

[53] Karsch F. Lattice QCD at high temperature and density[J]. Lecture Notes in Physics, 2002, 583: 209-249.

[54] Laermann E, Philipsen O. The status of lattice QCD at finite temperature[J]. Annual Review of Nuclear & Particle Science, 2003, 53(1): 10-17.

[55] t' Hooft G. How instantons solve the *U*(1) problem.[J]. Physics Reports, 1986, 142(6): 357-387.

[56] Gross D J, Pisarski R D, Yaffe L G. QCD and instantons at finite temperature[J]. Review of Modern Physics, 1981, 53(1): 43.

[57] Pisarski R D, Stein D L. The renormalisation group and global $G \times G'$ theories about four dimensions[J]. Journal of Physics A, 1981, 14(12): 3341.

[58] Pisarski R D, Wilczek F. Remarks on the chiral phase transition in chromodynamics[J]. Physical Review D, 1984, 29:2(2): 338-341.

[59] Gavin S, Gocksch A, Pisarski R D. QCD and the chiral critical point[J]. Physical Review D, 1994, 49(7): 3079-3082.

[60] Saito H, Ejiri S, Aoki S, et al. Phase structure of finite temperature QCD in the heavy quark region[J]. Physical Review D, 2011,84:054502.

[61] Saito H, Ejiri S, Aoki S, et al. Histograms in heavy-quark QCD at finite temperature and density[J]. Physical Review D, 2014, 89(3): 1-18.

[62] De Forcrand P, Philipsen O. The chiral critical line of $N_f = 2 + 1$ QCD at zero and non-zero baryon density[J]. Journal of High Energy Physics, 2006, 1(1): 077-077.

[63] Endrodi G, Fodor Z, Katz S, et al. The nature of the finite temperature QCD transition as a function of the quark masses[EB/OL]. http://arxiv.org/abs/0710.0998.

[64] Ding H T, Bazavov A, Hegde P, et al. Exploring phase diagram of $N_f = 3$ QCD at $\mu = 0$ with HISQ fermions[J]. Proceedings of Science, 2011:191.

[65] Butti A, Pelissetto A, Vicari E. On the nature of the finite-temperature transition in QCD[J]. Journal of High Energy Physics, 2003, 0308:029.

[66] Pelissetto A, Vicari E. Relevance of the axial anomaly at the finite temperature chiral transition in QCD[J]. Physical Review D, 2013, 88: 105018.

[67] Grahl M, Rischke D H. Functional renormalization group study of the two flavor linear sigma model in the presence of the axial anomaly[J]. Physical Review D, 2013, 88: 056014.

[68] Aoki Y, Endrodi G, Fodor Z, et al. The order of the quantum chromodynamics transition predicted by the standard model of particle physics[J]. Nature, 2006, 443(7112):675-678.

[69] Bhattacharya T, Buchoff M I, Christ N H, et al. The QCD phase transition with physical-mass, chiral quarks[J]. Physical Review Letters, 2014, 113(8): 082001.

[70] Riedel E K, Wegner F J. Tricritical exponents and scaling fields[J]. Physical Review Letters, 1972, 29(6):349-352.

[71] Banks T, Casher A. Chiral symmetry breaking in confining theories[J]. Nuclear Physics B, 1980, 169: 103.

[72] Schafer T, Shuryak E V. Instantons in QCD[J]. Reviews of Modern Physics, 1998, 70 (2): 323-426.

[73] Stephanov M. QCD phase diagram and the critical point[J]. Progress of Theoretical Physics, 2004, 153:139.

[74] Gavai R V. QCD critical point: the race is on [EB/OL]. http://arxiv.org/abs/1404.6615.

[75] Hatsuda T, Tachibana M, Yamamoto N, et al. New critical point induced by the axial anomaly in dense QCD[J]. Physical Review Letters, 2006, 97: 122001.

[76] Abuki H, Baym G, Hatsuda T, et al. Nambu-Jona-Lasinio model of dense three-flavor matter with axial anomaly: the low temperature critical point and BEC-BCS diquark crossover[J]. Physical Review D, 2010, 81: 125010.

[77] Zhang Z, Fukushima K, Kunihiro T. Number of the QCD critical points with neutral color superconductivity[J]. Physical Review D, 2009, 79: 014004.

[78] Zhang Z, Kunihiro T. Roles of axial anomaly on neutral quark matter with colorsuperconducting phase[J]. Physical Review D, 2011, 83: 114003.

[79] Shuryak E. Lectures on nonperturbative QCD: nonperturbative topological phenomena in QCD

and related theories[EB/OL]. arXiv:1812.01509.

[80] Gattringer C, Lang C B. Quantum Chromodynamics on the Lattice: An Introduction Presentation[M]. Heidelberg: Springer, 2010.

[81] Ding H T, Karsch F, Mukherjee S. Thermodynamics of strong-interaction matter from lattice QCD[J]. International Journal of Modern Physics E, 2015, 24: 1530007.

[82] Engels J, Holtmann S, Mendes T, et al. Finite size scaling functions for 3-d $O(4)$ and $O(2)$ spin models and QCD[J]. Physics Letters B, 2001,514: 299-308.

[83] HotQCD collaboration. Chiral phase transition temperature in (2+1)-flavor QCD[J]. Physical Review Letters, 2019, 123: 062002.

[84] Kaczmarek O, Karsch F, Lahiri A, et al. Universal scaling properties of QCD close to the chiral limit[J]. Acta Phys. Polon. Supp, 2021, 14: 291.

[85] Kotov A Y, Lombardo M P, Trunin A. QCD transition at the physical point, and its scaling window from twisted mass Wilson fermions[J]. Physical Letters. B, 2021, 823: 136749.

[86] Cuteri F, Philipsen O, Sciarra A. On the order of the QCD chiral phase transition for different numbers of quark flavours[J]. Journal of High Energy Physics, 2021, 11:141.

[87] Ding H T, Li S T, Mukherjee S, et al. Correlated dirac eigenvalues and axial anomaly in chiral symmetric QCD[J]. Physical Review Lett, 2021, 126:082001.

[88] Aoki S, Aoki Y, Fukaya H, et al. Role of axial U(1) anomaly in chiral susceptibility of QCD at high temperature[J]. Progress of Theoretical Physics, 2022, B05: 023.

[89] Kaczmarek O, Karsch F, Petreczky P, et al. Heavy quark anti-quark free energy and the renormalized polyakov loop[J]. Physics Letters B, 2002, 543(1/2):41-47.

[90] Clarke D A, Kaczmarek O, Karsch F, et al. Sensitivity of the Polyakov loop and related observables to chiral symmetry restoration[J]. Physical Review D, 2021, 103: L011501.

[91] Bellwied R, Borsanyi S, Fodor Z, et al. Is there a flavor hierarchy in the deconfinement transition of QCD[J]. Physical Review Letters, 2013, 111(20): 202302.

[92] Bazavov A, Ding H T, Hegde P, et al. Strangeness at high temperatures: from hadrons to quarks[J]. Physical Review Letters, 2013, 111(8): 082301.

[93] Koch V, Majumder A, Randrup J. Baryon-strangeness correlations: a diagnostic of strongly interacting matter[J]. Physical Review Letters, 2005, 95(18): 182301.

[94] Ejiri S, Karsch F, Redlich K. Hadronic fluctuations at the QCD phase transition[J]. Physics Letters B, 2006, 633: 275-282.

[95] t' Hooft G. Symmetry breaking through bell-jackiw anomalies[J]. Physical Review Letters, 1976,37: 8-11.

[96] Gross D J, Pisarski R D, Yaffe L G. QCD and instantons at finite temperature[J]. Review of Modern Physics, 1981, 53(1): 43.

[97] Shuryak E V. Which chiral symmetry is restored in hot QCD? [EB/OL]. http://arxiv.org/abs/hep-ph/9310253.

[98] Donald G C, Davies C T, Follana E, et al. Staggered fermions, zero modes, and flavor-singlet mesons[J]. Physical Review D, 2011, 84: 054504.

[99] Cheng M, Datta S, Francis A, et al. Meson screening masses from lattice QCD with two light quarks and one strange quark[J]. European Physical Journal C, 2011, 71(2): 1-13.

[100] Bazavov A, Bhattacharya T, Buchoff M, et al. The chiral transition and $U(1)$ Asymmetry restoration from lattice QCD using Domain Wall Fermions[J]. Physical Review D, 2012, 86: 094503.

[101] Buchoff M I, Cheng M, Christ N H, et al. Symmetry and the dirac spectrum using domain wall fermions[J]. Physical Review D, 2014, 89(5): 054514.

[102] Dick V, Karsch F, Laermann E, et al. Microscopic origin of $UA(1)$ symmetry violation in the high temperature phase of QCD[J]. Physical Review D, 2015, 91: 094504.

[103] Cossu G, Aoki S, Fukaya H, et al. Finite temperature study of the axial $U(1)$ symmetry on the lattice with overlap fermion formulation[J]. Physical Review D, 2013, 87(11): 114514.

[104] Tomiya A, Cossu G, Fukaya H, et al. Effects of near-zero Dirac eigenmodes on axial $U(1)$ symmetry at finite temperature[EB/OL]. https://arxiv.org/abs/1412.7306.

[105] Chiu T W, Chen W P, Chen Y C, et al. Chiral symmetry and axial $U(1)$ symmetry in finite temperature QCD with domain-wall fermion [J]. Proceedings of Science, 2014 (LATTICE2013): 165.

[106] Borsanyi S, Fodor Z, Hoelbling C, et al. Full result for the QCD equation of state with 2+1 flavors[J]. Physics Letters B, 2014, 730: 99-104.

[107] Bazavov A, Bhattacharya T, Detar C, et al. The equation of state in (2+1) flavor QCD[J]. Physical Review D, 2014, 90(9): 094503.

[108] Bazavov A, Petreczky P, Weber J. Equation of state in 2+1 flavor QCD at high temperatures [J]. Physical Review D; 2018, 97: 014510.

[109] Haque N, Bandyopadhyay A, Andersen J O, et al. Three-loop HTLpt thermodynamics at finite temperature and chemical potential [J]. Journal of High Energy Physics, 2014, 1405: 027.

[110] Laine M, York S. Quark mass thresholds in QCD thermodynamics[J]. Physical Review D, 2006, 73: 085009.

[111] Kharzeev D E, Mclerran L D, Warringa H J. The effects of topological charge change in heavy ion collisions: 'event by event P and CP violation[J]. Nuclear Physics A, 2008, 803: 227-253.

[112] Kharzeev D E, Landsteiner K, Schmitt A, et al. Strongly interacting matter in magnetic

fields: an overview[J]. Lecture Notes in Physics, 2012, 871: 1-11.

[113] Bali G S, Bruckmann F, Endrodi G, et al. The QCD phase diagram for external magnetic fields[J]. Journal of High Energy Physics, 2012, 2: 044.

[114] Bornyakov V G, Buividovich P V, Cundy N, et al. Deconfinement transition in two-flavour lattice QCD with dynamical overlap fermions in an external magnetic field[J]. Physical Review D, 2013, 90(3): 797-808.

[115] Ilgenfritz E M, Müller-Preussker M, Petersson B, et al. Magnetic catalysis (and inverse catalysis) at finite temperature in two-color lattice QCD[J]. Physical review D, 2014,89: 054512.

[116] D'Elia, Massimo, Negro F . Chiral properties of strong interactions in a magnetic background [J]. Physical Review D, 2011, 83(11): 114028.

[117] Bali G S, Bruckmann F, Endrodi G, et al. QCD quark condensate in external magnetic fields [J]. Physical Review D, 2012, 86(7): 1173-1188.

[118] Bali G S, Bruckmann F, Endrodi G, et al. The QCD equation of state in background magnetic fields[J]. Journal of High Energy Physics, 2014,1408: 177.

[119] Bonati C, D'Elia M, Mariti M, et al. Magnetic susceptibility of strongly interacting matter across the deconfinement transition[J]. Physical Review Letters, 2013, 111(18): 182001.

[120] Bonati C, D'Elia, Massimo, et al. Magnetic susceptibility and equation of state of $N_f = 2+1$ QCD with physical quark masses[J]. Physical Review D, 2014,89: 054506.

[121] Bali G S, Bruckmann F, Endrdi G, et al. Magnetic field-induced gluonic (inverse) catalysis and pressure (an)isotropy in QCD[J]. Journal of High Energy Physics, 2013, 2013(4): 130.

[122] Bali G, Bruckmann F, Endrodi G, et al. Paramagnetic squeezing of QCD matter[J]. Physical Review Letters, 2014, 112(4): 042301.

[123] Levkova L, Detar C. Quark-gluon plasma in an external magnetic field[J]. Physical Review Letters, 2014, 112(1):012002.

[124] Endrodi G, Giordano M, Katz S, et al. Magnetic catalysis and inverse catalysis for heavy pions[J]. Journal of High Energy Physics, 2019, 7: 7.

[125] Abramczyk M, Blum T, Petropoulos G, et al. Chiral magnetic effect in 2+1 flavor QCD+QED[EB/OL]. http://arxiv.org/abs/0911.1348.

[126] Buividovich P V, Chernodub M N, Luschevskaya E V, et al. Numerical evidence of chiral magnetic effect in lattice gauge theory[J]. Physical Review D, 2009,80: 054503.

[127] Yamamoto A. Chiral magnetic effect in lattice QCD with a chiral chemical potential[J]. Physical Review Letters, 2011, 107: 031601.

[128] Bali G S, Bruckmann F, Endrodi G, et al. Local CP-violation and electric charge separation by magnetic fields from lattice QCD[J]. The Journal of High Energy Physics, 2014,

1404: 129.

[129] Kogut J B, Stephanov M A. The phases of quantum chromodynamics: from confinement to extreme environments[M]. Cambridge:Cambridge University Press, 2004.

[130] Yagi K, Hatsuda T, Miake Y. Quark-Gluon plasma: from big bang to little bang[M]. Cambridge: Cambridge University Press,2005.

[131] Fukushima K, Hatsuda T. The phase diagram of dense QCD[J]. Reports on Progress in Physics, 2010, 74(1): 14001-14028.

[132] Nagata K. Finite-density lattice QCD and sign problem: current status and open problems [EB/OL]. https://arxiv.org/abs/2108.12423.

[133] De Forcrand P. Simulating QCD at finite density [J]. Proceedings of Science, 2010 (LAT2009): 248-251.

[134] Levkova L. QCD at nonzero temperature and density [EB/OL]. http://arxiv.org/abs/1201.1516.

[135] Aarts G. Complex Langevin dynamics and other approaches at finite chemical potential[EB/OL]. https://arxiv.org/abs/1302.

[136] Sexty D. New algorithms for finite density QCD[EB/OL]. https://arxiv.org/abs/1410.8813.

[137] Borsanyi S. Fluctuations at finite temperature and density [EB/OL]. https://arxiv.org/abs/1511.06541.

[138] Philipsen O. Constraints on the QCD chiral phase transition at finite temperature and baryon density[J]. Symmetry, 2021, 13(11): 2079.

[139] Cohen T D. Functional integrals for QCD at nonzero chemical potential and zero density[J]. Physical Review Letters, 2003, 91(22): 222001.

[140] Hasenfratz P, Karsch F. Chemical potential on the lattice[J]. Physics Letters B, 1983, 125: 308-310.

[141] Kogut J, Matsuoka H, Stone M, et al. Chiral symmetry restoration in baryon rich environments[J]. Nuclear Physics B, 1983, 225(1): 93-122.

[142] Roberge A, Weiss N. Gauge theories with imaginary chemical potential and the phases of QCD[J]. Nuclear Physics B, 1986, 275(4): 734-745.

[143] Son D T, Stephanov M A. QCD at finite isospin density [EB/OL]. https://arxiv.org/abs/hep-ph/0005225.

[144] Osborn J C, Splittorff K, Verbaarschot J J M. Chiral symmetry breaking and the dirac spectrum at nonzero chemical potential[EB/OL]. https://arxiv.org/abs/hep-th/0501210.

[145] Osborn J C, Splittorff K, Verbaarschot J J M. Chiral condensate at nonzero chemical potential in the microscopic limit of QCD[J]. Physical Review D, 2008, 78(6): 065029.

[146] Splittorff K , Verbaarschot J J M. Phase of the fermion determinant at nonzero chemical

potential[J]. Physical Review Letters, 2007, 98(3):031601.

[147] Fodor Z, Katz S D. Lattice determination of the critical point of QCD at finite T and mu[J]. Journal of High Energy Physics, 2001, 2002(3): 290-298.

[148] Fodor Z, Katz S. Critical point of QCD at finite T and mu, lattice results for physical quark masses[J]. Journal of High Energy Physics, 2004, 2004(04): 50.

[149] Gavai R V, Gupta S. On the critical end point of QCD[J]. Physical Review D, 2005, 71: 114014.

[150] D'Elia M, Lombardo M P. Finite density QCD via imaginary chemical potential[J]. Physical Review D, 2002, 67: 014505.

[151] Forcrand P D, Philipsen O. The QCD phase diagram for three degenerate flavors and small baryon density[J]. Nuclear Physics B, 2003, 673(1): 170-186.

[152] De Forcrand P, Philipsen O. The chiral critical point of $N_f = 3$ QCD at finite density to the order (mu/T)4[J]. Journal of High Energy Physics, 2008, 2008(11): 2379-2395.

[153] Cea P, Cosmai L, D'Elia M, et al. The critical line of two-flavor QCD at finite isospin or baryon densities from imaginary chemical potentials[J]. Physical Review D, 2012, 85 (9):094512.

[154] D'Elia M. Lattice QCD with purely imaginary sources at zero and non-zero temperature [EB/OL]. http://arxiv.org/abs/1502.06047.

[155] Kaczmarek O, Karsch F, Laermann E, et al. Phase boundary for the chiral transition in 2+1 flavor QCD at small values of the chemical potential [J]. Physical Review D, 2011, 83: 014504.

[156] Borsanyi S, et al. QCD crossover at finite chemical potential from lattice simulations [J]. Physical Review Letters, 2020, 125: 052001.

[157] Bazavov A, et al. Chiral crossover in QCD at zero and non-zero chemical potentials Hot QCD Collaboration[J]. Physical Letters B, 2019, 795: 15-21.

[158] Ejiri S. Lee-Yang zero analysis for the study of QCD phase structure[J]. Physical Review D, 2006, 73(5): 348-353.

[159] De Forcrand P, Philipsen O. The QCD phase diagram for small densities from imaginary chemical potential[J]. Nuclear Physics B, 2002, 642(1-2): 290-306.

[160] Jin X Y, Kuramashi Y, Nakamura Y, et al. Curvature of the critical line on the plane of quark chemical potential and pseudo scalar meson mass for three-flavor QCD [EB/OL]. http://arxiv.org/abs/1504.0011.

[161] Gavai R V, Gupta S. Pressure and non-linear susceptibilities in QCD at finite chemical potentials[J]. Physical Review D, 2003, 68(3): 194-198.

[162] Allton C R, DoRing M, Ejiri S, et al. Thermodynamics of two flavor QCD to sixth order in

quark chemical potential[J]. Physical Review D, 2005, 71(5): 862-864.

[163] Gavai R V, Gupta S. QCD at finite chemical potential with six time slices[J]. Physical Review D, 2008, 78(11): 114503.

[164] Borsányi S, Endrodi G, Fodor Z, et al. QCD equation of state at nonzero chemical potential: continuum results with physical quark masses at order 2 [J]. Journal of High Energy Physics, 2012, 2012(8): 053.

[165] Ejiri S, Karsch F, Laermann E, et al. Isentropic equation of state of 2 flavor QCD[J]. Physical Review D, 2006, 73(5): 253-268.

[166] Bazavov A, Ding H T, Hegde P, et al. The QCD equation of State to $O(\mu/B)$ from lattice QCD[J]. Physical Review D, 2017,95: 054504.

[167] Miransky V A, Shovkovy I A. Quantum field theory in a magnetic field: From quantum chromodynamics to graphene and Dirac semimetals[J]. Physics Reports, 2015, 576, 1.

[168] Andersen J O, Naylor W R, Tranberg A. Phase diagram of QCD in a magnetic field: a review [J]. Reviews of Modern Rhysics, 2016, 88: 025001.

[169] Kharzeev D E, Liao J, Voloshin S A, et al. Chiral magnetic and vortical effects in high-energy nuclear collisions-A status report[J]. Progress in Particle and Nuclear Physics, 2016, 88: 1-28.

[170] Hattori K, Huang X G. Novel quantum phenomena induced by strong magnetic fields in heavy-ion collisions[J]. Nuclear Science and Techioues, 2017, 28: 26.

[171] Fukushima K. Extreme matter in electromagnetic fields and rotation[J]. Progress in Particle and Nuclear Physics, 2019, 107: 167-199.

[172] Bzdak A, Esumi S, Koch V, et al. Mapping the phases of quantum chromodynamics with beam energy scan[J]. Physics Reports, 2020, 853: 1-87.

[173] Ritus V I. Radiative corrections in quantum electrodynamics with intense field and their analytical properties[J]. Annals of Physics, 1972, 69(2): 555-582.

[174] Noronha J L, Shovkovy I A. Color-flavor locked superconductor in a magnetic field[J]. Physical Review D, 2007, 76: 105030.

[175] Fukushima K, Kharzeev D E, Warringa H J. Electric-current susceptibility and the Chiral Magnetic Effect[J]. Nuclear Physics A,2010,836: 311-336.

[176] Schwinger J. On gauge invariance and vacuum polarization[J]. Physical Review, 1951, 82(5): 664-679.

[177] Gusynin V P, Miransky V A, Shovkovy I A. Dimensional reduction and dynamical chiral symmetry breaking by a magnetic field in 3+1 dimensions[J]. Physics Letters B, 1995, 349(4): 477-483.

[178] Gusynin V P, Miransky V A, Shovkovy I A. Dimensional reduction and catalysis of dynamical

symmetry breaking by a magnetic field[J]. Nuclear Physics B, 1995, 462(123): 249-290.

[179] Fukushima K, Hidaka Y. Magnetic catalysis versus magnetic inhibition[J]. Physical Review Letters, 2013, 110(3): 031601.

[180] Klevansky S P, Lemmer R H. Chiral symmetry restoration in the Nambu-Jona-Lasinio model with a constant electromagnetic field[J]. Physical Review D, 1989,39 : 3478-3489.

[181] Suganuma H, Tatsumi T. On the behavior of symmetry and phase transitions in a strong electromagnetic field[J]. Annals Phys, 1991,208: 470-508.

[182] Shushpanov I A, Smilga A V. Quark condensate in a magnetic field[J]. Physics Letters B, 1997, 402(3-4): 351-358.

[183] Cohen T D, Mcgady D A, Werbos E S. The chiral condensate in a constant electromagnetic field[J]. Physical Review C, 2007, 76(5): 055201.

[184] Gusynin V P, Miransky V A, Shovkovy I A. Catalysis of dynamical flavor symmetry breaking by a magnetic field in 2+1 dimensions[J]. Physical Review Letters, 1994,73: 3499-3502.

[185] Scherer D D, Gies H. Renormalization group study of magnetic catalysis in the 3d gross-neveu model[J]. Physical Review B, 2012, 85(19): 45-51.

[186] Fukushima K, Pawlowski J M. Magnetic catalysis in hot and dense quark matter and quantum fluctuations[J]. Physical Review D, 2012, 86(7): 076013.

[187] Mizher A J, Chernodub M N, Fraga E S. Phase diagram of hot QCD in an external magnetic field: possible splitting of deconfinement and chiral transitions[J]. Physical Review D, 2010, 82(10): 5399-5408.

[188] Zhang Z, Miao Q, Dual condensates at finite isospin chemical potential[J], Physical Letters B, 2016, 756: 670-676.

[189] Zhang Z, Wang Y S, Lu H P. Dual meson condensates in the polyakov-loop enhanced linear sigma model[J]. Physical Review D, 2021, 103: 034017.

[190] Bruckmann F, Endr Di G, Tamás G K. Inverse magnetic catalysis and the Polyakov loop[J]. Journal of High Energy Physics, 2013, 2013(4): 112.

[191] Ferreira M, Costa P, Menezes D P, et al. Deconfinement and chiral restoration within the $SU(3)$ Polyakov-Nambu-Jona- Lasinio and entangled Polyakov-Nambu-Jona-Lasinio models in an external magnetic field[J]. Physical Review D89 ,2014: 016002.

[192] Ferreira M, Costa P, Lourenço O, et al. Inverse magnetic catalysis in the (+ 1)-flavor Nambu-Jona-Lasinio and Polyakov-Nambu-Jona-Lasinio models[J]. Physical Review D89, 2014: 116011.

[193] Ayala A, Loewe M, Mizhe A J, et al. Inverse magnetic catalysis for the chiral transition induced by thermo-magnetic effects on the coupling constant[J]. Physical Review D90, 2014: 036001.

[194] Fraga E S, Palhares L F. Deconfinement in the presence of a strong magnetic background: an exercise within the MIT bag model[J]. Physical Review D86, 2012: 016008.

[195] Ferrer E J, de la Incera V, Wen J X. Quark antiscreening at strong magnetic field and inverse magnetic catalysis[J]. Physical Review D, 2014, 91(5): 054006.

[196] Mueller N, Pawlowski J M. Magnetic catalysis and inverse magnetic catalysis in QCD[J]. Physical Review D, 2015, 91(11): 116010.

[197] Fukushima K, Hidaka Y. Magnetic shift of the chemical freezeout and electric charge fluctuations[J]. Physical Review Letters 2016, 117: 102301.

[198] Chao J, Chu P, Huang M. Inverse magnetic catalysis induced by sphalerons[J]. Physical Review D88,2013: 054009.

[199] Yu L, Liu H, Huang M. Spontaneous generation of local CP violation and inverse magnetic catalysis[J]. Physical Review D90 ,2014: 074009.

[200] Schwinger J. On Gauge Invariance and vacuum polarization[J]. Physical Review, 1951, 82(5): 664-679.

[201] Cohen T D, Mcgady D A. Schwinger mechanism revisited[J]. Physical Review D, 2008, 78(3): 298-317.

[202] Gelis F, Tanji N. Schwinger mechanism revisited[J]. Progress in Particle & Nuclear Physics, 2016,87: 1-49.

[203] t' Hooft G. The scattering matrix approach for the quantum black hole: an overview[J]. International Journal of Modern Physics A, 1996,11: 4623-4688.

[204] Sauter F. Zum kleinschen paradoxon[J]. Ztschrift Für Physik, 1932, 73(7): 547-552.

[205] Dunne G V. Heisenberg-euler effective lagrangians: basics and extensions [EB/OL]. https://arxiv.org/abs/hep-th/0406216v1.

[206] Tanji N. Dynamical view of pair creation in uniform electric and magnetic fields[J]. Annals of Physics, 2009,324(8): 1691-1736.

[207] Schubert C. Perturbative quantum field theory in the string-inspired formalism[J]. Physics Reports, 2001, 355(2): 73-234.

[208] Schutzhold R, Gies H, Dunne G. Dynamically assisted schwinger mechanism[J]. Physical Review Letters, 2008, 101(13): 130404.

[209] Copinger P, Fukushima K, Pu S. Axial ward identity and the schwinger mechanism-applications to the real-time chiral magnetic effect and condensates[J]. Physical Review Letters, 2018, 121(26): 261602.1-261602.5.

[210] Fradkin E S, Shvartsman S M, Gitman D M. Quantum electrodynamics with unstable vacuum [M]. Berlin: Springer-Verlag, 1991.

[211] Wilczek F. Two applications of axion electrodynamics[J]. Physical Review Letters, 1987,

58(18): 1799.

[212] Fukushima K, Kharzeev D E, Warringa H J. The chiral magnetic effect[J]. Physical Review D,2008, 78:074033.

[213] Vilenkin, Alexander. Equilibrium parity-violating current in a magnetic field[J]. Physical Review D, 1980, 22(12): 3080-3084.

[214] Giovannini M, Shaposhnikov M E. Primordial magnetic fields, anomalous matter-antimatter fluctuations, and big bang nucleosynthesis[J]. Physical Review Letters, 1998, 80(1): 22-25.

[215] Zhang Z. Correction to the chiral magnetic effect from axial-vector interaction[J]. Phys. Rev. D. 2012,85: 114028.

[216] Son D T, Zhitnitsky A R. Quantum anomalies in dense matter[J]. Physical Review D. 2004, 70: 074018.

[217] Kharzeev D K, Yee H. Chiral magnetic wave[J]. Physical Review D. 2011,83: 085007.

[218] Fukushima K, Kharzeev D E, Warringa H J. Real-time dynamics of the chiral magnetic effect [J]. Physical Review Letters, 2010, 104(21): 212001.

[219] Li Q, Kharzeev D E, Zhang C, et al. Chiral magnetic effect in $ZrTe_5$[J]. Nature Physics, 2016, 12: 550-554.

[220] Son D T, Spivak B Z. Chiral anomaly and classical negative magnetoresistance of weyl metals [J]. Physical Review B, 88(10): 4807-4813.

[221] Fukushima K, Hidaka Y. Electric conductivity of hot and dense quark matter in a magnetic field with landau level resummation via kinetic equations[J]. Physical Review Letters, 2018, 120(16): 162301.

[222] Abelev B I. Star collaboration. Azimuthal charged-particle correlations and possible local strong parity violation[J]. Physical Review Letters, 2009,103: 251601.

[223] Voloshin S A. Parity violation in hot QCD: How to detect it[J]. Physical Review C, 2004, 70: 057901.

[224] Bzdak A, Koch V, Liao J. Remarks on possible local parity violation in heavy ion collisions [J]. Physical Review C, 2010, 81: 031901.

[225] Bzdak A, Koch V, Liao J. Charge-dependent Correlations in Relativistic Heavy ion Collisions and the Chiral Magnetic Effect[M]. Lecture Notes in Physics, 2013, 871: 503-536.

[226] Burnier Y, Kharzeev D E, Liao J, et al. Chiral magnetic wave at finite baryon density and the electric quadrupole moment of quark-gluon plasma in heavy ion collisions[J]. Physical Review Letters, 2011,107: 052303.

[227] Adamczyk L, et al. STAR Collaboration. Observation of charge asymmetry dependence of pion elliptic flow and the possible chiral magnetic wave in heavy-ion collisions[J]. Physical Review Letters, 2015, 114(25): 252302.

[228] Chernodub M N. Superconductivity of QCD vacuum in strong magnetic field[J]. Physical Review D, 2010, 82: 085011.

[229] Chernodub M N. Spontaneous electromagnetic superconductivity of vacuum in strong magnetic field: evidence from the Nambu-Jona-Lasinio model[J]. Physical Review Letters. 2011, 106: 142003.

[230] Hidaka Y, Yamamoto A. Charged vector mesons in a strong magnetic field[J]. Physical Review D, 2013, 87: 094502.

[231] Chernodub M. Vafa-Witten theorem, vector meson condensates and magnetic-field-induced electromagnetic superconductivity of vacuum[J]. Physical Review D. 2012, 86: 107703.

[232] Li C, Wang Q. Amending the vafa-witten theorem[J]. Physical Letters B, 2013, 721: 141-145.

[233] Jiang Y, Liao J. Pairing phase transitions of matter under rotation[J]. Physical Review Letters, 2016, 117(19): 192302.

[234] Chernodub M N, Gongyo S. Effects of rotation and boundaries on chiral symmetry breaking of relativistic fermions[J]. Physical Review D, 2017, 95(9): 096006.

[235] Liu Y, Zahed I. Pion condensation by rotation in a magnetic field[J]. Physical Review Letters, 2018, 120(3): 032001.

[236] Chen H L, Fukushima K, Huang X G, et al. Analogy between rotation and density for Dirac fermions in a magnetic field[J]. Physical Review D, 2015, 93: 104052.

[237] Landsteiner K, Megias E, Pena-Benitez F. Gravitational anomaly and transport[J]. Physical Review Letters 2011, 107: 021601.

[238] Chernodub M N, Cortijo A, Landsteiner K. Zilch vortical effect[J]. Physical Review D, 2018, 98(6): 065016.

[239] Domcke W, Hanggi P, Tannor D. Driven quantum systems[J]. Special Issue: Chemical Physics 1997, 217: 117-416.

[240] Jiang Y, Huang X G, Liao J. Chiral vortical wave and induced flavor charge transport in a rotating quark-gluon plasma[J]. Physical Review D. 2015,92 (7): 071501.

[241] Fukushima K, Pu S, Qiu Z. Eddy magnetization from the chiral barnett effect[J]. Physical Review A, 2019, 99: 032105.

[242] Matsuo M, Ieda J, Saitoh E, and Maekawa S. Effects of mechanical rotation on spin currents [J]. Physical Review Letters. 2011, 106: 076601.

[243] Frautschi S C. Asymptotic Freedom and Color Superconductivity in Dense Quark Matter[M]. Heidelberg: Springer,1980.

[244] Barrois B C. Superconducting quark matter[J]. Nuclear Physics B, 1977, 129(3):390-396.

[245] Bailin D, Love A. Superfluidity and superconductivity in relativistic fermion systems[J].

Physics Reports, 1984, 107(6): 325-385.

[246] Alford M, Rajagopal K, Wilczek F. QCD at finite Baryon Density: Nucleon Droplets and Color Superconductivity[J]. Physics Letters B, 1998, 422(1-4): 247-256.

[247] Fukushima K, Sasaki C. The phase diagram of nuclear and quark matter at high baryon density[J]. Progress in Particle and Nuclear Physics,2013,72:99-154.

[248] Kumar L. Review of recent results from the RHIC beam energy scan[J]. Modern Physics Letters. A, 2013,28: 1330033.

[249] Friman B, Caudia H, Jörn K, et al. The CBM physics book. Compressed Baryonic Matter in Laboratory Experiments[M]. Heidelberg: Springer, 2011.

[250] Blaschke D, et al. NICA White Paper [EB/OL]. http://theor.jinr.ru/twikicgi/view/NICA/WebHome.

[251] Brown S, Gruner G. Charge and spin density waves [J]. Scientific American, 1994, 270: 50.

[252] Fulde P, Ferrell R A. Superconductivity in a strong spin-exchange field[J]. Physical Review, 1964, 135(3A): A550-A563.

[253] Larkin A I, Ovchinnikov Y N. Nonuniform state of superconductors[J]. Soviet Physics-JETP, 1965,20(3):762-770.

[254] Maeda K, Hatsuda T, Baym G. Antiferrosmectic ground state of two component dipolar Fermi gases: An analog of meson condensation in nuclear matter[J]. Physical Review A, 2013, 87(2): 618-626.

[255] Roscher D, Braun J, Drut J E. Inhomogeneous phases in one-dimensional mass and spin-imbalanced fermi gases[J]. Physical Review A, 2014, 89(6): 1-11.

[256] Overhauser A W. Structure of nuclear matter[J]. Physical Review Letters, 1960, 4(8): 415-418.

[257] Migdal A B. Stability of vacuum and limiting fields[J]. Journal of Experimental & Theoretical Physics, 1971, 61:2209.

[258] Migdal A B. Condensation in Nuclear Matter[J]. Physical Review Letters, 1973, 31(26): 1556-1559.

[259] Brown G E. Weise W. Pion condensates[J]. Physics Reports, 1976, 27(1): 1-34.

[260] Migdal A B. Pion fields in nuclear matter[J]. Review of Modern Physics, 1978, 50(1): 107-172.

[261] Klebanov I. Nuclear matter in the skyrme model[J]. Nuclear Physics, 1985, 262(1): 133-143.

[262] Goldhaber A S, Manton N S. Maximal symmetry of the skyrme crystal[J]. Physical Letters B, 1987, 198:231.

[263] Deryagin D V, Grigoriev D Y, Rubakov V A. Standing wave ground state in high density,

zero temperature QCD at large Nc[J]. International Journal of Modern Physics A, 1992, 7(4): 659-681.

[264] Shuster E, Son D T. On finite-density QCD at large Nc[J]. Nuclear Physics B, 2000, 573(1): 434-446.

[265] Park B Y, Rho M, Wirzba A, et al. Dense QCD: Overhauser or BCS pairing? [J]. Physical Review D, 1999, 62(3): 034015.

[266] Rapp R, Shuryak E, Zahed I. A chiral crystal in cold QCD matter at intermediate densities? [J]. Physical Review D, 2001, 63(3): 34008-34008.

[267] Kutschera M, Broniowski W, Kotlorz A. Quark matter with neutral pion condensate[J]. Physics Letters B, 1990, 237(2): 159-163.

[268] Nakano E, Tatsumi T. Chiral symmetry and density waves in quark matter[J]. Physical Review D, 2005, 71(11): 114006.

[269] Nickel D. Inhomogeneous phases in the Nambu-Jona-Lasino and quark meson model[J]. Physical Review D, 2009, 80(7):074025.

[270] Nickel D. How many phases meet at the chiral critical point[J]. Physical Review Letters, 2009, 103(7):072301.

[271] Clogston A M. Upper limit for the critical field in hard superconductors[J]. Physical Review Letters, 1962, 9(6): 266-267.

[272] Chandrasekhar B S. A note on the maximum critical field of high-field Superconductors[J]. Applied Physics Letters, 1962, 1(1): 7-8.

[273] Kojo T, Hidaka Y, Mclerran L, et al. Quarkyonic chiral spirals[J]. Nuclear Physics A, 2010, 843:37-58.

[274] Dautry F, Nyman E M. Pion condensation and the model in liquid neutron matter[J]. Nuclear Physics A, 1979, 319(3): 323-348.

[275] Kutschera M, Broniowski W, Kotlorz A. Quark matter with pion condensate in an effective chiral model[J]. Nuclear Physics A, 1990, 516: 566-588.

[276] Basar G, Dunne G V, Thies M. Inhomogeneous condensates in the thermodynamics of the chiral NJL2 model[J]. Physical Review D, 2009, 79: 105012.

[277] Carignano S, Buballa M, Schaefer B J. Inhomogeneous phases in the quark meson model with vacuum fluctuations[J]. Physical Review D, 2014 90 :014033.

[278] McLerran L, Pisarski R. Phases of dense quarks at large Nc[J]. Nuclear Physics A, 2007, 796(1): 83-100.

[279] Gavai R V, Gupta S. The critical end point of QCD[EB/OL]. https://arxiv.org/abs/hep-lat/0412035.

[280] D'Elia M, Sanfilippo F. Order of the Roberge-Weiss endpoint (finite size transition) in QCD

[J]. Physical Review D, 2009, 80: 111501.

[281] Bonati C, de Forcrand P, Elia M, et al. Constraints on the two-flavor QCD phase diagram from imaginary chemical potential [J]. Proceedings of Science, 2001(LATTICE): 189.

[282] Kouno H, Sakai Y, Makiyama T, et al. Quark-gluon thermodynamics with the ZNc symmetry [J]. Journal of Physics G, 2012, 39(8): 085010.

[283] Li X F, Zhang Z. Roberge-Weiss transitions at different center symmetry breaking patterns in a Z_3-QCD model[J]. Physical Review D, 2019, 100(7): 074086.

[284] de Forcrand P, Philipsen O. Constraining the QCD phase diagram by tricritical lines at imaginary chemical potential [J]. Physical Review letters. 2010,105:152001.

[285] Polyakov A M. Thermal properties of gauge fields and quark liberation[J]. Physics Letters B, 1978, 72(4): 477-480.

[286] Susskind L. Lattice models of quark confinement at high temperature[J]. Physical Review D, 1979, 20(10): 2610-2618.

[287] Czaban C, Cuteri F. The order of the Roberge-Weiss endpoint (finite size transition) in QCD [EB/OL]. https://arxiv. org/abs/0909.0254.

[288] Philipsen O, Pinke C. The nature of the Roberge-Weiss transition in $N_f = 2$ QCD with Wilson fermions[J]. Physical Review D, 2014, 89(9): 1226-1229.

[389] Bonati C, D'Elia M, et al. Roberge-Weiss endpoint at the physical point of $N_f = 2+1$ QCD [J]. Physical Review D, 2016, 93(7): 074504.

[290] Bonati C, Calore E, D'Elia M. Roberge-Weiss endpoint and chiral symmetry restoration in $N_f = 2+1$ QCD[J]. Physical Review D, 2019,99(1): 014502.

[291] Wu L K, Meng X F. The nature of Roberge-Weiss transition end points in 2 flavor lattice QCD with Wilson quarks[J]. Physical Review D, 2013, 87(9): 530-581.

[292] Kim S, De Forcrand P, Kratochvila S, et al. The 3-state potts model as a heavy quark finite density laboratory[EB/OL]. https://arxiv. org/abs/hep-lat/0510069.

[293] Langelage J, Philipsen O. The deconfinement transition of finite density QCD with heavy quarks from strong coupling series[EB/OL]. https://arxiv. org/abs/0911.2577.

[294] Chen J W, Fukushima K, Kohyama H, et al. Anomaly in hot and dense QCD and the critical surface[J]. Physical Review D, 2009, 80(5): 054012.

[295] de Forcrand P. Simulating QCD at finite density[J]. Proceedings of Science LAT, 2009: 10.

[296] Cherman A, Sen S, Unsal M. Order parameters and color-flavor center symmetry in QCD phys[J]. Physical Review Letters, 2017, 119(22): 222001.

[297] Bornyakov V G, Boyda D L, Goy V A, et al. Dyons and Roberge-Weiss transition in lattice QCD[J]. EPJ Web Conferences, 2017,137: 03002.

[298] Asrts G. Introductory lectures on lattice QCD at nonzero baryon number[J]. Jour of Physics:

Conference Series，2016,706:022004.

[299] Philipsen O. Lattice constraints on the QCD chiral phase transitiong at finite temperature and baryon density[J]. Symmetry，2021,13:2079.

[300] Buballa M，Carignano S. Inhomogeneous chiral condensates[J]. Progress in Particle and Nuclear Physics. 2015，81：39-96.